大專用書

資料處理

呂執中
李明章　著

三民書局 印行

國家圖書館出版品預行編目資料

資料處理／呂執中．李明章著．--初版．
--臺北市：三民，民87
　面；　　公分
ISBN 957-14-2877-9 (平裝)

1.資料處理

312.9　　　　　　　　　　　　87005755

網際網路位址　　http://www.sanmin.com.tw

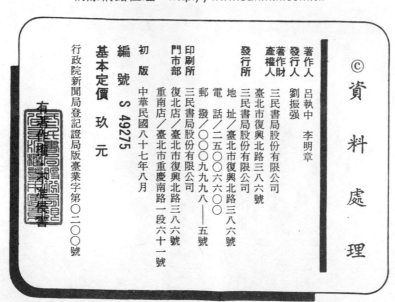

© 資 料 處 理

著作人　呂執中　李明章
發行人　劉振強
產著作財權人　三民書局股份有限公司
發行所　三民書局股份有限公司
　　　　地址／臺北市復興北路三八六號
　　　　電話／二五○○六六○○
　　　　郵撥／○○○九九九八——五號
印刷所　三民書局股份有限公司
門市部　復北店／臺北市復興北路三八六號
　　　　重南店／臺北市重慶南路一段六十一號
初版　　中華民國八十七年八月
編號　　S 49275
基本定價　玖　元
行政院新聞局登記證局版臺業字第○二○○號

有著作權‧不准侵害

ISBN 957-14-2877-9 (平裝)

作者序

　　儘管資訊科技在近一、二十年來有長足之進步，資料處理之重要性卻是有增無減。大部份的公司、學校、政府機構等在談電腦化時，其實所指的往往是建立一套資料處理系統。一套規劃、構建良好之資料處理系統，不僅可讓使用的單位收立竿見影之效，且可為其推動電腦化工作建立了一個良好且必要之基礎。可惜的是仍有許多人不了解資料處理之重要性，甚至以為只要採購了電腦之硬、軟體，資料處理系統便可「順便」建構完成；其實以國內、外之經驗顯示，建立資料處理系統所需投入之資金、人力等往往遠超過電腦設施之添購。

　　本書有以下幾點特色：

1. 對於如何分析、規劃、構建、乃至測試一套資料處理系統有一完整之介紹。

2. 儘可能配合一些實例使讀者能將理論面與實務面作一結合。

3. 配合主從式環境下最普遍的軟體——PowerBuilder 進行電腦實作，讓讀者能邊學邊作。

4. 提供許多個案研討，書後並附有實作之報告，以供一般大專院校教師講授資料處理的課程使用。

　　多年之教學經驗使我們相信讓同學分組、實作、最後能合力完成某單位之雛型系統的模式可使同學最能體會資料處理之務實觀念。如果按照這種模式，本書可適合一般大專院校一至二學期的課程。經驗也顯示老師與各小組之定期討論對教學之品質是很有幫助的。

　　本書得以完成，首先要感謝三民書局之容忍，讓我們得以再三修正本書使其以較佳的形式呈現出來。謝謝成大電算中心主任也是台南軟協理事長王博士能賜序，賽貝斯公司 PowerSoft 部門及精業公司能提供技術指導，資策會推廣服務處、龍聯公司、聯合造船、和倫製衣、成大電算中心等等單位能提供資料，以及雪芬、文姿、淑敏、益賓等人的協助謄打。

作者才疏學淺，書中漏誤之處在所難免，尚請各界不吝指正是幸。

呂執中
李明章　于民國87年5月27日

資 料 處 理

目 錄

第六章　資訊系統規劃

第七章　軟體需求分析

第八章　結構化系統設計

第一章 緒論

第一節 何謂資料處理

現代企業對資料需求之迫切性與數十年前已不可同日而語。資料往往是又多、又複雜，管理者則需即時掌握資料，從而進行分析，以作出決策。以我們所熟悉之股票的買賣，往往若對資料之處理不夠果斷，便會損失極大的金額。政府機構、學校、宗教，乃至各種型式之組織，也和企業體一樣，對資料之儲存與處理得花越來越多之心血。我們可說，資料處理已成了現代人必備之工作，且對一組織運作的成功與否，扮演了越來越重要之角色。

在討論資料處理之前，先說明何謂資料和資訊。一般之文獻皆把資料 (data) 與資訊 (information) 加以區別。所謂資料，即能夠產生資訊的原始材料或事實。例如會計上之原始憑證，工廠現場所量得的機器運轉速度等。當資料經過處理、分析而對使用者而言具有意義與價值時，此時便稱之為資訊。例如公司本月之損益表，本週產品不良率之統計表等。

資料通常分為文字資料與數字資料。例如你設計了一份問卷來搜集客戶對某一產品之反應，問卷上可能有客戶之姓名、住址、產品之品名等，這些資料我們即通稱文字化的資料，因為它們可被分類（例如北、中、南區）與計數，但不能運算。至於客戶對產品之評分，該使用產品之時間，每年使用量等資料，這些資料可進行各種運算（如加、減），而且重複出現之比例並不大, 故稱作數字資料。

在設計問卷時, 我們若說要男的使用者填 1, 女的使用者填 0, 此時我們仍然將性別的資料當作文字化的資料, 因為 0 與 1 是用來分類, 不能運算, 此時即仍稱作文字資料。

很多人把數字資料稱作連續之資料 (continuous data) 或計量資料, 而把文字資料稱作標記之資料 (labeled data) 或計數資料。其名稱或許不同, 但是資料皆是用來描述事實則無異。

到底什麼是資料處理呢? 我們可發現到目前為止, 對「資料處理」並沒有一致的定義, 對其內涵之說明也是眾說紛紜。

一般而言, 資料是指蒐集所得但未經整理、研判的原始數字、文字或符號; 因這些資料還未有實質上的意義, 所以不能做決策的參考。反之, 若將這些資料依某種特定的目的, 使用某種設備與方法加以處理 (如搜尋、分類、統計、計算、比較、合併與顯示), 使成為有意義的結果或知識, 此時, 這些處理過之資料則稱為資訊。這些資訊可供決策與管理參考之用。而處理這些資料的過程稱為資料處理 (data processing, 簡稱 DP)。資料與資訊的關係如圖 1-1 所示。

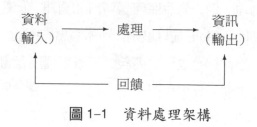

圖 1-1 資料處理架構

我們稱資料、處理、資訊為資料處理的三要素, 此架構稱作資料循環 (data cycle)。

我們也許是用紙與筆、算盤, 或計算器來進行資料處理的工作, 但也往往需藉助電腦使工作更有效率。隨著電腦科技之日新月異與一般企業組織其資料量的泛濫, 本書將特別注重電腦化之資料處理, 亦即介紹如何善用電腦使得資料處理之工作事半功倍，且能有效的協助管理者即時取得所需的資訊。

第二節 以電腦為基礎之資料處理

以電腦為基礎之資料處理可歸納為下列八種型態，條列於下：以處理方式來分，可分為整批處理系統、線上即時處理系統、遠端整批處理系統。以作業系統的主記憶體及 CPU 的使用方式來分，可分為分時處理系統，多元程式處理系統及多元處理系統。以集中與分散處理方式來分，可以為集中式處理系統（傳統的主機）、分散式處理系統，其中分散式處理常見的有主從式系統。彙總如下：

    (1)整批處理系統 (batch processing system)

    (2)線上即時處理系統 (on-line real time system)

    (3)遠端整批處理系統 (remote batch processing system)

    (4)分時處理系統 (time sharing system)

    (5)多元程式系統 (multi-programming system)

    (6)多元處理系統 (multi-processing system)

    (7)分散式資料處理系統 (distributed data processing system)

    (8)主從式系統 (client-server system)

一、整批處理系統

將有關的資料蒐集，直到全部收齊或到某一特定的時限，才整批按時（天、週、或月……）處理之作業方式；如薪資作業，係每月底或某一固定時間處理一次。又如電力公司或自來水公司，每兩月處理用戶的電費及水費等等。採用整批處理方式，通常較為經濟。其系統型態如圖1-2 所示。

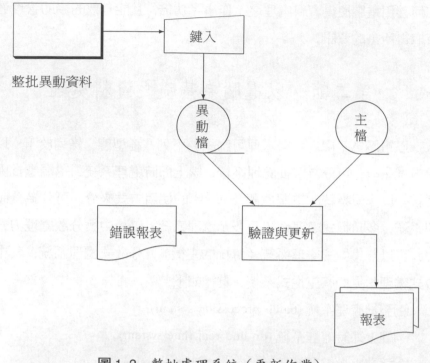

整批異動資料

圖1-2 整批處理系統（更新作業）

二、線上即時處理系統

對輸入的資料，立即處理，並立即產生結果。此類系統是我們常見的，例如飛機、車票、旅館之訂位系統，銀行櫃員機之處理系統等。系統型態圖如圖1-3，一個系統的即時能力視其反應時間 (response time) 長短而定。反應時間是指從輸入資料送入電腦計算，直到將其結果傳回來之時間。反應時間從0.1微秒至數分鐘。即時的程度視應用而異，如國防雷達即時系統反應時間便要求在微秒左右，航空訂位系統需要3秒至1分鐘的反應時間，而生產控制系統中則有時反應時間為2～3分鐘即可。

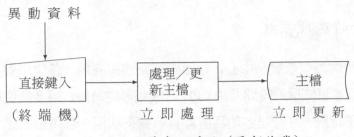

圖1-3　線上即時處理系統（更新作業）

三、遠端整批處理系統

在各地發生的資料，以即時方式傳送到電腦作業中心，但電腦中心只將此資料暫時儲存於磁碟，等到某一時候再行取出整批處理。如各分銷處的資料隨時透過通訊線路傳送至總公司的電腦中心，但電腦中心等到晚上才將其取出處理。又如百貨公司各個銷售站都裝有電腦或終端機與電腦中心連線，各個銷售站的交易，銷售員由鍵盤鍵入銷售貨品之編號、數量，以連線即時的方式處理該筆交易，並列印銷售清單及更新庫存。同時交易資料儲存於磁碟，等晚上營業時間結束時，以整批處理的方式，列印當日的銷貨報表，這個例子，混合了線上即時系統及整批處理系統。

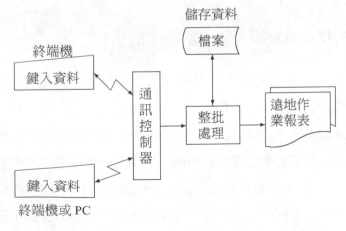

圖1-4　遠端整批處理系統

四、分時處理系統

　　以一個大型電腦為中心,藉通訊線路連接各地(各使用者)的終端機,使用者可使用的時間乃由 CPU 分成相等的時段,讓多個使用者同時共用一部電腦,好像是各使用者都具有獨自佔用一部電腦之感覺,使用者可以在短時間內獲得所需要的結果。例如,一相關企業的集團,在某一機構裝置一大型電腦,其他關係單位以分時處理系統方式共用之。我們由此可瞭解分時處理系統必定是連線處理系統。

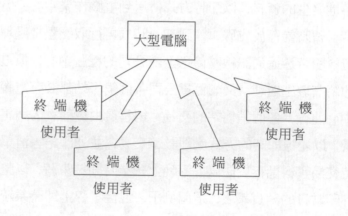

圖 1-5　分時處理系統

五、多元程式系統

　　多元程式的觀念是讓多個程式同時共存於主記憶體中,輪流利用 CPU 處理作業。系統在一個 CPU 下利用程式的在處理輸出入時,即 CPU 空閒時間來處理下一個程式,使用者感覺好像許多程式同時在執行一樣。例如,一部電腦連接許多終端機,使用者分別使用自己的終端機來執行程式,此時 CPU 輪流為每一部終端機服務,由於 CPU 處理速度相當快,使用者總感覺到這部電腦好像只為他一人服務。此例子即是前面所討論的分時處理系統，分時處理系統是多元程式系統的特例。

六、多元處理系統

多元處理系統是由二個以上的中央處理機結合而成，可同時執行不同程式，同時執行同一程式，單獨處理作業或平行作業。其目的是(1)增加系統的穩定性，一旦有一個處理機故障，則另一處理機得繼續執行。(2)降低硬體成本。(3)增加電腦處理能力。(4)增加系統的彈性。(5)處理速度更快。若只有二個中央處理機，其作業方式為：

1.同時執行不同的程式

兩個中央處理機處理不同的程式，但可共享系統共用的資源如主記憶體，輸入輸出的設備。其目的是共享系統的資源。

2.同時執行同一程式

兩個中央處理機同時處理同一程式的指令，其目的是增加處理的速度。

3.單獨處理作業

兩個中央處理機，一個備用，另一個處理作業，當負責處理的處理機發生故障時，立即轉至另一處理機繼續處理。

4.平行作業

針對正確性要求很高的作業，兩個中央處理機同時處理相同的程式，並隨時核對處理的結果。多重處理系統的架構一般可分為兩類：一類為緊密組合型 (tightly coupled) 如圖 1-6，兩個處理機共用一個主記憶體，另一類為鬆散組合型 (loosely coupled)，兩個處理器各自有主記憶體。如圖 1-7。

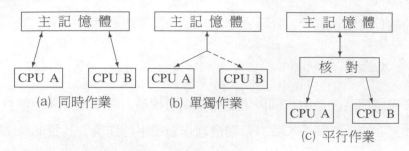

圖1-6　多元處理系統的三種作業方式

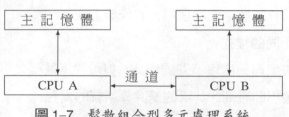

圖1-7　鬆散組合型多元處理系統

七、分散式資料處理系統

　　分散式資料處理系統是以一個大型中央電腦和許多小型電腦或迷你級電腦連接起來，透過網路而建立之系統。這些小型電腦或迷你級電腦處理各地的作業，必要時將資料傳回大型中央電腦，或由大型中央電腦將資料下載至小型電腦或迷你級電腦。此系統的特性如下：

(1)使用單位都有自己的電腦設備，使用單位處理自己單位的作業，因而增進工作的效率。

(2)系統的可靠性增加，當使用單位的某一部電腦發生故障，可將作業交於其他電腦加以處理。

(3)分散式處理系統可降低通訊成本。因許多作業可以在各地處理而降低通訊數量且減少通訊成本。

(4)系統的擴充容易。很容易增加設備（硬體、軟體）於網路系統上面。

(5)可以分享與中央電腦連線之資源（包括硬體、軟體與資料）。

(6)使資料處理的分權管理易於達成。

八、主從式系統

主從式系統是在網路環境下，用戶端 (client) 呼叫伺服端 (server) 以取得資源，伺服端提供資源的作業方式。用戶端機器通常是 PC 或工作站，伺服端則是提供特定服務給用戶端的機器，一般是通用的電腦或一些較特殊的設備，如印表機、資料庫存取的電腦。主從式系統 (client-server) 的網路架構如圖 1–8 所示。主從式系統有下列優點:

(1)整體而言，成本較低。

(2)可以分享各種資源（如高速印表機）。

(3)主從式系統架構比傳統多使用者系統，在資料庫的維護上更容易，更安全。

(4)可以進行小型化 (downsize) 作業，利用便宜的 PC 或工作站就可以做資料庫處理。

(5)主從式系統提高彈性，管理者可建立擴充容易的環境。

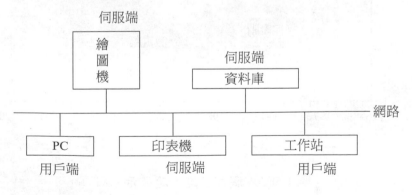

圖 1–8　主從式系統架構

第三節　電腦科技近卅年來之發展

　　由於電腦之快速發展，應用軟體越來越易學易用，使得資料或者資訊能被及時且充份的獲得，從而使得產品發展與製造、存貨管理、現金管理、市場分析等等領域皆有重大的進步。

　　根據一些學者之研究所發現，在過去一、二十年內電腦系統之效能普遍皆有巨幅之提昇，然而價位卻有降低之趨勢。圖 1–9 顯示各型電腦進步之趨勢圖。由圖中可看出來目前之微電腦的效能已相當於七○年代末期一部大電腦之效能！另外，由圖 1–10 也可發現電腦之成本每年呈指數狀般的降低。因此，相對而言，電腦之成本／效益比每年皆有改善，從而使得使用電腦之人口與公司越來越普遍。

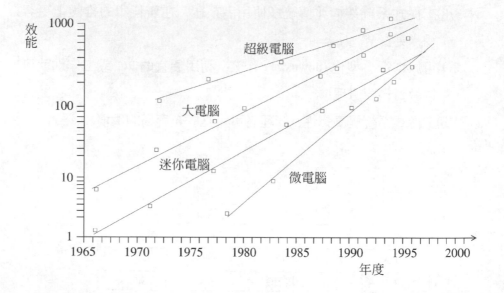

圖 1–9　電腦效能進步趨勢示意圖

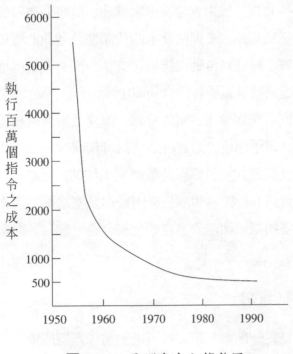

圖 1-10　電腦成本之趨勢圖

　　許多軟體業者有鑑於此，在過去二、三十年來便已發展出成千上萬
種各類型之應用軟體來協助使用者方便的進行自己與公司之資料處理。
有些學者將這些應用軟體稱作提高生產力之法寶。因為藉助這些工具，
可使電腦之使用者在文書處理、試算表計算、圖形資料之處理等等的效
率有顯著改善。這幾年由於視窗型之操作環境逐漸普遍，使用者往往能
在極短的時間內，便學會操作一應用軟體。可以預見的，在未來幾年電
腦與資料處理二者間的關係將更加密不可分。茲將電腦科技近卅年之發
展簡述如下：

一、辦公室自動化

　　辦公室自動化是結合電腦與通訊科技的整合性作法。辦公室內部

的活動包括文件管理、計劃管理、專案管理、資料與決策的管理。辦公室自動化是在區域網路、工作站及第四代語言及通訊的環境下，增加辦公室的工作效率。辦公室自動化技術在文字方面有文書處理，文字處理器，桌上型排版系統及電子郵件 (E-mail) 等。

在影像方面有電腦會議、電傳會議、傳真及影像處理等。在語音方面有語音郵件、電子訊息、語音辨識及語音作業處理等。其他還包括如親和性的語言及關連式資料庫以及智慧型工作站。總之，辦公室自動化是利用電腦（資訊）科技協助辦公室內或辦公室之間之溝通。將來若專家系統或決策支援系統與辦公室自動化結合在一起，其影響的層面會更廣大。

二、資料通訊技術

資料通訊是從一部電腦將資料傳送至另一部電腦或工作站。這些資料包括文字、報告、圖片及影像。1970 年代以後由於 PC、工作站和通訊技術的發展，資料處理的作業方式逐漸轉為分散式作業方式，這種由 PC 或工作站透過通訊網路與電腦中心主機相連結，稱之為電傳處理系統 (teleprocessing system)。由於電腦設備常分散於整個公司，全公司的人員應用電腦於自己的專業領域上，並分享電腦的資源與設備，無形中便可提昇組織的效率。

另一資料通訊技術應用是電子資料交換 (electronic data interchange, EDI)。它利用電腦與通訊網路的結合，提昇網路的應用層次，以共同的標準格式，由電腦對電腦做商業交易資料包括採購單、詢價資料、付款通知／收款通知單之交換。EDI 不但能提高作業效率，同時也能增強公司的競爭優勢。

三、網際網路

網際網路 (Internet) 乃由美國政府開始研究發展，以聯結美國國內各研究網路成為一全國性整體網路架構。藉由 Internet，產、官、學各方研究性的組織皆可連接上 Internet。 Internet 創建時所訂立的主要目標有(1)提供全美地區超級電腦中心資源。(2)提供全美國及全世界研究人員、網路使用者通訊傳輸管道。(3)加速學術研究交流，電腦等資源共享。(4)提供高層次網路、通訊系統架構與環境。目前 Internet 已進一步延伸到商業上之應用，造成其更為蓬勃之發展。

臺灣目前主要有三個單位與 Internet 相連，一般公司企業及個人使用者必須向這三個單位申請入網，才能合法進入 Internet。這三個單位分別是 TANET、 SEEDNET 及 HINET。 TANET 是在教育部電算中心主導下的一網路； SEEDNET 為經濟部科技專案下由資策會負責推動的 Internet 服務網路，它結合政府資源與產官學界協助提供有關產品、廠商、市場及技術資訊，現在則由資策會下之網路事業群經營。另外， HINET 則是交通部電信局數據所以商用 Internet 為經營目標所建立的網路。

Internet 所提供的服務有下列六個基本服務(1)電子佈告欄 (BBS)。(2)遠端登錄 (telnet)，主要用途是透過 Internet 連接到遠端的主機，查詢或輸入任何資料。(3)檔案傳輸協定 (FTP)，它是一種檔案傳輸協定，主要目的是讓 Internet 的兩部主機之間能夠相互傳檔。(4)網路論壇 (NEWS)。(5) Gopher 查詢系統。(6) WWW 多媒體查詢系統。

四、軟體開發工具

利用電腦科技來輔助軟體開發的方法、技術和工具，可稱為電腦輔助軟體工程 (computer-aided software engineering , CASE)。它是降低軟體開發的成本，提升軟體品質，提升軟體生產力的方法。利用此系統可將軟體開發過程的資料流向圖，結構圖，資料字典自動化。CASE 中的程式產生器，能夠產生可執行的程式，並且含有測試資料產生器，產生測試資料、增加測試的品質。不但如此，CASE 可協助產生軟體開發專案過程之文件，包含專案計劃書、系統需求文件、程式設計文件等，及有文件管理的組態管理的功能。

第四節　電腦科技對企業的衝擊

電腦科技是指支援各項資料處理的軟體、硬體及人員。因而電腦科技應含電腦、通訊技術、工作站、自動化設備、軟體開發的工具（如 CASE，第四代語言）、圖形界面、多媒體系統以及開放式系統。這些科技帶給企業怎樣的衝擊，可從下面四方面討論並用圖 1–11 來表示。

企業經營方面：企業已經由製造業轉為以服務為導向的企業，為了提高使用者的滿意度，必須建構策略資訊系統來取得競爭優勢。進一步企業與企業之間，企業與上游供應商，或企業與下游顧客皆可建立競爭與合作資訊系統。如企業常透過電子交換資料 (electronic data interchange，EDI) 與供應商連線，又如銀行透過櫃員機服務系統、電子自動轉帳來提供顧客最好的服務，是一個競爭與合作的資訊系統。

終端使用者方面：由於電腦科技的進步，使用者對於硬體、軟體及通訊的認知，使用者已有能力自行開發資訊系統。況且電腦中心所提供的往往不能滿足使用者需求，使用者自行開發的資訊系統更能配合自己的需求，這種由使用者自行開發資訊系統的現象稱為使用者自建系統 (end user computing，EUC)。

企業組織方面：企業組織要配合資訊系統的運作，可能組織內的制度會改變，組織內人員的權利義務會重新分配，組織內人員職務要重新調整。由於上述原因，組織內部人員會有抗拒排斥的現象。這些現象要靠職務調整與訓練來避免抗拒或使抗拒減至最低。

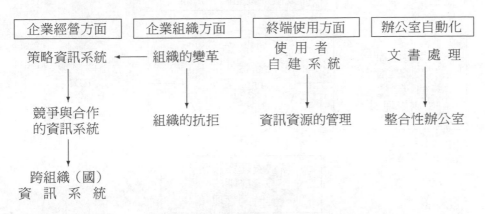

圖 1–11　電腦科技對企業的衝擊

　　辦公室自動化方面：早期的電腦科技僅提供電話、傳真機、影印機。1970 年代中期後，電腦軟硬體、資料通訊、網路服務、資料存取及報表印製等電腦科技的大幅成長，使得辦公室的作業成為整合了文書處理，通訊及資料庫之科技群島，而非以前各自獨立的科技孤島。辦公室自動化是透過溝通（開會、公文、電話）、文件處理（文件製作、分發、歸檔、檢索）、決策、個人管理（時間管理、工作安排、通信住址）等活動來落實。

　　電腦科技帶來辦公室作業從文書處理方式轉換為科技群島的整合性辦公室作業乃如圖 1–12 所示。

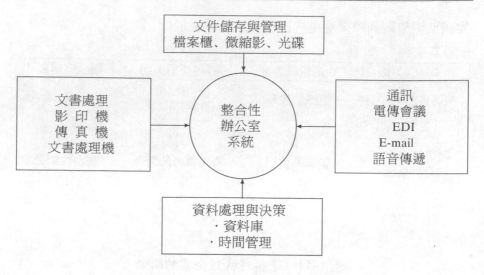

圖 1–12　整合性辦公室系統

第五節　我國近十年來資訊環境的變遷

資訊應用隨著電腦科技的發展，由過去的交易處理逐漸演進到策略性資訊系統、跨組織資訊系統、以及目前為了取得競爭優勢而對企業的再造。企業內部資訊系統的演進如圖 1–13。由於通訊網路技術的進步，為了組織與組織間資訊的分享，資訊應用環境變為整合了產業上游——供應商，下游——顧客，如此資訊系統連接了上下游，形成競爭與合作的資訊系統，如銀行的 ATM (automatic teller machine) 及汽車廠的 JIT (just in time) 是典型的競爭與合作系統。

圖 1–13　企業內部資訊系統

　　企業為了取得競爭優勢，國際競爭力迫使大廠商轉為國際企業，加上資料通訊與網路的標準化之建立，資訊系統的應用範圍是建構策略資訊系統並跨組織到全球。有時為了配合企業內部的改造，對企業的內部進行企業再造工程。當企業已轉型為服務導向的企業時，資訊系統已延伸至對顧客的後續服務，如鐵路局與公路局的聯營系統。又如航空訂位系統，不僅是單純的訂位系統，尚可提昇航空公司的訂位效率，並且將此系統與旅行社、租車、旅館連線，提供租車及訂房之服務。

　　資訊系統的使用者，近十年來有重大的改變，由於軟體工程、資料庫以及使用者技術的進展，電腦科技之發展，尤其 PC 及迷你電腦之出現，資訊化社會之普及，使用者由企業內部資訊專業人員，增加至各部門（單位）的作業人員。更由於網路科技之發展，資訊系統的使用者擴充至企業外部的供應商及顧客。例如鋼鐵公司的訂購系統與下游的顧客連線，顧客便可隨時查詢鋼鐵公司的出貨狀況，並藉通訊線路在顧客所在地來下訂單。

第六節　個案探討

　　本節的個案探討我們將討論兩個主題，一為企業電腦化成功的原因，另一為我國國家資訊基礎建設。

個案 1: 企業電腦化成功的原因

　　企業利用電腦來進行資料處理的工作，採用電腦處理資料的原因很多，但可歸納下面幾點: (1)可增加處理的速度，即時提供資訊。(2)正確性高，利用電腦處理資料，除非是人為的疏忽，不會發生錯誤，因此資料處理的正確性，精確性大大提高。(3)有龐大的儲存媒體，資料的安全性提昇。(4)對於要處理大量的資料時，利用電腦來處理資料其成本比人工處理時的成本低。企業電腦化面臨的問題包括：(1)資訊作業人材缺乏，培訓困難。(2)資訊作業人員流動率高。(3)企業缺乏（或困難）長期規劃。(4)管理制度不善增加營運成本。(5)因組織的變革使用單位的權力重新分配，使用者會擔心工作控制權而造成抗拒的心態。(6)高階主管參與的程度不足。雖然有這些問題存在，根據行政院主計處調查國內公家機關，歸納企業電腦化成功的因素有：(1)高階主管的決心及支持。(2)各相關單位的參與。(3)要有全盤性的整體規劃。(4)建立並實施軟體發展作業標準。(5)健全的管理制度。(6)適時獲得設備資源及預算經費支援。(7)有系統並持續的教育訓練。(8)專家與顧客的指導。

進一步而言，我們可分別從企業電腦導入前及導入後所會面臨的問題來探討，再提出一些要件來說明推行電腦化之方法。

1.企業電腦導入前的問題

應先擬定投資計劃，就效益方面考慮以決定值不值得投資；其次是電腦化是否能就現有資料的整理與分析，做為企業決策的有利參考；人性化心理能否克服，避免員工被電腦取代心理的恐懼；高階主管是否認真參與也是影響成敗的關鍵。

2.企業電腦導入後的問題

應有合適的軟體來搭配使用，才能使電腦的功能發揮，同時其功能是漸近的，非一蹴可成的。公司內員工應接受教育訓練，特別是以前從未接觸電腦的員工。企業內資訊人員的補充維護也不可忽視，以免資訊人員離去時，造成系統的癱瘓。企業主管應了解電腦化的成本，不僅僅只是在硬體的購置，尚有軟體的購買和往後的系統維護成本。

3.順利推行電腦化工作的要件

(1)目標與方針的確定：有了整體的構想下，才能依步驟循序漸進，終致成功。

(2)主管階層的支持：主管應就人力及財力的支持，同時舉辦各種合適的教育訓練。

(3)觀念的溝通，及對電腦應有的正確認識：電腦並非萬能的，也並非是高不可及，只要能有適切的訓練，就能將電腦的功能發揮出來，同時電腦化初期的錯誤，應能容忍，進而加以改善。

(4)健全的制度規劃設計人員，目標與預算的配合：一個成功系統的背後是許多因素的配合，如高階主管的參與與支持，及各部門的充分合作，而要達預期的效果，仍須在充裕的預算配合下，才不致於捉襟見肘。

個案 2：我國國家資訊基礎建設

國家資訊基礎建設是世界先進國家為迎向 21 世紀，持續加速經濟成長和追求人民更高生活品質與福祉的具體措施。國家資訊基礎建設 (national information infrastructure, NII) 乃是政府從事各種必要的基礎建設，使得辦公室、工廠、家庭及學校的電腦能互相連接並使大量的數位化資料能順暢地在高速的資訊通道上流通。因而，NII 是一種交談式的電子連接，包括電信、娛樂及商業資訊的傳輸。它不但傳輸文字，也可以傳輸聲音、影像、動畫等，是一種傳輸多媒體資訊的通信管道。同時，由於光纖通信、ATM 技術的發展，NII 便成為一高速寬頻網路。未來 NII 將電腦、電視、電話等功能透過光纖、衛星、無線電交織成資訊高速公路，讓聲音、影像、動畫迅速在各地雙向流動，以促進經濟發展，增進行動效率及提昇人民生活的品質。

國家資訊基礎建設的架構如圖 1-14。包括基礎電信服務網路，含各種有線、無線傳輸及廣播網路，加值型資訊服務，重視資訊技術應用的普及應用，加強政府與企業界電腦化，有效推展電子資料交換 (EDI) 及電子資料庫服務等。

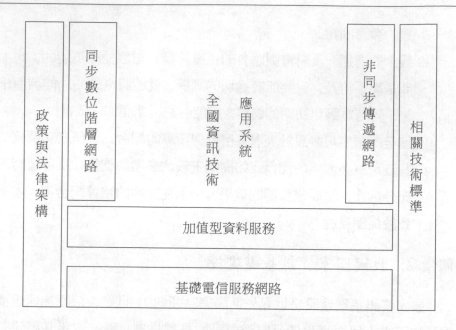

圖 1-14 資訊基礎建設組織架構

全國資訊基礎建設包括 3 個要素, 亦即資訊通道 (conduit), 資訊內涵 (content) 和資訊處理 (compute)。資訊通道意指網路建設本身, 全省高速光纖寬頻網路的架設, 以支援 NII 各項應用服務的網路需求, 並加強與國際網路的連網服務; 積極加強現有窄頻網路的整合應用, 尤其是整合服務數位網路。資訊內涵是指在資訊通道中流動的資訊, 這些資訊包含多媒體的遠距教學、遠距醫療、遠距圖書館及 E-mail, 各種資料庫、電子購物通關自動化, 政府便民資訊等。資訊處理是指資訊內涵的處理, 包括各種新技術, 尤其是寬頻網路通訊技術、多媒體系統及應用技術等, 各類新標準及法律規章的研究與規劃。

邁入資訊化社會以後, 整個社會各階層將是資訊高速網路的參與者。若從運用的角度來看, 參與者可分為四群: (1)終端使用者 (end user), 含家庭、醫院、企業、及任何與 NII 連接的個人或機關。(2)開發者 (developer), 含通訊網路的設計、發展與建設者, 資訊內涵的設計與發展者，資訊流通、控制、安全、收費等系統的設計與發展者。(3)提供服務者 (service provider)，除了電信局以外，其他有加值網路業者，隨選視訊、資料庫服務、衛星通訊。(4)內涵供應者 (content provider)，包括教師、新聞從業員、商業廣告人、圖書館、博物館……等而向用戶提供資訊或服務，其他尚有軟體工程師，資訊提供者、資料編排者。

　NII的展開帶來產業的轉型或衰退，它帶來產業的衝擊。各種競爭型態包括: (1)用戶端網路設備的競爭；機構內部的資料網路趨向合併，因而智慧型的集線器和橋接器勢將成為競爭的對象。(2)用戶端資訊設備的競爭；個人電腦、工作站，裝有數位控制器的電視機及遊戲顯示器等由於互動多媒體的技術，將從過去共存轉為相互競爭的產品。(3)閘門服務業的興起；在線上資料庫及各種資訊提供者增加的情況下，協助用戶獲取所要資訊的閘門服務專業會大量興起。(4)資訊材料供應者興起；包括搜集並分析資訊提供產業做決策，娛樂與教學節目，商品廣告等資訊製造業。(5)資訊包裝業的興起；資訊材料的整理、編排、組織、數位化及壓縮等資訊包裝業。(6)作業系統與網路系統軟體的需求，由於資訊高速公路及分散式處理的發展，需要一些系統軟體。(7)電信與有線電視公司的競爭；未來通信網路是雙向傳輸電話、電視、電報，將造成有線電視與電信的競爭。

　我國資訊通信國家標準是由 NII 推動小組與中央標準局制定，現在正共同研究建立包括遠距教學、遠距醫療、電子圖書館、通關自動化、完稅等五百多種系統的國家標準，並預定民國 87 年 6 月底完成。未來要完成包括開放系統互連、網路管理系統、寬頻整體數位服務系統、數位網路、電信管理網路、電信傳輸系統、數位式交換系統等，可使不同網路互連、各種系統互通，強化臺灣在亞太經濟與高科技產業的關鍵地位。

（以上資料摘自資訊工業年鑑及中國時報）

問題討論

1.資料與資訊的區別為何?

2.下列作業方式採用何種資料處理型態較適合:

(1)瞭解銷售狀況的日報表、月報或銷售年報。

(2)銀行櫃臺服務處理系統。

(3)全省各監理所的資料隨時以專線送到交通部電腦作業中心,電腦中心於每月 25 日處理所的統計作業。

(4)一個企業集團擁有許多關係企業,各相關企業各有自己的電腦處理本身的業務,必要時將資料傳至總管理處,以做彙總的工作。

(5)為分享電腦資源,使用者在 PC 或工作站透過網路至一擁有性能很強的資料庫管理系統的機器查詢資料。

(6)用戶由自己的終端機,經由數據機與電信局的大型電腦連線,每個用戶皆可同時使用,達到電腦的有效利用價值。

3.解釋下列名詞:

(1)資料循環

(2)電子郵件 (E-mail)

(3)電子資料交換 (EDI)

(4)反應時間

(5)EUC

(6)NII

(7)資訊群島

4.試舉一例說明採用整批處理優於線上即時處理。

5.企業為什麼要進行電腦化？企業電腦化失敗的原因為何？

6.電腦科技對企業造成衝擊，試問在企業經營方面，企業有什麼因應的
　措施？

7.敘述辦公室自動化作業內容。

8.近卅年來由於電腦科技之進展，使得資訊系統運用環境之改變，在變
　遷的環境中今遭遇那一些困難？說明因應措施。

9.何謂資訊基礎建設？資訊基礎建設會造成企業那些衝擊？

第二章　電腦基本概念

第一節　電腦的基本要素

　　電腦是一種能夠接受資料，並利用程式或軟體做適當處理，以產生所需結果的機器。它不但可提昇我們的生產力，也使工作更加簡單，人們生活品質也能提高。電腦這一個名詞幾乎成為大家生活的用語了。我們定義一個電腦系統 (computer system) 乃是由硬體 (hardware) 與軟體 (software) 所組成以進行資料處理的系統。所謂硬體即檔案實體的部份及電腦系統內各種週邊設備如鍵盤、滑鼠、螢幕、印表機及主機板等等皆是所謂之硬體。至於軟體則指處理的方式，例如試算、邏輯控制等。包括電腦廠商提供的系統軟體及企業運用的應用軟體。軟體常得依附在硬體上方能執行，而硬體若無適當之軟體往往便無法發揮功能。

　　一個電腦系統乃由四個部份組合而成（如圖 2-1 所示）：

　　(1)輸入設備 (input devices)

　　(2)輸出設備 (output devices)

　　(3)儲存裝置 (storage devices)

　　(4)處理器 (processor)

　　從一臺個人用的微電腦到一部大型的超級電腦，都是由以上四個部份所組成，只不過各個部份之規格，速度等有所差異。一般而言，電腦系統之速度、精度乃至儲存資料的能力都不是一般人所及的。其衡量速度之單位往往可低至千分之一秒 (milliseconds)、百萬分之一秒 (microseconds) 甚至十億分之一秒 (nanoseconds)。

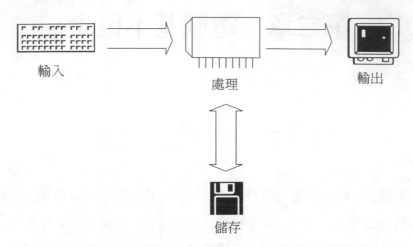

輸入　　　　　　　　　　　處理　　　　　　　　　輸出

儲存

圖 2-1　電腦系統的組成

　　微電腦或稱個人電腦是電腦中最便宜的類型。我們可將之區分為攜帶型（及膝上型）與桌上型二種。圖 2-2 與圖 2-3 分別為一些市面上可買得到之微電腦。雖然其名為「個人」電腦，但是在操作速度與儲存能力等方面，已逐漸比傳統之大電腦相去不遠。

　　傳統上一個公司在運用電腦作資料處理時，由於資料數量比較龐大，故而無法單純使用微電腦。在考量經濟因素後，便往往會採購一迷你電腦或中型電腦。圖 2-4 便為一例子。由於電腦技術之快速進步，有些迷你級電腦常被稱為「超級迷你」，因為其性能已較大電腦相去不遠。

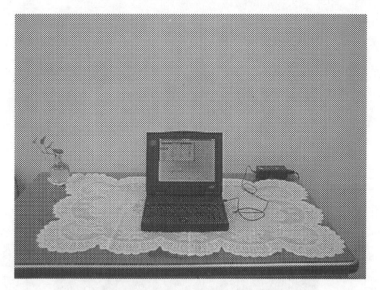

圖2-2　一臺攜帶型個人電腦

圖2-3　一部桌上型個人電腦

圖 2-4　一部迷你級電腦（Dec5500 系統）

　　對一個大型之機構，或者因為業務需要複雜性之計算，大型電腦便有其必要。有些學者認為當電腦每秒可執行超過 10 億個指令時，便可稱之為超級電腦，圖 2-5 便是成功大學目前所使用之超級電腦。我國目前已設立一高速電腦中心以協助各界共同享用這些昂貴的資源。

第二節　電腦內部之架構

　　若是你把一部微電腦拿來拆開，你可以發現其架構是相差不大的。圖 2-6 顯示一片主機板，上面有許多個積體電路（以下簡稱 IC，如圖 2-7 所示）及擴充槽 (slot)。有些電路板上之 IC 並未銲死，故讀者可以嘗試拔 IC 下來作測試。

圖2-5 一部超級電腦

圖2-6 主機板實例

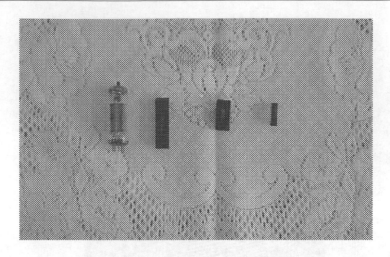

圖 2-7 積體電路實例

　　主機板上最重要的一顆 IC 稱作中央處理單元 (CPU)、微電腦上之 CPU 又稱作微處理器，便如同人之腦袋一般。其主要由三個部份組成：控制單元 (control unit)、算術與邏輯單元 (arithmetic-logic unit) 及暫存區 (temporary storage) 三者間之關係如圖 2-8 所示。一般常見之微處理器有 Intel 公司所出之 8088、8086、80286、80386、80486、Pentium、Pentium II 及 Motorola 公司所出之 68000、68020、68030、68040、Power PC601、603、604 等數字越高為越新之晶片，即計算與傳輸之速度越快。

　　人類之間，通常都使用十進位數系、英文字母以及一些其他符號來作運算。但在電腦中，所有符號都是以二進位元組合來代表。數字資料在電腦內，可能直接以二進位數字的組合來代表。文字資料則以二進碼的格式，如 BCD 碼、EDCDIC 碼、ASCII 碼來表示。電腦不管外表看起來多具有智慧，其實本質上只能處理 0 或 1。亦即，其藉由電子脈波來判斷一個位元 (bit) 為開或關。然後藉由多個位元之組合，來代表字元 (character)，目前通用之美國標準資訊交換碼（以下簡稱 ASCII 碼）便是使用幾個位元來編碼，其表達方式如圖 2-9 所示。

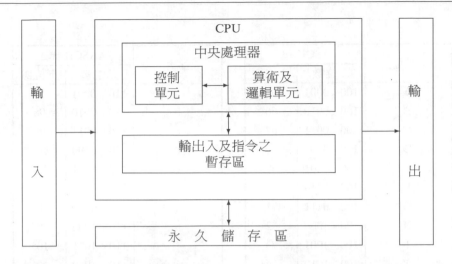

圖 2–8　CPU 架構圖

　　習慣上我們常將 8 個位元合稱為一個位元組 (byte)，1024 個位元組合稱為 1KB，1 百萬個位元組合稱為 1MB，而十億個位元組則稱作 1GB。若以 ASCII 碼來表示字元，則一個位元組可存放一個字元（最後一個位元用來檢查錯誤，即為了電腦在傳輸時能自我檢查，通常加上一核對位元，而檢查方法採用奇數同位核對或偶數同位核對）。因此大約來看，若一頁的文章之儲存空間約為 4K，則一個 1GB 儲存容量之硬碟便可存放約 2,500,000 頁之文章。

　　在 CPU 內部之暫存區有暫存器 (register) 及快速記憶體 (cache memory) 來暫時保留一部份的資料以供運用。在電腦內部之架構中，最主要的記憶體乃是唯讀記憶體 (ROM) 與隨機存取記憶體 (RAM)。基本上，使用者只能讀取而不能寫入資料於 ROM 上。ROM 通常已由製造廠商存取很多的資料與功能，例如：告訴電腦電源打開要作那些事，檢查目前有何週邊設備等等。相對的，RAM 上則可讀取與寫入資料，然而電源關掉後，資料就不見了。目前有越來越多的應用軟體在使用時需要 16MB 甚至 32MB 之 RAM 才能啟動。

字元	ASCII 碼		字元	ASCII 碼	
	二位數	十位數		二位數	十位數
A	100 0001	65	a	110 0001	97
B	100 0010	66	b	110 0010	98
C	100 0011	67	c	110 0011	99
D	100 0100	68	d	110 0100	100
E	100 0101	69	e	110 0101	101
F	100 0110	70	f	110 0110	102
G	100 0111	71	g	110 0111	103
H	100 1000	72	h	110 1000	104
I	100 1001	73	i	110 1001	105
J	100 1010	74	j	110 1010	106
K	100 1011	75	k	110 1011	107
L	100 1100	76	l	110 1100	108
M	100 1101	77	m	110 1101	109
N	100 1110	78	n	110 1110	110
O	100 1111	79	o	110 1111	111
P	101 0000	80	p	111 0000	112
Q	101 0001	81	q	111 0001	113
R	101 0010	82	r	111 0010	114
S	101 0011	83	s	111 0011	115
T	101 0100	84	t	111 0100	116
U	101 0101	85	u	111 0101	117
V	101 0110	86	v	111 0110	118
W	101 0111	87	w	111 0111	119
X	101 1000	88	x	111 1000	120
Y	101 1001	89	y	111 1001	121
Z	101 1010	90	z	111 1010	122

字元	ASCII 碼		
	二位數	十位數
0	011　0000	48
1	011　0011	49
2	011　0010	50
3	011　0011	51
4	011　0100	52
5	011　0101	53
6	011　0110	54
7	011　0111	55
8	011　1000	56
9	011　1001	57

字元	ASCII 碼		
	二位數	十位數
1/2	1010　1011	171
1/4	1010　1100	172
(	1011　0010	178
■	1101　1011	219
(	1101　1100	220
	1101　1101	221
	1101　1110	222
(	1101　1111	223
(	1111　1011	251
n	1111　1100	252
²	1111　1101	253
(	1111　1110	254
(blank)	1111　1111	255

字元	二位數	十位數
Space	010　0000	32
.	010　1110	46
<	011　1100	60
(	010　1000	40
+	010　1011	43
&	010　0110	38
!	010　0001	33
$	010　0100	36
*	010　1010	42
)	010　1001	41
;	011　1011	59
,	010　1100	44
%	010　0101	37
—	101　1111	95
>	011　1110	62
?	011　1111	63
:	011　1010	58
#	010　0011	35
@	100　0000	64
'	010　0111	39
=	011　1101	61
"	010　0010	34

圖 2-9　ASCII 碼

　　綜合而言，當我們要比較電腦內部架構之效能 (performance) 時，得考慮 CPU 之速度（如多少 MHz），處理器之速度（如 MIPS——每秒可執行幾百萬個指令），每個週期可處理與傳輸幾個位元及 RAM 有多大等等。然而最重要的，便是其整體之搭配，坊間常有許多廠商只以 MIPS 數或者 MHz 等數據來宣傳其電腦有多快，這種評估方式很顯然是不夠週全的。

第三節　輸出／入設備

　　週邊設備 (peripheral) 乃是電腦與使用者間接觸的媒介。在過去一、二十年，一個使用者最常接觸到的輸入裝備便是鍵盤 (keyboard)。它雖然會因各個電腦機型而有不同之鍵數與配置，然而大體上都具備有如打字機般之英文字母數字鍵。為了因應中文之須要，有些廠商也在鍵盤上配置一些符號以利中文輸入。

　　由於視窗環境之日趨流行，滑鼠 (mouse) 也漸成了一常見的輸入工具。圖 2–10 便是一套鍵盤與滑鼠。滑鼠一般可分為單鍵、雙鍵或三鍵的形態。讀者也許會忽視這隻「小老鼠」，但它每年為我國賺取不少外匯，而其形態上也日新月異，且越來越符合人體工學 (ergonomics)。

　　有時若想直接把圖形或文字讀入電腦，則掃描器 (scanner) 便很有用，圖 2–11 便是一部桌上型之掃描器，另外坊間也常可看見一些輕便的掌上型掃描器，不過其效果常常較不若桌上型來得穩定。

　　隨著科技之進步，很多電腦目前常已配有錄音之麥克風以便把聲音輸入電腦。此外，光筆、條碼讀取機、觸摸式螢幕等等往往也會因業務需要而有其採購之價值。

圖 2-10　鍵盤與滑鼠實例

圖 2-11　一部掃描機

　　就輸出而言，螢幕 (monitor) 大約是每部微電腦所必備的。除了有各種不同之尺寸外，又大致可分為黑白 (mono chrome)、彩色 (RGB) 與液晶 (LCD) 等數種。有時也可把電腦內部之訊號轉接到電視或者三槍投影機，也可得到滿意之畫面 (screen)。

　　由於大部分人們較習慣閱讀「紙」的輸出，採購一印表機 (printer)便往往有其必要性。在評估一部螢幕之優異時，常可用解析度來比較——越多條畫質常越精細，而在評估一印表機時，除要比較其印表速度，也得進一步比較其印字品質、噪音、維修等因素。一般我們常將印表機區分為點矩陣式（9針、16針、24針），噴墨式與雷射印表機。而由於科技之進步，彩色印表機的價格已逐漸降至一般人能接受之範圍內。圖 2–12 便是一部雷射印表機，不僅每分鐘能列印八頁以上，且能同時連接多種電腦系統，包括麥金塔 (Macintosh)、DOS、OS/2、WINDOWS等作業系統下之電腦。

圖 2–12　一部雷射印表機

　　許多工程師、建築師等因為業務需要，常得使用繪圖機 (plotter) 以印出較高品質之圖表。有些電腦可直接連上週邊以直接產生幻燈片或製作微縮影片。另外，也有人將電腦直接連接到鋼琴上以彈奏譜好之曲子！

第四節　儲存設備

　　除了前述之主記憶體 (primary storage) 即 RAM 與 ROM 外，電腦常安裝有一些其它的輔助記憶體 (secondary storage) 與讀取設備。輔助記憶體是永久資料的儲存體，資料和程式放於輔助儲存體上以便永久性地儲存。一般常見到用來儲存資料之媒體有：

1.磁片 (diskette)

　　這幾年隨著微電腦之普遍被使用，磁片已成了市面上最常見之儲存媒體。磁片是一種封裝在塑膠套內的軟式圓盤，圓盤表面有一層可磁化的物質。塑膠封套上開了一個讀寫窗及索引孔，讀寫窗做為資料存取用的，另外有一個防寫缺口，它是防止將不必要的資料寫入而破壞了原有的資料，而達到保護資料的目的。一般之磁片較常見的有 $5\frac{1}{4}$ 吋及 $3\frac{1}{2}$ 吋二種（請見圖 2–13）。前者之容量在 360K 至 1.2MB，後者則為 720K 至 1.4MB。磁片乃藉由相對應之軟式磁碟機 (floppy disk) 所使用，以讀寫資料於其上。由於磁片可分為單密度、雙密度及高密度，相對應之磁碟機的精度亦不相同。

　　各種型式磁片的容量的計算公式為：

$$512\text{Byte}/磁段 \times 磁段/磁區 \times 磁區/面$$

　　圖 2–14 為一磁碟機。由於磁片上有碳粉，使用時多少會殘留一些磁粉在磁頭上（就如同錄音機一般），從而影響磁碟機之效率，故使用若干期間後，可用清潔用之磁片清洗之。

尺寸	規格	磁軌　數／面	磁段／磁軌	容量（位元組）
$5\frac{1}{4}$	單面雙密度磁片	40	9	180K
$5\frac{1}{4}$	雙面雙密度磁片	40	9	360K
$5\frac{1}{4}$	高容量磁片	80	15	1.2M
$3\frac{1}{2}$	單面	80	9	720K
$3\frac{1}{2}$	雙面	80	18	1.44M

圖 2-13　$5\frac{1}{4}$" 及 $3\frac{1}{2}$" 之磁片

2.硬碟 (hard disk)

　　硬碟就如同一塊超大容量之磁片一般，常見之儲存容量已由二、三百 MB 擴充到二、三 GB 以上之容量。由於許多應用軟體之所需空間極大，一部微電腦內含一硬碟已成了不可避免之趨勢。另外，由於其容量大，故而資料之備份便極端重要。目前坊間有所謂之「抽取式硬碟」，即把硬碟設計成類似磁片一般可抽取更換，頗為實用。

圖 2-14　一部磁碟機

3.磁帶機

　　早期使用過微電腦的人大約還記得曾使用過錄音機當作讀寫裝置之經驗。目前磁帶 (tape) 仍是最經濟的大量資料的備份工具。特別是迷你級大之電腦，磁帶機仍是必備的。

4.其它

　　有越來越多新穎之儲存媒體已上市且漸廣受注意及使用。例如光碟片 (optical disk) 及可讀寫光碟片 (CD-RW) 便越來越受歡迎，特別是在多媒體 (multi-media) 之應用上。早期常見之卡片 (card) 之儲存媒體則似已成了歷史的追憶。

　　在使用各種儲存之媒介時，讀者得特別注意這些都是前述之週邊設備的一種，其主要乃受作業系統軟體之控制。故而一磁碟片若是給某臺電腦使用後，上面之資料往往無法被其它部電腦所辨認——因為上面儲存資料之格式有所不同。資料之轉換能力對於一電腦系統壽命之維持有極大之影響，宜特別注意。

　　另外一值得注意的是電腦是一極為精密的機器，須要保存在適當之溫度等環境因素下操作，不宜受風吹日曬，且電源供應之電壓要保持穩定等等。我國由於許多之客觀因素影響，往往沒有把電腦環境維護好，從而影響其壽命。使用者及電腦管理者得多運用各種儲存媒體以保護上面之寶貴資料。

第五節　軟體的概念

　　一部再精良之電腦系統如果沒有對其下指令，它是不會作任何動作的。一個程式 (program) 便是一連串用來告訴電腦要執行之動作的指令。我們前面所說之軟體 (software) 便是指能指揮電腦行為之程式集合。軟體通常分為兩大類──系統軟體 (system software) 與應用軟體 (application software)。

　　對大多數之電腦的使用者而言，往往很少須要接觸到電腦之硬體設備。當使用者把電腦電源打開之後，電腦上之各項硬體便直接受系統軟體之控制。也就是說，系統軟體是使用者與硬體間之介面 (interface)。透過這個介面，使用者可直接或透過應用軟體來運用電腦之硬體設備。作業系統 (operation system) 乃是系統軟體中最重要的一項。在微電腦上目前最常見到的作業系統大約是 Windows 95（及新推出之 window 98）及麥金塔之系統 8.0。由於麥金塔型作業系統之出現，終於導致了視窗型電腦環境的普遍化。另外，由於工作站 (workstation) 的流行，UNIX這個可供多使用者多工 (multi-user, multi-tarking) 之作業系統廣泛被採用。此外，傳統中，大型機器之作業系統如 Digital 公司之 VAX、IBM 之 VM、CDC 之 NOS/VE 等當然也仍然附屬於其機器上。一般而言，使用者在對電腦有初步之了解後，若想認真學習如何操作電腦，一定得先由學習電腦之作業系統開始著手。

　　我國之著作權法通過後，「海盜王國」之惡名已在短期內消失。對一個使用者而言，機器之效能其實取決於機器上是否有包含其需要之應用軟體。近年來電腦業之蓬勃發展，這乃是肇因於越來越多易學易用且功能強悍之應用軟體的上市。一套合法之應用軟體不僅包裝較為精美，且發行公司之技術支援，軟體更新之服務等等都可提昇使用者對電腦運用之層次。以軟體工程的眼光來看，一部電腦系統之價值乃主要取決於上面之應用程式所發揮的功能，其次是應用軟體的功能，然後才是硬體的功能，這個現象由於硬體之價格大幅滑落而更形明顯。國內由於多半反其道而行，斤斤計較於硬體之功能與價錢，而忽視應用軟體與學習使用應用軟體，如此便會付出不必要之心力，故雖電腦之採購很普遍且頻繁，然而電腦所能發揮之功能卻遠低於先進國家。

　　應用軟體之種類相當繁雜，大體上而言，有：

1.文書處理軟體

　　針對文章之編輯、格式之修飾、文字與文法之檢查等。

2.圖形軟體

　　針對圖形之產生、修飾等。有些適合作建築與行業之輔助設計使用。

3.排版軟體

　　針對文章、圖形之綜合編排，使得具有專業的水準。

4.試算表軟體

　　針對試算表形態之資料加以處理，有些軟體亦提供相關圖形之產生。

5.資料庫管理軟體

　　針對資料庫形態之資料進行處理。對許多公司而言，此軟體為其電腦化過程中所必須使用的。

6.統計軟體

針對統計資料之整理、計算與分析所用，除了計算能力外，一般也可產生圖形資料。

7.通訊軟體

可與其它電腦、網路等連接用之軟體。

8.計劃管理軟體

許多大型計劃皆要進行計劃與控制，此類軟體即針對此需求而開發的。

除了上述軟體外，許多對於特定需要而設計的有會計軟體、多媒體軟體、決策支援用之軟體等等。目前有許多軟體則是整合性軟體，即一個軟體內含有若干上述軟體功能之功能。例如，可以產生圖形、管理資料庫及作文書處理。由於軟體之日新月異，變動很大，常閱讀雜誌以了解進步的情況是很有幫助的。

第六節　結論

本章乃是針對讀者所需之電腦基本知識作一簡介，為接下來幾章打好理論基礎。閱讀本章後你當已了解：

(1)電腦如何組成。

(2)電腦分成幾類。

(3)何謂 CPU 及 CPU 是如何組成。

(4)如何判斷一電腦之效能。

(5)坊間常見之輸出／入設備有那些。

(6)坊間常見之儲存設備有那些。

(7)軟體有那幾大類，其與硬體之關係又為何。

本章之閱讀宜配合實體之認識。讀者應當到電腦室或電腦廠商處實際觀看、比較，如此才能有一深刻之了解。

　　未來電腦之進步仍是不可限量的。以硬體而言，輕薄短小已是必然之趨勢。許多不到三公斤之微電腦其計算速度可能已較一臺十年前只能放於大電腦室之龐然大物要來得快了！由於硬體價格之不斷滑落，很多使用者因此對於何時採購電腦無法決定。其實以過去二、三十年之趨勢來看，今日買的電腦一定較明日的電腦貴而慢，但也較昨日買之電腦較快而便宜。故而，得視自己需求與財務能力來決定採購電腦硬體之時機。

　　就軟體之發展而言，幾乎所有軟體都是越來越好用，而功能也越來越多。大體上，視窗型之軟體架構已是必然之趨勢，使用者不再需要背指令即可使用電腦，而三歲小孩子與六十歲老年人學會使用電腦也不再是不可能的。大多數使用者皆得廣泛學習應用軟體以提昇自己與公司之生產力，然而其短暫時間所習得之軟體成果已可超越以往電腦專家使用系統軟體所得之成果。這種現象普遍存在於從十頁文章之書寫，大至資訊系統之開發。讀者當多閱讀雜誌，勇於選購與學習應用軟體，才能充份發揮電腦之功能。

問題討論

1. 列出目前學校內常見之電腦及其類別。

2. 目前新推出一些有名之 CPU, 有些是以 RISC 技術為基礎的。試尋找相關之文章, 以了解這些新型之 CPU 與傳統的 CPU 之異同優劣。

3. 電腦之原先設計乃是仿造人的頭腦。假設在設計一套電腦系統時, 內部便含有許多顆 CPU, 試問是否效率即可提昇? 為什麼?

4. 試由電腦廠商處索取一電腦目錄, 並了解其規格。例如, 有某型電腦其規格如下:

微處理器	Pentium II -233
隨機存取記憶體	32MB
內部硬碟機	1.8GB
電源	250W
光碟機	24 倍速

試就此規格與所索取到之目錄上之任一電腦的規格比較。

5. 列舉一些你常見之輸出／輸入設備。

6. 比較主記憶體及輔助記憶體及 ROM 與 RAM。

7. 列舉一些你常見之媒體儲存設備。

8. 列舉學校已採購之合法軟體。試任挑一種說明其具備之功能。

9. 某音樂家想要運用電腦協助其作曲, 試為其挑選軟、硬體並評估所需之花費。

10. 假設你有一親戚目前才十歲。你如何為他 (她) 建議該採購何種電腦硬、軟體以使其對電腦產生興趣?

11.試比較一跨國型公司與某一中小企業若要選擇電腦以作資料處理時，
　其考慮點之異同。

12.試比較 IBM 相容之微電腦與麥金塔型微電腦之異同、優劣。在美國麥
　金塔電腦非常普遍，為什麼在臺灣其使用率不高，試分析其原因。

13.寫出你英文名字之 ASCII 碼。

14.為什麼電腦系統能夠越來越便宜而功能卻越來越強？

15.為什麼我國一般中小企業電腦化不普遍？

第三章 資料庫與資料庫管理系統

在了解資料庫之前先討論檔案的組織以及檔案組織與資料結構的對應關係。以下先針對資料實體、記錄 (record) 以及檔案 (file) 做一說明。

第一節 資料實體

資料實體是人、事物或東西的表徵，一般用資料項（或稱欄位或屬性）來表示實體的事實。例如供應商為一實體。以供應商代號、供應商名稱、供應商住址及電話號碼等屬性來描述供應商。屬性用值來表示，如 A123–0680 為廠商代號的屬性值。下面圖 3–1 說明實體供應商的屬性、屬性值及屬性的特徵。屬性的特徵類型是指資料項是否為文字（用 C 表示）、數字（用 N 表示）、日期（用 D 表示）、邏輯（用 L 表示），備註（用 M 表示）。記錄是實體相關屬性的集合，即記錄含有一個以上的欄位，如供應商代號、供應商名稱、住址及電話號碼這幾個欄位以構成

實體: 供應商				
實體的屬性:	供應商代號	供應商名稱	住　　址	電話號碼
屬性的值:	A123–0680	林氏企業	臺北市大一路 5 號	21234567
屬性的特徵:				
類型	C	C	C	N
大小	9	16	16	7

圖 3–1　供應商實體的屬性

一筆供應商的記錄。檔案是以邏輯記錄 (logical record) 所組成。例如供
應商檔是由描述所有供應商的每筆記錄所構成。即每筆記錄都有供應商
代號、供應商名稱、住址及電話等資料項目，但其內容則不盡相同，而
資料庫是由不同的檔案所組成。如圖 3–2，圖 3–3即為範例。

資料項目	類型	大小	內容
供應商代號	C	9	A123–860
供應商名稱	C	16	林氏企業
住　　址	C	16	臺北市大一路5號
電　　話	N	7	21234567

圖 3–2　供應商記錄及內容

供應商代號	供應商名稱	住　　址	電　　話
A123–860	林氏企業	臺北市大一路5號	21234567
B245–712	信宏油漆	臺南市本成路3號	2134697
C315–742	信用焊條	臺中市公園路1號	3541798

圖 3–3　含三筆記錄的檔案

第二節　檔案的組成

資料檔案依照存取方式可分為三種類型，循序 (sequential)、索引 (in-
dex) 及直接 (direct) 或稱隨機 (random) 方式。循序存取組織 (sequential
access organization, SAO) 是指資料依照某個欄位鍵值的順序排列，依
序一筆接著一筆的存放於媒體上；需要讀取時，也得依照排序的順序處
理，從頭開始，地毯式的一筆筆核驗，直到找尋到或至檔案結尾為止。
由於讀取資料必須按照儲存的順序，逐一讀出，無法立即取得檔案中某
筆資料，故不適用於線上作業。圖 3–4 為資料檔之一範例。

相對位址	鍵值	其他資料
1	49	
2	42	
3	85	
4	54	
5	93	
6	72	
7	03	
8	47	
9	35	
10	08	
11	63	

圖 3-4 資料檔

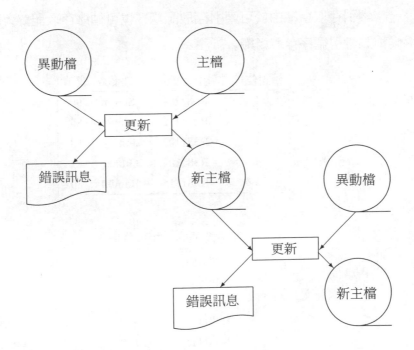

圖 3-5 循序組織的更新作業流程

　　索引存取組織 (indexed access organization, IAO) 為資料儲存之方式有兩種，一是利用每筆記錄欄位的鍵值按照順序一筆一筆的存放，電腦系統自動產生一個索引目錄用以記載在磁碟上的位址。處理一筆資料，需對檔案做兩次存取，一次存取索引，一次存取欲處理的記錄。圖 3-6 為範例，圖 3-7 比較了循序檔案與索引檔案之格式。

　　如圖 3-7(b) 是圖 3-7(a) 的索引檔。另一則為平衡樹索引組織又稱 B- 樹索引，如圖 3-8。如果想找鍵值是 42 的資料位址，首先從根 (54) 開始，因 54 大於 42，因此要往左邊找尋，並在下一階層的索引，檢查鍵值，42 大於 35，但小於 49，因此必須尋找介於 35 與 49 之間的鍵值，此時可找到相對的位址。42 相對的位址為 2，經過三次檢索就可找到所需要的記錄。

　　索引存取組織由於可索引存取記錄，也可循序存取記錄，因而有時候稱為索引循序存取組織。

相對位址	學生證號碼	姓名	成績
1	R381101	Smith	90
2	R281112	Wood	85
3	R381103	Jeffery	88
4	R381104	Gilmer	82
5	R381115	Randol	80

學生證號碼	相對位址
R381101	1
R381103	3
R381104	4
R381112	2
R381115	5

圖 3-6　索引組的索引

員工編號	姓　名	薪　　資	部　　門
012345	李 三	35000	資　訊
021478	王 強	42000	生　產
125146	張 正	38500	製　造

圖 3-7(a)　循序檔案

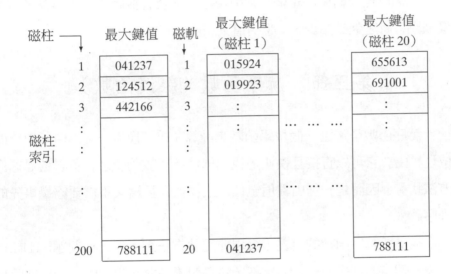

圖 3-7(b)　索引檔案（若磁碟有 200 磁柱，20個磁軌）

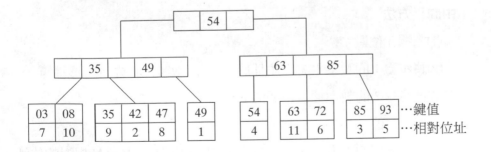

圖 3-8　平衡樹索引

　　另一種為直接存取組織 (direct access organization, DAO)。資料存取在磁碟上之位址，是根據其鍵值並經某特定之公式演算而來，故可直接存取任一筆記錄，其存取速度最快。而這些公式被稱為赫序函數 (hashing function) 或雜湊函數，也就是鍵值→赫序函數→位址，此函數有時候用 f(x) 表示。我們將在下一節詳細說明。

　　我們已經介紹循序組織，索引循序組織及直接組織。各組織各有其優缺點，將之彙總如表 3–1 說明檔案組織與它的應用。

第三節　赫序函數（雜湊函數）

　　赫序函數是透過一個數學函數來計算（或轉換）一個鍵值所對應的位址，由於它可以直接且快速地找到鍵值所存放的位址，不必透過循序方法找尋，因而是一種由鍵值至位址之轉換，且檔案不需要經過事先的排序。

　　從上述赫序函數的定義可發現使用此方法有下列二種問題：(1)如何選擇一適當的轉換公式。(2)當許多資料記錄映射至相同的位址，此時稱為同義 (synonym) 或碰撞 (collision) 問題，得找出方法解決。在解決上述問題之前先討論常用的轉換公式：

1.中間平方法

　　(1)選擇 n 位數字。

　　(2)將步驟 1 的數字平方，並且形成 2n 個數字，必要時左邊補零。

　　(3)把步驟 2 的數中抽取中間的 n 個數字，當做對應的位址。

　　　如：鍵值 = 8125

　　　　　鍵值的平方 = 66015625，取中間的 4 位，0156 為相對的位址

2.除法

　　利用 mod 運算，將識別字 x 除以某數 M，取其餘數當做 x 的對應位

表3-1　檔案組織與它的應用

檔案組織	存取方式	應用環境	優　點	缺　點
循序	循序	整批	(1)媒體利用率高,有效利用儲存空間。 (2)通常可用便宜的磁帶當做媒體。	(1)做更新或插入作業需產生新的主檔。 (2)讀取記錄必須依照其儲存順序,逐一讀出;無法立即取得,不適合線上即時作業。
索引循序	循序或直接 （隨機）	整批或線上	(1)可同時滿足循序存取及直接存取的需求。 (2)由於處理速度快,可應用於線上作業。	(1)需要有一個索引區來存放索引的資料。 (2)當異動資料過多或主檔內大多數資料需處理,將嚴重影響效率。 (3)需要定期重組檔案。
直接（隨機）	直接（隨機）	線上	(1)能快速處理。 (2)不需要額外區域來儲存索引。 (3)適用於線上即時作業。	(1)存放的媒體必須有直接存取的功能（如磁碟）。 (2)若存取希望循序處理時,不易使用此組織。 (3)赫序函數的取得不易,經常會發生碰撞和溢位的現象。

址，此位址會介於 0 與 M−1 之間。即 f(x) = x mod M

　　例如: 利用除法找 323， 458 之相對位址， M = 11

$$f(323) = 323 \bmod 11 = 4$$

$$f(458) = 458 \bmod 11 = 7$$

3.疊合法 (folding method)

　　將識別字轉換成一數值後，再將其分成幾部份，除了最後一個外，每個部份的長度相同。再將各部份相加就得到相對的位址。疊合法又分成下列兩種: (1)移動折疊法與(2)邊界折疊法。移動折疊法是將每部份的最小有效位（即最右位元）對齊相加就可得到相對的位址。邊界折疊法，是將奇數位段或偶數位段反轉後相加而得到相對位址。例如有一鍵值 12342112231，將其分為 4 段， 123， 421， 122， 31;

移動折疊法	邊界折疊法（奇數位段，偶數位段）	
123	321	123
421	421	124
122	221	122
+ 31	+ 31	+ 13
697	994	382

4.數位分析法 (digit analysis)

　　例如身份證號碼取第 7、8、9、10 位為相對位址或取 3、5、7、9 位為相對位址，則:

身分證號碼											所得相對位址
1	2	3	4	5	6	7	8	9	10		
D	1	0	1	2	2	3	6	8	1		3681
A	2	2	2	0	4	4	6	8	9		4689
D	1	2	0	2	0	9	6	9	2		9692
V	1	2	0	3	8	4	9	1	7		4917

我們知道赫序函數會映射至相同的相對位址，若發生此種碰撞情況應如何解決。討論解決方法之前先瞭解下列相關的名詞：

1.桶 (bucket)

雜湊表中儲存資料的位置，每一個位置被定一個唯一的位址，稱為桶位址。雜湊法中若記憶位置被分成幾個桶，則所有的鍵值經過雜湊函數轉換後必映射至表中的某一個桶。

2.槽 (slot)

每一個桶可以有好幾個槽，每個槽可以儲存一個記錄。

3.載入密度

雜湊空間的載入密度用 d 表示。d 定義為 n/sb，b 是桶的數目，s 是每一個桶含槽的個數，n 是識別字的個數。

4.同義 (synonym) 或碰撞 (collision)

當兩個或兩個以上的資料記錄經雜湊函數映射至相同的桶位址則稱為同義或碰撞。

5.溢位 (overflow)

如果一個識別字的鍵值經雜湊函數運算後，其對應的桶位址已滿了則稱為溢位。

雜湊函數的溢位或碰撞的處理方法有：

1.線性探測 (linear probing)

當發生溢位或碰撞時，以線性的方式從第一桶開始探測，找到一個空的儲存位址時便將資料存入。若找完一個循環沒找到空間則表示位置已滿。

例如：將 GA，D，A，G，L，A2，A1，A3，A4，Z，ZA 放入每一桶只有一個槽的雜湊表中（ f(x) = x的第一個字）。

1	2	3	4	5	6	7	8	9	10	11	12	13	……………	26
A	A2	A1	D	A3	A4	GA	G	ZA		L				Z

⑴f(GA) = 7，f(D) = 4，f(A) = 1

⑵f(G) = 7，但位址 7 已經有了 GA，因而往下找，找到第 8 個位址放入 G。

⑶f(L) = 11，f(A2) = 1，f(A1) = 1，f(A3) = 1，f(A4) = 1，與第一位址的 A 發生碰撞，因而往下找，第 2 個位址放入 A2，第 3 個位址放入 A1，第 5 個位址放入 A3，第 6 個位址放入 A4。

⑷f(Z) = 26

⑸f(ZA) = 26，與第 26 個位址的 Z 發生碰撞，因而往下找，第 9 個位址放入 ZA。

2.平方探測 (quadratic probing)

用來改進線性探測的缺點，以避免相近的鍵值聚集在一起。當 f(x) 的位址發生碰撞，下一次探測採用 $(f(x) + i^2)$ mod m 或 $(f(x) - i^2)$ mod m 其中 $1 \leqq i \leqq (m-1)/2$ 且 m 是類如 4j + 3 之質數。

3.再雜湊

設計一系列的雜湊函數 f_1，f_2，$\cdots f_m$，當 f_1 產生溢位時，則改用 f_2，若 f_2 又發生溢位時，則改用 f_3，……直到沒有溢位為止。

4.鏈結串列

開始時所有雜湊空間建立 b 個串列，爾後若有溢位時，將相同位址的識別字鏈結其後成為鏈結串列，直到所有可用空間用完為止。

第四節　檔案的特性

由前面所述，循序檔案、索引檔案及直接檔案均有其優劣點，我們在系統設計時選擇檔案組織要考慮的因素有：⑴檔案的大小，⑵檔案的活動率，⑶檔案的變更率，⑷反應時間，及⑸檔案更新需求；分述如下。

1.檔案的大小

若檔案所含的記錄筆數非常龐大，可選用磁帶當做儲存的媒體，因磁帶價格便宜。若考慮存取的速度可考慮用磁碟當做媒體。

2.檔案的活動率

檔案的活動率可定義為每次處理記錄的總筆數除以檔案內記錄的筆數。若檔案的活動率高過 10% 以上，較適於建構循序組織。如薪資檔案，每半月或每月執行一次，而每次更新所有員工的記錄。若檔案的活動率較低的檔案適宜用直接組織。如航空訂位系統，每次執行可能只更新一筆記錄，檔案的活動率低，採用直接檔較適宜。

3.檔案的變更率

檔案的變更率又稱為檔案的揮發性，其定義為每次執行時，檔案經新增、修改的筆數。若檔案的變更率低，如前述航空訂位系統之檔案，較適宜採用直接檔。若檔案是備份檔，採用循序檔較適宜。

4.反應時間

反應時間要求越高的系統，採用直接檔案較適宜。

5.檔案更新需求

若檔案需立即更新，則採用直接檔案較適宜。

第五節　什麼是資料庫

關於資料庫有一個很好但是還無法實現的想法，我們希望資料庫有一個很大的儲存體可以儲存所有可能處理的資料，好讓各種資料的使用者都能用到它。儲存體可以放在一個地方或數個地方，如果放在數個地方則可以用電子通訊的技術聯繫，使各應用的程式都可以存取資料。這種資料庫非常複雜，但可當成是資料處理發展的長期目標。一個複雜的資料庫還是由簡而繁一步一步建立起來的。一部電腦上通常有數個資料庫，但最後我們可能把那些本來分開的資料庫根據其功能把它們合併起來成為一個大型的資料庫，如此一來更可以提高其使用性和效率。

「資料庫」可以定義為把一群相關的資料集合起來並儲存在一起以減少資料的重複性，來適合各種不同的應用。這些存起來的資料可以供任何程式使用。經過一些安排好的方式我們可以加入新資料到資料庫上，也可以修改或擷取 (retrieving) 資料庫上的資料。資料的結構是為了配合將來的發展應用，如果一個系統上有數個完全不相關的結構，那麼我們說它有數個資料庫。

在簡單的資料組織上，一堆記錄只可以適合一種應用。而在一個資料庫上面，它也是記錄的集合，但是它可以適合很多方面的應用。所以資料庫可以想像成是資料的儲存器，它可以供應公司、工廠、政府機關，或其他組織一些必要的資訊。這種資料庫不但允許資料的擷取，而且可以修改資料，當使用者要查詢資訊時也可以到資料庫中找到所要的資料。

一、電腦儲存資料的組織階層

電腦儲存資料的組成為位元 (bit)、位元組 (byte)、欄位 (field)、記錄 (record)、檔案 (file)、資料庫 (data base)、與資料倉儲 (data warehouse)。資料倉儲包含數個資料庫，每個資料庫含數個檔案，每個檔案有數個記錄，每個記錄有好多個欄位，每個欄位由一個或一個以上的位元或位元組組合而成。電腦儲存資料的組織階層如圖 3-9 所示。

二、資料儲存方式的演進

在 1960 年後期「資料庫」這個名詞才流行起來，在此之前，資料處理常被稱為資料檔案和資料集合。當這個名詞流行之後很多使用者都只是把他的檔案改名為資料庫，事實上當時的資料庫都沒有資料的獨立

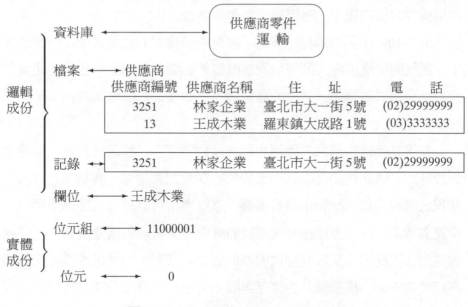

圖 3-9 電腦儲存資料的組織階層

性、控制化的多餘性、交互聯繫性 (interconnectedness)、保密性、或即時
存取性等等性質。當資料庫漸漸發展後才把這些性質加上去。

圖 3-10 中表示出資料儲存方式的演進。當資料庫剛發展時，大部份
的檔案都是以圖 3-10(a)的第一階段的方式處理。軟體必須處理輸出入的
操作。應用程式撰寫時必須注意到資料的組織，通常資料只是簡單依序
的存放在磁帶上，它沒有資料的獨立性。如果資料的組織或儲存單位有
任何改變，應用程式師必須重新撰寫程式。若要更新檔案必須建立新檔
案。舊的檔案保留下來稱為其親代 (father)。再前一個舊檔案稱為高親代
(grandfather)，也保留下來。大部份檔案只能有一種應用。不同的應用可
能需要用到相同的資料，但它們可能需要不同的形式或不同的欄位，所
以只好再建一個新檔案。因此資料的多餘性程度相當高。

有些檔案可以做到隨機存取 (random access)，使用者可以隨機的找
尋記錄而不必把檔案從頭找到尾。不過應用程式師要自己訂立定位法。

如果儲存設備改變了，應用程式也要跟著改。

圖 3–10(c)中第二階段主要的不同點在於檔案的性質與儲存設備改變了。它試圖使應用程式師不受硬體改變的影響。它加上一些軟體使實際資料儲存方式改變時，資料的邏輯觀不必改變，好像檔案的基本結構都沒改變似的。

在第二階段中檔案的應用和第一階段差不多，都是針對某一種應用而設計的。例如我們可以為一家公司的進貨制度建立一些檔案，再由一些程式師設計程式來使用這些檔案，這些檔案可以針對這種應用而設計得更有效率。另一方面在應收帳款的應用方面可能也需要用到一些同樣的資訊。因此另外又設計應收帳款的檔案。其實，如果這兩種應用的檔案能建在一起，那麼總共的儲存空間和處理時間會比分開處理時少。

當資料處理應用到商業方面時，漸漸的我們便要求應用程式不會受到硬體改變或檔案加入新資料或加入新關係的影響。如果使用了一個理想的資料管理系統時，我們可以把進貨方面的應用檔案和應收帳款方面的應用檔案分開設計，最後再把它們合併起來，而不必重寫應用程式。圖 3–10(d)中的第三階段──資料庫軟體──就是能夠做到這一步。所謂的資料庫就是一個能夠不斷發展出新的應用的個體。新的記錄類別或新的資料項隨時都可以加到資料庫上。為了增加其效率及允許新的查詢，資料庫的結構也可以改變。

總而言之，檔案的組織依照存取方式可分為三類：(1)循序組織，(2)索引組織，及(3)直接組織。其資料處理方式如圖 3–10 (a)(b)的第一階段(I)，第一階段(II)。而第二階段是透過資料庫管理系統對資料庫查詢或輸出報表，如圖 3–10 (c)。第三階段是資料倉儲的觀念或資料銀行的觀點，透過資料庫軟體將新的記錄類別或新的資料項加至資料庫上，並不斷發展出新的應用的個體，如圖 3–10 (d)所示。

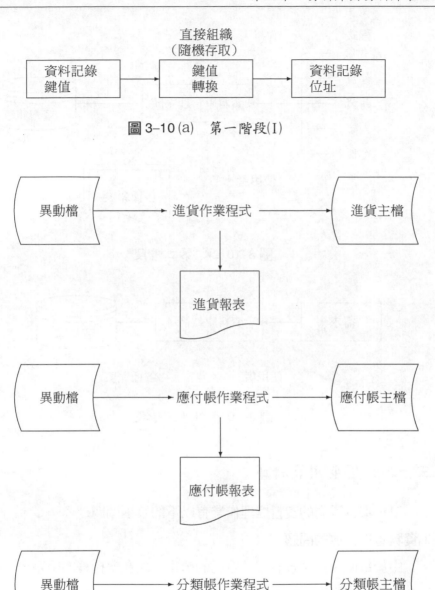

圖 3-10 (a)　第一階段(I)

圖 3-10 (b)　第一階段（Ⅱ）

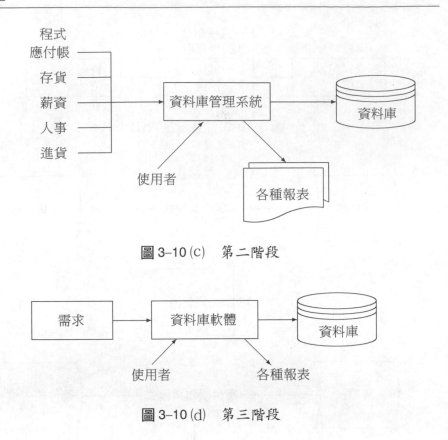

圖 3-10 (c)　第二階段

圖 3-10 (d)　第三階段

三、為什麼要用資料庫

以檔案為導向的資料處理作業有以下的幾項問題:

1.資料重複存放的問題

由於每個應用系統有屬於自己的檔案,如在學校裡的學籍檔、成績檔、圖書館檔對學生的學號、姓名、住址、……等資料便有重複存放的現象。它會造成存放空間浪費及資料的不一致。圖 3-11 即說明資料重複存放的資料組織。

2.資料不一致的問題

由於資料重複存放在不同的檔案,同一資料項(欄位)在不同的檔

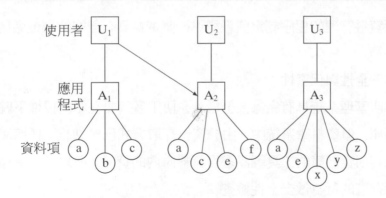

圖 3-11 以檔案為導向的資料組織

案內可能欄位的名稱是不相同, 甚至資料值也不相同。此外, 也會發生由於更新的時間不同產生該欄位的值不一致的現象。例如銷售部門客戶訂單作業的客戶檔與會計部門的應收帳款作業的客戶檔案部份資料是重複且可能有不一致的現象。

3.資料與程式的相依性問題

以檔案為導向的資料處理作業, 若檔案的結構變更, 則用到此檔案的所有程式都要修改。

4.報表不易處理的問題

由於每個應用系統有屬於自己的檔案, 都要提用幾個檔案之資料以製作一較特別的報表, 或用次鍵值 (second key) 來提用資料, 便成為一複雜的作業。

資料庫技術的發展就是針對上述問題, 並提出能解決這些問題的方法及技術, 因而, 以下將討論資料庫的幾項特點。

1.資料與程式互相獨立

利用資料庫管理系統的協助, 使得即使儲存方式改變, 或檔案記錄格式改變, 也不會造成應用程式需重新修改的現象。

2.資料的標準化

利用資料管理的程序制定資料標準，使資料具有標準的欄位名稱、欄位大小等。

3.資料的安全性與保密性

資料庫管理系統具有完善安全措施，使用者只要在組織授權下就可使用資料庫。但資料庫系統中，由於資料存取方式已標準化，任何使用者都可以利用資料庫的工具輕易取得資料庫內的資料，所以使用資料庫時必須對存取的行為做安全性檢查。

因此，我們歸納了資料庫的優點包括：(1)避免資料的重複，(2)達成資料的一致性，(3)減少應用程式撰寫的困難，(4)完成資料的保密性和安全性，(5)加強制度的標準化。至於使用資料庫系統之缺點為：(1)作業成本高，(2)優秀的資料庫管理師難以培訓，(3)很難設計出具有完善整合控制能力的資料庫管理系統。圖 3–12 則表示資料庫共用資料的概念。

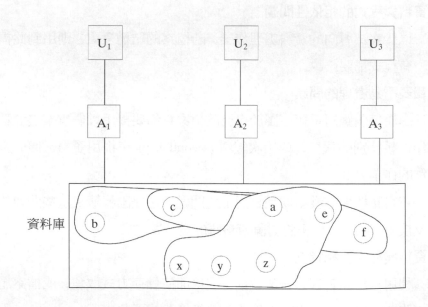

圖 3–12　資料庫共用資料

第六節　資料庫管理系統

一、資料庫系統之架構

　　在 70 年代美國國家標準局下的標準規劃與需求委員會，發展出所謂三層次資料庫的觀念：(1)描述資料庫在輔助儲存體的存放方式，(2)描述資料庫的結構，及(3)描述資料庫的部份集合。分別敘述如下：

1.描述資料庫在輔助儲存體存放方式——internal schema

　　主要描述資料庫在輔助儲存體（磁帶、磁碟）的存放方式。由於各家電腦的組織結構不同，因此其存放方式的種類也不同。如階層式資料庫中有 HSAM、 HISAM、HDAM 及 HIDM 等四種存放方式。網狀式資料庫如 TOTAL 之存放方式由系統設計。關連式資料庫如 ORACLE 的表格存放方式等。

2.描述資料庫的結構——conceptual schema

　　描述各個資料集（檔案）的記錄格式外，還描述這些資料集彼此之間的關係。

3.描述資料庫的部份集合——external schema

　　使用者的觀點 (user view) 集合成整個資料庫邏輯觀點。例如一個公司的各部門之資料需求不一致，會計部、業務部、人事部各有其各部門之相關資料，因而由於使用者不同產生不同的外部觀點 (external view)。

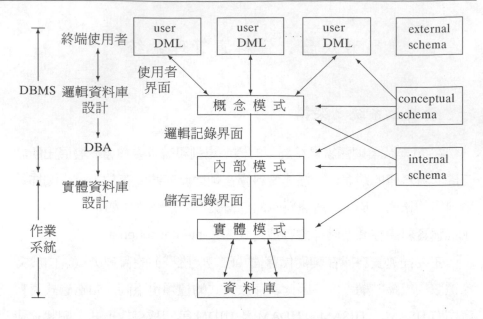

圖 3-13　三個層次資料庫架構

二、資料庫之結構

　　資料庫的結構主要可分為階層式結構 (hierarchical structure),網狀式結構 (network structure) 及關連式結構 (relational structure) 三種。分別討論如下。

1.階層式結構

　　階層式結構又稱為樹狀結構,資料庫的資料各項關係具有階層性,類似於父節點子節點間的關係。每個父節點有好幾個子節點,而每個子節點僅能存在一父節點。此結構的優缺點為:

優點: 各資料項具有階層關係,則階層結構的建立,修訂及搜尋十分容易。

缺點: ⑴沒有多對多 (many to many) 的關係。

　　　⑵父節點刪除將導致子節點的連帶刪除。

(3)存取子節點內的資料，均須先透過父節點才能取得，父節點易造成存取上的瓶頸。

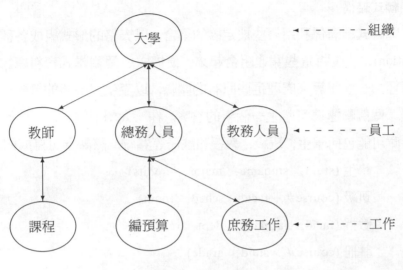

圖 3-14　樹狀結構

2.網狀結構

　　網狀結構允許一個子節點可同時有好幾個父節點。此結構具有下列的優缺點：

優點：提供多對多 (many to many) 的關係。

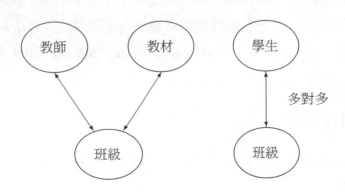

圖 3-15　網狀結構

缺點: ⑴資料庫於重組、修改時易發生問題。

⑵若複雜度增加，程式設計師必須瞭解整個資料庫的邏輯結構。

3.關聯式結構

關聯式結構係利用一些被定義的集合，以表格的形式組成各種關聯 (relation)，然後將這些關連組合起來，便構成一個關聯式資料庫。使用者可經由一些運算來處理這些原有的關聯，以產生另一新的關聯；立即經過一個關聯運算可產生一個新的檔案。在「大學」例子，一個簡單的資料庫可能包括學生，班級，教授和註冊等關聯。該關聯可寫成如下。

學生 (stuid, stuname, major, credits)

班級 (course#, facid, sched, room)

教授 (facid, facname, dept, rank)

註冊 (course#, stuid, grade)

此結構的優缺點:

優點: ⑴關聯式結構的設計簡單，理論基礎簡明，適用於表達複雜的關聯。

⑵可經由結合運算 (join) 產生新的關聯，適用於隨機查詢。

缺點: 在隨機性查詢極少的情況下，關聯式較階層式，網狀式效率差。

什麼是資料庫管理系統 (DBMS) 呢? 它是一系統軟體，用來管理資料庫，提供最佳的形態及組織供使用者很方便地建立、修改或存取資料庫。常見的資料庫系統有 Informix、Oracle、Sybase、IBM 的 DLI、CINCOM 公司的網狀式資料庫 TOTAL 等等。

三、資料庫設計

資料庫開發的生命週期包括六個主要階段，以圖 3-16 表示如下。

1.初步規劃

主要工作是組織一個規劃小組,決定規劃的工具及可行性分析報告。

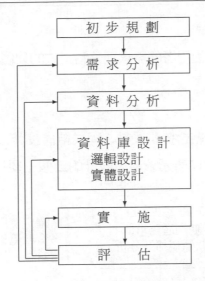

圖 3-16　資料庫開發的生命週期

2.需求分析

　　決定專案的範圍及問題定義，利用問卷調查或訪談、實地調查瞭解使用者的資訊需求和建立軟、硬體的需求。此階段通常組成一專案小組來負責開發資料庫設計工作。專案小組工作包括：(1)選定資料庫管理師，(2)設計的初階先選使用者參與，(3)在設計階段，建立定期開會討論及週期性管理報告的制度。資料庫管理師在資料庫系統開發中扮演重要的角色，資料庫管理師的職責如下：

(1)決定資料庫各個資料集的關係及其資料的格式。

(2)決定資料庫的結構與存取的方法。

(3)提供資料庫備份 (back-up) 及復原 (recovery) 的策略。

(4)建立資料的保密措施及安全防護工作。

(5)為了滿足使用者的需求及資料庫實施績效，因而適時的重建或變更資料庫的結構與儲存方式以提昇績效。

3.資料分析

資料分析是將使用者的需求細分為正式的軟體規格，定義實體 (entities)，相關及屬性。

4.資料庫設計

資料庫設計乃結合邏輯設計、程式結構設計、使用者／操作者程序及實體設計。圖 3–17 表示資料庫設計的三個主要步驟。

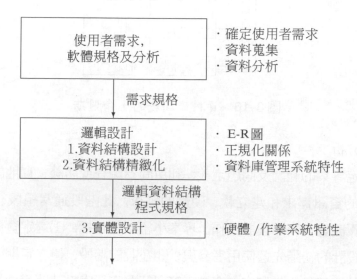

圖 3-17　資料庫設計的主要步驟

概念設計的目的是在描述資料庫的資訊內容而不是儲存結構。它用資料定義語言 (data definition language，DDL) 來描述。在此階段的資料結構由資料實體、屬性、關係所組成。

邏輯設計是用 E-R 圖來描述模組的實體和關係以幫助設計者分析資料。一個完整的邏輯設計是由實體、屬性以及實體之間的關係和在這些關係上的限制所組成。每個記錄的內容（如欄位、型態、長度）等是記載在資料字典 (data dictionary) 中。邏輯設計的第二個步驟是把與 DBMS 獨立的邏輯設計轉換至與所選用的 DBMS 相容的資料模式上。它包括下面三個步驟: (1)將 E-R 圖轉換成 DBMS 可處理的模式, (2)正規化關係, (3)開發邏輯模式。

實體設計的主要項目為: (1)記錄的排序和存取方法, (2)識別記錄在儲存體的位址, (3)載入完整的資料庫, (4)滿足安全性、整合性和存取控制需求, (5)效率要求的測試。

5.實施

在實施階段首先就要選用一資料庫管理系統 (DBMS), 然後將詳細的物件導向模式轉換成適當的實施模式, 建構資料字典, 測試且建置資料庫, 並開發應用程式和訓練使用者。 DBMS 提供資料處理語言 (data manipulation language, DML), 供使用者直接存取資料庫。

6.評估

資料庫應用程式需定期的評估, 不斷增加其功能或修改程式上或邏輯上的錯誤。此外, 也得隨時檢討資料庫應用的績效, 由資料庫管理師重組資料結構或儲存方式以增加效率。

四、正規化

正規化 (normalization) 係指將資料集中記錄的屬性組合成一個具有良好關係的過程。它是一種一步一步正規化組織檔案的資料來設計資料庫的方法。其目的是將關係中重複狀況消除（或減少至最少量）, 並能使使用者在更新、刪除或讀取資料時不致面臨資料不一致或錯誤的情況發生。

正規化的步驟如下:

第一正規化 (First Normal Form, 1NF)

每一例的各個屬性, 或表格的每一格 (cell) 僅含一值。舉例說明（不具正規化）。

銷售員編號 S#	銷售員姓名 SNAME	城市 SCITY	狀態 SSTATUS	零件編號 P#	零件名稱 PNAME	顏色 PCOLOR	重量 PWEIGHT	數量 QTY
S1	John	Taipei	30	P1	TV	Black	30	100
				P3	CAR	White	1050	10
S2	Smith	Paris	50	P2	Perfume	Brown	1	1000
S3	Mary	London	40	P1	TV	Black	30	50

將上面表格的重複項刪除，如下面表格即為第一正規化格式。

S#	SNAME	SCITY	SSTATUS	P#	PNAME	PCOLOR	PWEIGHT	QTY
S1	John	Taipei	30	P1	TV	Black	30	100
S1	John	Taipei	30	P3	CAR	White	1050	10
S2	Smith	Paris	50	P2	Perfume	Brown	1	1000
S3	Mary	London	40	P1	TV	Black	30	50

　　我們可定義功能相依 (functional dependency) 如下：假設 A，B 是某一關係 R (relation R) 的屬性或一組屬性，如果在 R 中 A 的每一個值恰與 B 的一個值相結合，我們稱 B 是功能相依於 A。用 A→ B 表示。例如 S1→ SNAME， P1→ TV。若一個功能相依存在，那麼在箭頭（→）左邊的屬性或一組屬性就稱為決定因子 (determinant)。因而上述第一正規化格式可用下面關係圖表示：

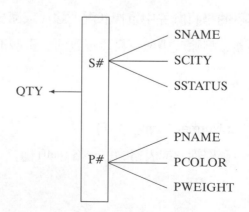

第二正規化 (Second Normal Form, 2NF)

在第一正規化格式中資料在插入、刪除和更新時會發生異常現象，即：

(1)插入異常 (insert anomaly)。假設我們要將一筆新的 S#, 和 SNAME 資料插入上面 S–P 關係，至少得知道該銷售員銷售的零件資料，否則無法插入。

(2)刪除異常 (deletion anomaly)。假設刪除銷售商 S2 之資料，會將零件 P2 之所有資料刪除掉，同時也會失去銷售商及零件的資料。

(3)更新異常 (update anomaly)。假設要更改 John 銷售員的姓名，由於這個姓名在表格出現好幾次，必須從頭到尾的更改，頗缺乏效率。

為了消除 1NF 中的異常現象，我們必須移去部份功能相依性 (partial functional dependencies)。在本例中由於 QTY 相依於 S#+P#，我們稱之為完全功能相依。而 SNAME, SCITY, SSTATUS 僅相依於 S#, PNAME, PCOLOR; PWEIGHT 僅相依於 P#，我們稱之為部份功能相依。

如果是 1NF 的關係，將其所有部份功能相依移去，則成為 2NF 格式。

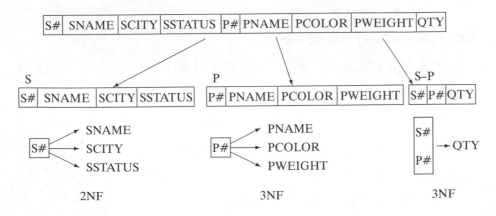

第三正規化 (Third Normal Form, 3NF)

如果一個關係是 2NF, 而且不含遞移相依 (transitive dependencies), 就稱它屬於 3NF。何謂遞移相依用下圖說明, 所有屬性均功能相依於主鍵, 但非鍵值屬性 2 相依於非鍵值屬性 1, 此種現象稱為遞移相依。

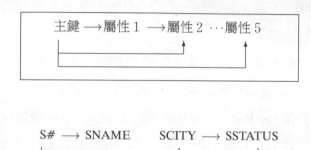

如 S 關係的 SSTATUS 相依於 SCITY。將遞移相依移去, 則為 3NF 格式。

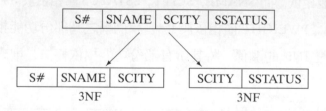

BCNF(Boyce-Codd Normal Form)

對大部份資料庫設計而言, 3NF 關係就夠了, 但它並不能保證可以完全消除所有異常現象。何謂 BCNF? 一個關係稱為 BCNF, 若且唯若每個決定因子是候選鍵。對僅具有一個候選鍵的關係而言, 3NF 與 BCNF 是等價的。所謂候選鍵就是此關係的主鍵 (primary key)。舉例說明, 考慮下列關係具有之情況為:

(1)每位程式設計師可參與數個專案,

(2)對每個專案而言, 每位程式設計師, 僅有一位顧問,

(3)或每個專案可能有幾位顧問，

(4)或每位顧問僅指導一專案，即：

此關係的決定因子為｛程式設計師，專案代號｝，｛程式設計師，顧問｝，但候選鍵為｛程式設計師，專案代號｝，所以此關係並非BCNF。因此將上述關係轉換為兩個BCNF關係：

程式設計師 → 顧問，顧客 → 專案代號

第四正規化 (Fourth Normal Form, 4NF)

如果一個關係是BCNF，且不含多值相依，則稱此關係為4NF。何謂多值相依？若一個關係有三個屬性，如A、B、C，每個A值有一組B值與之對應，每個 A 值有一組C值與之對應，而這組B值與C值互不相關。

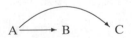

舉例說明，一個教師可任教幾門課程，每位教師可參加一個或一個以上的委員會，但任教的課程與委員會無關。欲移去多值相依，可將相關分成兩個相關，且分別存放互不相關的層性，如下圖所示：

教師 → 課程，教師 → 委員會

在結束這節之前，彙總正規化步驟如下：

(1)第一正規化 (1NF)：刪除所有的重複性。

(2)第二正規化 (2NF)：刪除所有的部份功能相依性。

(3)第三正規化 (3NF)：刪除所有遞移相依性。

(4)BCNF：刪除所有因功能相依所造成的異常現象。

(5)第四正規化 (4NF)：刪除所有的多值相依性。

(6)第五正規化 (5NF)：刪除剩餘的所有異常現象（事實上 5NF 不存在，故前未討論）。

我們知道在資料庫的邏輯設計用到的工具為 E-R 圖，它是用來說明實體與實體之間關係的方法。下一節將進一步討論 E-R 圖。

五、實體圖 (Entities-Relationship diagram， E-R)

E-R圖描述概念層與外層的資料模式。它提供的是邏輯結構的圖示。我們用長方形（方塊）來代表實體。箭頭代表結合，菱形表示實體之間的結合關係。用 1， m 來表示 one， many 之結合關係。

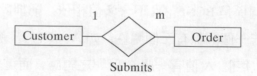

舉例說明，一訂單處理系統，涵蓋下面的實體：客戶、業務人員、訂單、發票、應收帳款、供應商、產品、採購單。其系統描述如下，業務人員與客戶接洽生產，業務人員與客戶的關係為 1 對多。客戶下了訂單，客戶與訂單的關係為 1 對多。客戶收到發票，客戶與發票的關係是 1 對 1。客戶與應收帳款的關係為 1 對多。發票與應收帳款的關係是 1 對 1。業務人員處理訂單，業務人員與訂單的關係為 1 對多。訂單產生發票，訂單與發票的關係為 1 對 1。發票與產品的關係為多對多。供應商提供產品，供應商與產品的關係為多對多。供應商接受訂購點，供應商與採購單的關係為 1 對多。產品與採購單的關係為 1 對多。圖 3–18 表示訂單處理系統的 E-R 圖。

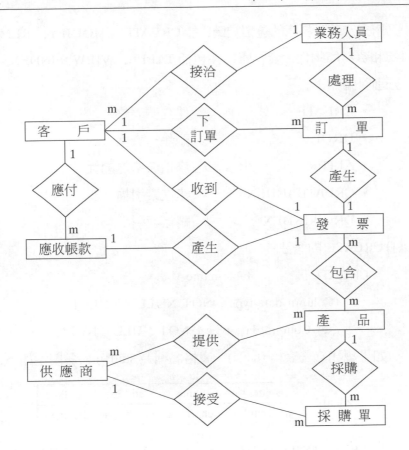

圖 3-18　訂單系統的 E-R 圖

六、資料庫語言與 SQL 簡介

在資料庫管理系統主要的兩個觀點是概念／邏輯觀點和內部／實體觀點。我們要瞭解的是資料庫語言在概念層（也可能在外層）對資料庫實體的定義與操作。在資料定義方面，該語言允許我們定義資料庫的邏輯結構；在資料操作方面，允許我們在資料庫擷取或更改資料。至於對內部儲存體結構的工作及存取的方法就由資料庫管理系統來處理。

1.資料定義語言 (data definition language， DDL)

乃用來定義資料庫的邏輯結構，能 CREATE, MODIFY, REMOVE 資料庫和資料庫物件，資料庫物件包括 TABLE, VIEW, INDEX … 等等。分別討論如下。

- CREATE   建立一表格
- DROP   刪除一表格
- ALTER   修正表格之屬性
- CREATE INDEX   建立索引檔
- DROP INDEX   刪除索引

(1) CREATE 的語法

    CREATE   table-name,

        (Column data-type〔NOT NULL｜NULL〕

        〔, Column data-type〔NOT NULL｜NULL〕…〕)

    如果想建立一表格 (table)，表格名稱為 student，各屬性如下：

student →	student-no	name	address	Tel
	char(5)	char(15)	Varchar(40)	char(9)

    CREATE TABLE student   (student-no   char(5)   NOT NULL,
                            name   char(15),
                            address   Varchar(40)   NOT NULL,
                            Tel   char(9))

    NOT NULL 表示不允許 null value

    幾種資料型態分別為:

    ① INTEGER   ② SMALLINT   ③ DATE

    ④ CHAR(n)   ⑤ VARCHAR(n)   ⑥ FLOAT

    ⑦ LONG VARCHAR   ⑧ DECIMAL

(2) DROP 的語法

    DROP TABLE table-name.

例如

DROP TABLE student.

(3) ALTER TABLE 的語法

ALTER TABLE table-name(

ADD Column data-type NULL

〔, Column data-type NULL〕)

例如

ALTER TABLE student（

ADD Salary INTEGER）

(4) CREATE INDEX 的語法

CREATE UNIQUE INDEX index-name

ON table-name (Column-name on ASC)

DESC

例如

CREATE UNIQUE INDEX student-index

ON student

(student-no ASC)

UNIQUE 表示不能有重複相同的索引值, ASC 表示由小到大排序, DESC 表示由大至小排序。

(5) DROP INDEX的語法

DROP INDEX index-name

例如

DROP INDEX student-index

2.資料操作語言 (data manipulation language, DML)

一般而言, 在資料庫內資料操作語言包括擷取資料 (SELECT), 和修改資料 (INSERT, UPDATE 或 DELETE), 分述於下。

⑴ SELECT 的語法

    SELECT 〈target-list〉

    FROM 〈table-list〉

    WHERE 〈search-condition〉

執行 SELECT 敘述所產生的結果是一個 table，〈target-list〉表示一序列要擷取的 Columns，〈table-list〉是描述要從那些 table 來找出所要的 Column，〈search-condition〉則是表示輸出結果所須滿足的條件。在 WHERE 語句裡的條件通常包含 Column name，算術式子，算術運算（＋，－，＊，／）和比較運算（＜，＞，＝…等等）以及邏輯運算 AND，OR，和 NOT 連結在一起。下面用例子說明之。

例 1.擷取所有學生姓名

    SELECT name FROM student

例 2.擷取所有學號大於 10 之學生姓名，地址

    SELECT name，address

    FROM student

    WHERE student-no ＞ 10

例 3.擷取所有學生之資料

    SELECT*

    FROM student

例 4.依照姓名排序（由小至大）之所有資料

    SELECT*

    FROM student

    ORDER BY name ASC

例 5.擷取學生姓名，住址，電話號碼之資料，但姓名不能空白

    SELECT name，address，Tel

```
FROM student
WHERE name is NOT NULL
```

例 6.列出老師與學生姓名相同的資料（合併查詢）

```
SELECT student.*,  teacher.*
FROM student,  teacher
WHERE student. name = teacher. name
```

說明: 有兩個關係 student 及 teacher。 student.*, teacher.* 分別表示學生的所有資料, 老師的所有資料。 student. name = teacher. name 表示老師與學生相同姓名。

在 WHERE 條件有時會用到內建函數如:

① SUM: 某欄位之總和,

② AVG: 某欄位之平均,

③ MAX: 某欄位之最大值,

④ MIN: 某欄位之最小值,

⑤ COUNT: 符合條件的個數,

⑥ LIKE: 關鍵字。

例 7.列出學號小於 10 之薪水總合

```
SELECT SUM (salary)
FROM student
WHERE student-no < 10
```

例 8.列出學生姓名, 以 T 開頭之學生姓名, 住址及電話

```
SELECT name,  address,  Tel
FROM student
WHERE student. name LIKE 'T%'
```

(2) UPDATE 的語法

```
UPDATE Table-name
```

SET Column-name = expression

FROM table-name

WHERE search-condition

SET 語句決定要改變的 Column 及它們的新值，WHERE 語句決定那些欄位要改變，FROM 語句描述資料不是取自相同 table 時，資料來自何處。

例：將學生姓名為 John 之住址由 I-Lan 改為 Taipei。

UPDATE student

SET name = 'John'

address = 'Taipei'

WHERE address = 'I-Lan'

(3) INSERT 的語法

INSERT

INTO table-name (column-list)

VALUE (< constant-expression>)

例：增加一筆學生記錄

INSERT

INTO student (student-no, name, address, Tel, salary)

VALUE (51, 'Michacl', 'Taiwan', 062244415, 200)

3. 資料控制語言 (data control language, DCL)

例如設定許可權 GRANT，收回許可權 REVOKE 等語法如下：

GRANT SELECT ON student to Tom;

REVOKE SELECT ON student FROM Tom.

第七節 個案探討

個案 1: 資料庫管理系統的特性

1997 年 8 月大東銀行決定對 MIS 作業進行作業總檢討。由四位副總經理及 MIS 部門的主管組成之檢討小組, 花了四週時間重新檢討資訊處理程序, 終端使用者的活動, 現在的資訊系統及 MIS 部門的人力。其評估報告包含: (1) MIS 現況, (2)銀行內部現行作業。結果發現分期付款、貸款、信用及儲蓄存款等四種業務相互之間缺乏資訊的聯繫, 因而決定以資料庫管理系統來處理。

先前的資訊作業並沒有考慮其他使用者的需求, 例如分期付款作業人員辦理顧客貸款作業時, 需要顧客的帳目、過去貸款狀況及有沒有儲蓄存款等資料。如果要這些資料時必須向各相關部門詢問, 不能直接由電腦查詢, 而詢問的時間常需要 1〜2 個工作天, 因而作業效率低。

在這種情況下, 採用資料庫管理系統之建議馬上被上級主管接受, 上級主管建議成立資料庫委員會, 並著手進行該項作業。

個案問題:

(1)組成資料庫委員會應具備那些功能?

(2)大東銀行作業有那些缺點?

(3)若處理活期存款及儲蓄存款是採用循序處理, 但資料檔是直接檔案, 則它有什麼缺點?

(4)資料庫管理系統 (DBMS) 應有那些特性?

個案 2: 應用程式如何在資料庫存取資料

A 公司的資訊中心目前使用 ORACLE 的資料庫管理系統, 該資訊中心每月定期檢討使用資料庫的績效及情況。資料庫管理師在每月的檢討會扮演重要的角色。本月（5月）的檢討會提出 back-up 及 recovery 程序外，並說明應用程式在資料庫存取資料的步驟。其步驟敘述如下：

當應用程式對資料庫管理系統提出存取需求時，資料庫管理系統會參考外部綱目 (external schema)，而後資料庫管理系統將用到的外部綱目對應至概念綱目 (conceptual schema)，再將概念綱目對應至內部綱目 (internal schema)。資料庫管理系統根據內部綱目對作業系統提出存取要求，作業系統就至資料庫存取資料。作業系統將所需的資料庫管理系統，由資料庫管理系統交回應用程式，同時改變應用程式的 I/O 狀況。

在資料庫存取資料，因有了資料庫管理系統，使用者根本不必知道資料庫內的資料如何存放，即使資料庫內資料結構改變，也不會影響應用程式的運作。

個案問題:

⑴試以資料庫系統之架構，說明資料庫如何做到資料獨立的功能。

⑵資料庫管理師除了進行規劃 back-up 及 recovery 外，還有那些職責？

⑶下圖是應用程式 A 自資料庫中取用一筆記錄的過程。圖中所加註之數字 1～10代表各項事件發生先後順序。請填寫答案到圖中圓圈數字空格內。

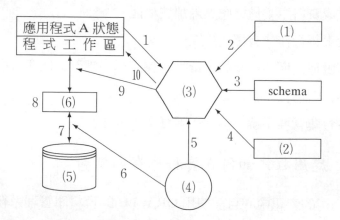

個案 3：檔案管理

系統分析師 B 要確認公司的資訊需求。在訪談過程中，請購部門認為需要三個檔案以維持請購作業，目前請購部門以人工作業方式出表。⑴廠商主檔，應包含廠商代號、廠商名稱、住址、產品項目及其他相關資料。⑵請購檔，應包含與請購有關的資料項。沒有敘述很清楚。⑶歷史檔，包含最近兩年來生產或請購的歷史資料。

會計部門的需求與請購部門不同，其中⑴廠商主檔是用來描述產品的特性及廠商交貨時之核對。⑵要有傳票檔，應付帳款檔，及⑶一年內廠商付款的歷史檔。目前利用請購卡來管理及人工作業方式處理及出表。

公司已租用中型電腦，包括有磁帶及磁碟設備，適用於批次處理。每月公司的工作量大約如下，有 5000 筆訂單，1500 張傳票，與 3000 廠商有生意往來，請購的項目約 40,000 項。由於以人工作業已不能負荷，基於上面事實，若你是系統分析師 B，如何規劃其檔案結構：

⑴需要幾個資料檔？

⑵每個資料檔的欄位（資料項）是什麼？

⑶每個資料檔的儲存媒體是什麼較適當？

⑷每個資料檔由那一個部門負責保持資料的更新工作？

第八節　PowerBuilder 簡介

PowerBuilder 是美國 Sybase 公司所開發之主從式資訊環境前端應用程式開發工具，它以圖形界面的設計方式，且快速開發與各自獨立的應用程式物件，使得開發者得以快速地開發多元化的應用程式。

PowerBuilder 不但可以從個人電腦上讀取資料，它亦能透過其內建之驅動程式，連接一般大型資料庫，如 Sybase、 Oracle、 Informix…等，PowerBuilder 也可以利用資料輸送管的方式做異質性的資料庫轉換。利用資料視窗來存取資料或設計報表格式等工作，更提昇了開發者的工作效率。以下是 PowerBuilder 5.0 的功能簡介：

(1)以 Watcom C++ 編譯器來產生原始碼，能提昇應用程式執行速度。

(2)應用程式分割，提昇了應用程式的效能及管理方便性。

(3)支援 OLE 2.0，開發者可以自行開發、佈置以及存取 OLE 2.0 自動化伺服器。

(4)支援 Windows 95 標準介面，如 List View、 Tree View、 Tab Control、 RTF、 Drop Down、 Picture、 List Box 等，並提供跨平台的一致性。

(5)DataWindow 顯示型態。

(6)提供基本類別程式 (Foundation Class Library)。

(7)提供先進的 PowerScript 編譯器。

(8)提供 Art Gallery、 Componetn、 Gallery 與 Sample Gallery 以供開發出多元化的應用程式。

以下，說明以 PowerBuilder 開發一應用程式所需之步驟：

步驟一：建立 "應用程式" 物件

應用程式物件，為一應用程式的進入點 (entry point) ，它包含了整個應用程式可能用到的預設值，如應用程式名稱 (name)、圖示 (icon)、Globle 變數、Global 外部函式、字型與物件管理庫搜尋路徑 (library search list) 之設定。

步驟二：建立 "視窗" 物件

"視窗" 是一看得到的物件 (visual object)，即使用者與應用程式之一圖形化的介面，使用者可藉由視窗輸入資料至應用程式，而應用程式也藉由視窗顯示資料。

步驟三: 建立 "資料庫－表格"

使用 PowerBuilder 所提供的資料庫繪圖器可以建立一新的資料庫,在資料庫建立完成後, 使用表格繪圖器可以建立一新的表格。

步驟四: 建立 "資料視窗" 物件, 並設定存取參數

"資料視窗" 為使用者與資料庫中間的一個介面, 透過資料視窗,使用者可以在應用程式中做資料維修的工作, 且應用程式亦可透過資料視窗展示資料。

步驟五: 撰寫程式碼, 以連結 "資料視窗"

在程式執行階段, PowerBuilder 並不會自動將資料視窗物件與資料庫連接, 開發者必須撰寫程式碼, 以連接資料庫。在資料庫連結上後,需再撰寫程式碼將資料庫與資料視窗連接, 其資料庫連接所需之基本資料與程式碼撰寫細節。

其它之為使資料庫管理系統更趨完善之設計, 其細步做法與屬性設定請參閱 PowerBuilder 開發手冊。

問題討論

1.說明循序存取與直接存取的區別。

2.解釋下列名詞

　(1)隨機存取 (random access)

　(2)雜湊函數 (hash function)

　(3)資料庫 (data base)

　(4)資料管理師 (data administrator)

　(5)資料庫管理師 (data base administrator)

　(6)資料處理語言 (DML)

　(7)綱目 (schema)

3.舉一例子說明欄位，記錄與檔案彼此之間的關係。

4.在列舉資料庫優點時，吾人往往將資料庫的資料獨立性特別提出討論，更有人認為資料獨立性是建立資料庫的目標，何以資料獨立性為建立資料庫系統的主要目標，請說明之。

5.說明索引循序檔 (indexed sequential file) 的基本結構。

6.請敘述三層式 (3-level) 資料庫管理系統架構。

7.何謂直接檔？試舉出兩種決定資料位址之方法，並說明此種檔案的優劣。

8.下列作業比較適合那一種檔案存取方式？

　(1)薪資作業的薪資檔，每月或每半月用來製作薪資報表。

　(2)超級市場的 POS（銷售點系統）之庫存檔案，當顧客結帳後，馬上更新庫存檔。

(3)用於處理註冊的學生學籍檔。

(4)電力公司營業員收集客戶的抄表資料，經由鍵入系統存入暫存檔；每兩個月之月底以整批處理的方式加以處理，並製作客戶的收費單據。

(5)銀行放款作業的客戶信用檔，當客戶辦理貸款分期付款作業時能查詢該客戶的信用狀況。

9.解釋名詞：

(1)CODASYL (conference on data system language)

(2)2NF

(3)正規化

(4)外來鍵 (foreign key)

(5)完全功能相依

(6)BCNF (boyce-codd normal form)

10.何謂資料庫？略述採用資料庫的優缺點。

11.何謂資料庫管理師？其在資料庫系統中扮演什麼角色？職責如何？

12.檔案及資料庫為辦公室資訊系統中重要資源，但兩者在使用方法、使用範圍、及設計方法上均有很大不同，試詳細說明之。

13.為什麼資料庫的安全檢查，要比傳統的檔案系統來得重要？

14.請由下面(a)、(b)、(c)、(d)答案中選出最適合於下述資料庫語言的定義：query language、data definition、data manipulation language、device control language。

(a)由資料庫系統尋找資料的非程序語言。

(b)描述資料與儲存體之關係的語言。

(c)描述資料邏輯結構的語言。

(d)將資料庫的邏輯記錄傳遞於應用程式的低階語言。

15.假如我們的資料庫有下面 4 組關係

STUDENT (name, sno, class, major)

COURSE (cname, cno, chour, department)

SECTION (secid, cno, semester, year, instructor)

GRADE-REPORT (sno, secid, grade)

寫出下列查詢之敘述:

(a)擷取 professor KING 在 1995 及 1996 所教的課程名稱。

(b)擷取所有優秀學生的名字 (name) 及其主修科目 (department)。其中優秀學生是指他所修的課程得到分數高過 90 分。

16.正規化下面結構:

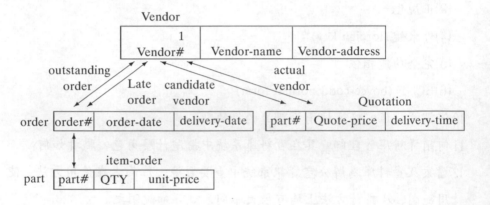

17.下面是 relational database 的結構，從這些結構回答下面問題:

(a)擷取所有教授代號，其所教的學生代號為 462。

(b)列出所有教授的姓名，其所教的學生代號為 462。

(c)列出所有教授的姓名，其所教的課程為 ACC380 及 ACC382。

(d)列出所有教授的姓名，其所教的學生擁有 Ph.D 學位。

教授—學生

PROFESSOR-ID	STUDENT-ID	COURSE
56	462	ACC 380
56	690	IE 382
56	700	IE 382
58	462	ACC 380
58	690	ACC 380
58	694	ACC 382
63	690	STA 384T
63	700	STA 384T
74	700	ACC 380
74	723	ACC 380
87	723	ACC 382

C-1
STUDENT-ID
462

C-2
COURSE
ACC 380
ACC 382

C-3
GOAL
Ph.D

教授資料

PROFESSOR-ID	PROFESSOR-NAME	DEGREE-FROM
56	White	Iowa
58	Chang	Illinois
63	Li	Stanford
74	Wu	Michigan
87	Ding	Wisconsin

學生資料

STUDENT-ID	STUDENT-NAME	GOAL
462	Wang	Ph.D
690	Lee	MBA
694	Lin	MBA
700	Wu	MBA
723	Hwang	Ph.D

18.正規化下面邏輯結構

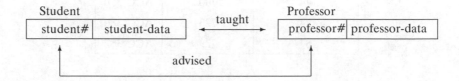

第四章　系統與資訊系統開發

　　本章的目的是瞭解組織中的六大主要資訊系統型態，分別為交易處理系統 (TPS)、辦公室自動化系統 (OAS)、知識工作系統 (KWS)、決策支援系統 (DSS)、管理資訊系統 (MIS) 及主管支援系統 (ESS)。因為資訊系統仍是系統，因而本章首先討論系統的定義。此外將介紹資訊系統的開發的一些方法，如瀑布式、雛型法、螺旋法及 4GL、CASE 等等。最後，本章將討論資訊系統與組織。

第一節　何謂系統

　　系統是一組具共同目的的相互關係的元素（或稱程序，處理），它接受輸入環境的資料並經由這些相互關係的元素的運作而輸出結果，這些輸出的結果經評估再反應到輸入的環境，稱之為回饋。從以上之定義可知，系統乃具備輸入、處理、輸出與回饋等四個要素。資訊系統是一個系統，它的輸入是經由組織內部所收集的資料或由外在環境資訊系統處理的結果。處理是原始的資料轉換為人們認為更有意義的資訊。輸出是將處理後的資訊散佈至需要的人或活動。而回饋是將輸出的結果經由組織適當的人做評估或以之修正輸入的原始資料。我們用圖 4–1 來表示資訊系統的功能。資訊系統是支援組織的活動，支援企業管理的架構（或稱管理的層次），1960～1970 年代支援的重心是交易處理系統 (transaction processing system, TPS) 或稱資料處理系統，1980 年代支援

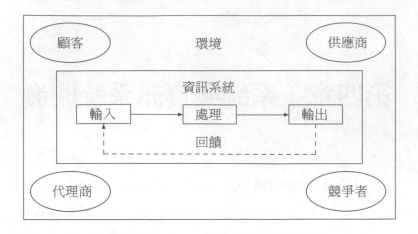

圖 4-1　資訊系統的功能

的重心為決策支援系統 (decision support system, DSS)，而 1980 年代後期
支援的重心則為主管資訊系統 (executive information system, EIS) 或稱主
管支援系統 (executive support system, ESS)。1983 年以後資訊系統是組
織制度的核心活動 (institutional core activities)，其資訊系統主要為策略性
資訊系統 (strategic information system, SIS)，即企業為取得競爭優勢而建
構的系統。1990 年代後的企業再造工程 (business process reengineering,
BPR)，是利用資訊科技對組織制度進行巨大的改革，重新建構企業的
資訊系統。這是由於電腦硬體越來越便宜，應用軟體越來越強且易於使
用，資訊系統小型化 (downsizing) 的趨勢及電腦網路之蓬勃發展。圖 4-2
表示資訊系統的演進趨勢。

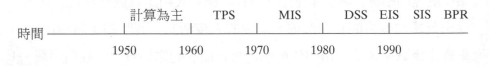

圖 4-2　資訊系統的演進

第二節　資訊系統的六大型態

1.交易處理系統

　　處理日常作業並產生各式報表，例如人力資源系統之主要功能為人事基本資料、績效、薪水、勞資關係及訓練。配合上面功能有下面子系統，如薪資計算、人事管理、績效獎金計算、生涯規劃及人力規劃等等。又如會計的應收帳款系統，可用圖4-3說明。

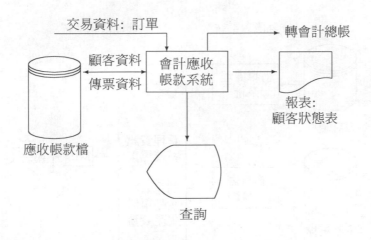

圖4-3　應收帳款系統

2.辦公室自動化系統 (office automation system, OAS)

　　主要功能是提高辦公室知識工作者 (knowledge worker) 的工作效率。更詳細的講是，利用電腦系統如文書處理、E-mail 及排程系統來增加辦公室工作者的生產力。因而 OAS 所具備的工具除了傳統的電話、傳真機、影印機外，尚有文書處理軟體、桌上型排版系統、影像處理機、工作站、電傳系統等等。

3.知識工作者系統 (knowledge work system， KWS)

　　資訊系統幫助知識工作者建構或整合新的知識領域。知識工作者像各領域之專家、工程師或科學家，將整合新的技術、知識於組織或企業內，如電腦輔助設計系統與知識庫系統。

4.管理資訊系統 (management information system， MIS)

　　MIS是一人機整合系統，它提供資訊以支援組織管理階層的例行作業、管理與決策。管理資訊係彙總交易處理系統之檔案，透過 MIS 產生組織階層需要的資訊。圖 4-4 表示 MIS 與 TPS 的關係。

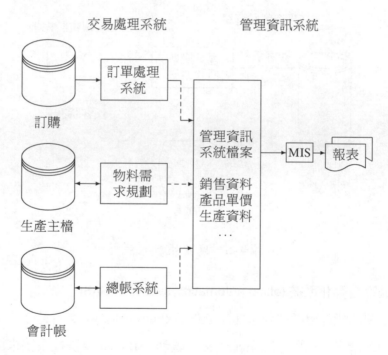

圖 4-4　MIS 與 TPS 的關係

5.決策支援系統 (decision support system， DSS)

　　決策支援系統是透過交談式或簡易之操作方式，以協助決策者使用資料及模式，以解決非結構化問題。從上面定義知道 DSS 之特性為：(1)

交談方式，(2)使用資料，(3)使用資料模式，(4)解決非結構化問題。因而
DSS 是強調協助決策者做決策的應用系統，透過終端機與電腦交談進行
「若……則……」之分析。DSS 比較偏重規劃與分析的工作，為了做決
策 DSS 包含許多做決策的模式（如以迴歸分析作業務預測，以數學模式
找出飼料之最適配方等等）。DSS 的架構如圖 4-5，它包含資料庫、模
式庫、使用者界面。在定義上提到非結構化問題，非結構化問題是無法
用固定程序來求得精確唯一的解決，必須透過若什麼條件，則得到什麼
的方式來求得不同的結果。

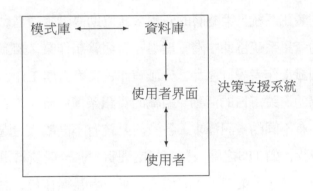

圖 4-5　決策支援系統架構

6.主管支援系統 (executive support system，ESS 或 executive information system，EIS)

　　主管支援系統是組織策略層次的資訊系統，它整合組織內的環境以
協助高階主管做決策、規劃以及監控組織的運作。EIS（或 ESS）的特性
歸納如下：(1) EIS 要綜合組織內部、外部的資訊，所用到的外部資訊會
比內部資訊多。(2) EIS 是解決非結構化的問題，一般透過網路及圖形處
理技術，運用圖形顯示問題。(3) EIS 有能力控制並警示每一環境狀況。
EIS 模式可用圖 4-6 表示。

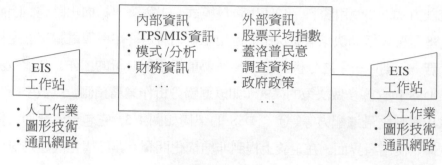

圖 4-6　EIS 模式

　　組織與資訊系統分成策略、管理、知識及作業層次，組織各階層各有不同的資訊系統。策略層的資訊系統協助高階管理者做長程規劃，管理階層的資訊系統協助中階管理者監督與管制作業，知識階層的資訊系統幫助知識工作者設計產品、分派資訊、文書處理工作，作業階層資訊系統則協助追蹤每日的活動。組織的資訊架構用圖 4-7 表示。不同的管理活動各有不同的資訊需求，各資料系統有不同輸入、處理、輸出及使用者的特性，如 TPS 之輸入為交易處理資料，一般資料量龐大，處理方式為更新、排序、彙總、輸出報表，使用者為操作員、個人、管理者。資訊系統之詳細比較如圖 4-8。

第三節　策略性資訊系統與策略聯盟

　　策略性資訊系統 (strategic information system，SIS) 的主要功能是支援或改變企業策略的資訊系統，藉著 SIS 可取得或保持企業本身的競爭優勢，或降低對手的優勢。策略性資訊系統有三個特性：SIS 能顯著改進企業的績效，支援組織達成策略目標及改變調適組織的結構及競爭的方式。從上面定義知道，SIS 是用來支援組織形成競爭策略，實現競爭策略。

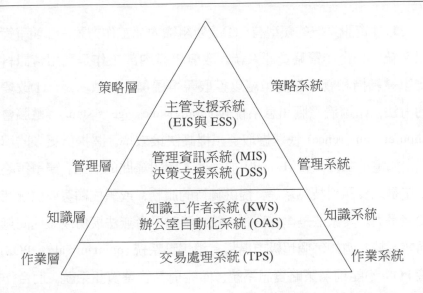

圖 4-7　組織的資訊架構

典型系統	輸入	處理	輸出	使用者
ESS (EIS)	內在環境資訊 外在環境資訊	圖形技術 模擬 交談式修正	組織狀況	高階主管
DSS	分析的模式 少量輸入資料	模擬 分析 交談式修正	特殊報表 決策分析 查詢結果	專家 主管
MIS	彙總交易處理資料 大量輸入資料 簡單模式	正常處理 低層分析	彙總報表 例外報表	中階主管
KWS	設計規範 知識庫	模式 模擬	模式 圖形	專家 技術職員
OAS	文件 排程文件	文件管理 排程 通訊	文件 工作排程 電子郵件	承辦員
TPS	交易資料 事件	排序、合併 更新 列印	詳細報表	操作員 個人 管理者

圖 4-8　各類資訊系統的特性

　　策略性資訊系統的類型有：⑴改變組織內部工作方式，⑵競爭策略資訊系統，⑶合作策略資訊系統。改變組織內部工作是利用資訊科技改變組織結構和管理管制策略以獲取競爭優勢。其做法是：⑴改變決策的方法，如透過電腦訊息系統 (computer message system)、電腦會議 (computer conference) 快速擷取資訊提高決策效率。⑵提供更多的溝通方式，如電子郵件系統 (E-mail) 加強個人與組織間的溝通。競爭策略資訊系統是以資訊科技為基礎，提供獨特的服務，或鎖住顧客或供應商以增加競爭力。其做法是建立資訊系統，讓競爭者無法模仿或短期間無法建構該系統。例如每個超級市場都有銷售點系統 (point of sale, POS)，此時 POS 不能稱為策略資訊系統，僅能稱為管理資訊系統。而合作策略資訊系統則是企業與其他相關企業，或同行企業，甚至競爭者一起合作，共同開發一個資訊系統，以獲取利益及競爭優勢，又稱為跨組織資訊系統 (inter-organizational information system)。如美國的美國航空公司與聯合航空公司的訂位系統便是跨組織的合作策略資訊系統。又如銀行自動櫃員機系統 (ATM) 是利用網路的通訊技術，跨行的提款、匯款、金融 IC 卡銷售點終端服務，這是政府推展的合作策略資訊系統。該系統目前已推廣到基層的金融機構及郵局體系。ATM 系統將資訊系統的目標由內部效率轉為對顧客的服務。

```
    支援組織                               競爭策略
   （內部效率）  ←———— ATM系統 ————→   （服務顧客）
```

　　為了建構策略性資訊系統，首先要瞭解並發現企業的策略機會。有兩種模式（方法）可以確認企業需要的策略性資訊系統，分別為：⑴波特 (Porter, 1985) 的產業競爭分析 (industry and competitive analysis)，⑵價值鏈 (value chain) 等模式。

　　波特認為企業在競爭時，會面臨一些機會與威脅。企業選擇最有利的競爭策略以對抗新的競爭者進入市場，替代品的壓力以及供應商的談判能力，顧客的談判能力。

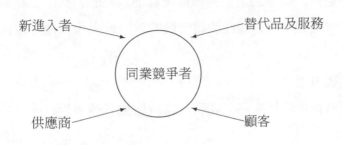

新進入者　　　　　　　　　　替代品及服務

同業競爭者

供應商　　　　　　　　　　　顧客

圖 4-9　波特產業競爭分析

1.對於新進入者的威脅

建立新的品牌與唯一產品及服務。新的競爭者有興趣但也不易進入此產業。如美國運通旅遊服務系統，透過影像系統提供鄉村俱樂部的服務項目的通知單。1984 年後，美國運通旅遊系統又提供從雷射印表機列印折價卡之服務。

2.與供應商的關係

美國通用汽車製造商與其上游零件供應商藉著網路的連接，建立 JIT(just in time) 的存貨系統將庫存增加的營業風險轉移給供應商。由於供應商即時送料（零件）使得通用汽車製造商可降低庫存成本及減少倉儲空間，並能減少建構時間。

3.與顧客的關係

製造商與顧客透過資訊系統，顧客可在線上訂購貨品，製造商可在線上查詢顧客的庫存狀況，甚至協助顧客做庫存管理的工作。如中鋼的營業處與下游的顧客的連線。中鋼與中船的主客關係是中船提供訂購鋼材資料的磁帶交由中鋼做生產排程作業，並由中鋼提供預計交貨日期的資料的磁帶做為中船採購資料檔。

4.替代品及服務的威脅

利用資訊科技來增加產品的功能，使得替代品及服務無法取代。例如郵寄包裹，顧客的包裹到郵局後就進入電腦，採用全線追蹤系統，隨時追蹤包裹的下落。如此使得一般的運送或火車托運等替代方式都無法取代。

5.同業競爭者

利用資訊科技來降低產品成本或增加其差異性，使得競爭者無法趕上。

價值鏈是針對企業的經營活動，各種價值活動常須使用資訊科技及產生資訊。資訊科技滲入至價值鏈的每一部份，支援組織的價值活動，使得組織獲得更大的競爭優勢。價值鏈的活動可用圖 4-10 表示。價值鏈分為經營活動及支援活動兩種。經營活動包括境內補給 (inbound logistics)——包含接收物料，儲存物料；作業——將物料轉換為最終產品；境外補給 (outbound logistics)——儲存及分送產品；行銷作業——促銷產品；與服務——維護產品的品質及服務。支援活動則包括組織的行政管理，人力規劃——人員的晉用、升遷及訓練；技術——產品及製程的改善；及供應——訂單材料。

支援活動	行政管理: XX資訊系統				
	人力支援: 人力規劃系統				
	技　術: 電腦輔助設計系統				
	供　應: 訂單系統				
經營活動	境內補給	作業	境外補給	行銷	服務
	自動化倉儲系統	電腦控制機器系統	自動化運輸排程系統	訂單系統	設備維護系統

圖 4-10　價值鏈活動

策略性資訊系統會改變組織（企業）的產品、服務及作業程序。因而在組織結構、組織文化及人員的權責劃分要做些調整來適應。跨組織的資訊系統產生了各種策略聯盟 (strategic alliance) 與資訊合夥 (information partnership)。

策略聯盟是透過市場的協議、聯合投資以取得優勢，如美國航空公司與美國銀行合作建立聯合行銷關係，顧客用美國銀行信用卡刷卡購機票等每花一美元便可增加航程 1 浬之累積，並可憑此兌換機票或享受其它優惠。通常策略聯盟這類資訊系統是提供產品差異化，提供顧客滿意的服務。資訊合夥是產業內部的合夥，企業與供應商的合夥，及企業與顧客的合夥。如美國醫藥用品公司的顧客訂購系統，將終端機擴充至顧客。顧客可由線上訂購。通常這種資訊合夥的作法所建立的系統可降低產品的成本，提昇其品質及增加附加價值。

第四節　系統生命週期與資訊系統開發方法

軟體品質的最終目標是滿足使用者的需求。如何確定使用者需求是軟體開發過程中的一項關鍵性工作，使用者得知道要什麼，而系統開發者也知道能提供什麼；使用者與系統開發者透過良好的互動與溝通，方能建構滿足使用者需求的軟體。Gupta(1988) 提出約有 50%～80%的新系統開發是基於未能充分瞭解使用者的需求而失敗。軟體發展各階段均可能發生錯誤，而各種錯誤中，發生在需求定義階段的可能性最大約佔56%，其錯誤更正往往最困難也最耗成本。

界定軟體品質的要素很多，但是否滿足使用者需求（含功能需求、績效需求與可靠度需求）乃是衡量軟體品質的基石。為了達到品質的目標，系統開發者應適當的採用各種發展模式來開發應用軟體。

軟體是一種產品，軟體發展不是藝術而是工程。既然是工程就有其固定的開發步驟與程序模式，文獻所探討的發展模式有最原始方式的「寫了再改」(build-and-fix) 模式，它是先做程式設計，然後再去想需求、設計、測試及維護工作。Boehm(1988) 指出於 1956年，資訊系統應用軟體開發便有所謂階段式模式 (stagewise model)。而後將階段式模式加以改進與加強就是所謂系統生命週期 (system development life cycle, SDLC) 開發模式，也就是瀑布模式 (waterfall model)。它是將開發過程分成七個步驟 (Boehm, 1988)，分別是：(1)可行性研究，(2)需求定義，(3)系統規格，(4)系統設計，(5)程式設計，(6)系統測試，(7)建置。

　　不過，軟體生命週期到底分成幾個步驟，不同的學者有不同的講法，如分為 5 個階段：(1)規劃階段含定義問題及可行性分析，(2)需求階段即系統規格或稱系統分析，(3)設計階段，(4)開發階段，含程式撰寫及測試，(5)維護階段，含系統建置及維護。系統生命週期開發模式 (SDLC)可用圖 4–11 表示也可用瀑布式圖形表示如圖 4–12。

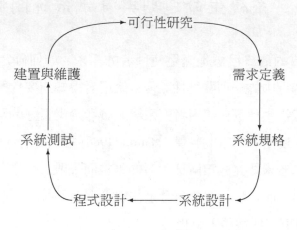

圖 4–11　SDLC 架構

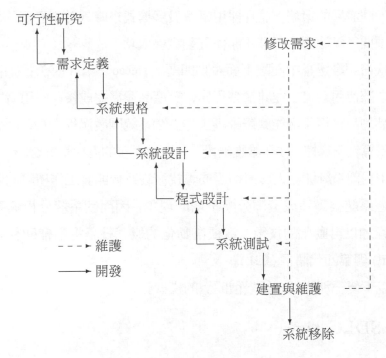

圖 4-12　瀑布式

　　瀑布式模式最大弊病是開發往往曠日費時並且缺少系統發展的彈性。相對的，雛型模式 (prototype model) 提供軟體開發的最大彈性，讓使用者在開發過程中參與扮演一個積極主動的角色。但採用雛型模式所節省開發成本往往因爾後維護所增加的成本而抵銷。Boehm 提出螺旋狀模式 (spiral model)，它包含了瀑布模式與雛型模式的最好特點，同時加入風險分析。其所定義的四種活動分別以四個象限來代表。第一象限是風險分析，分析計劃的各種可能替代方案，標示計劃的風險所在或找出風險解決對策。第二象限是規劃，確立系統開發計劃的目標、替代方案及限制條件。第三象限是用戶評估，評估上述工程學的結果。第四象限為工程學，從事下一級產品的實際開發工作。螺旋狀模式，在每一展開的層次中，都能了解風險又能對風險做出適當的反應，它保留 SDLC 系統化步驟發展的策略，並且採用雛型發展模式來降低計劃發展的風險，因而須要靠風險評估專家才能使計劃發展成功。

軟體開發過程中面臨下面幾點問題（Necco 等，1989）：(1)在計劃開始之際使用者需求並非清楚界定，等產品開發完成後，使用者既不滿意產品的品質復又增加軟體維護工作。(2)系統開發過程太長，開發的進度及預算較難掌控。(3)在維護階段，修正該系統的過程繁雜費時。Necco 也指出目前系統開發人員迫切需要尋找減輕系統開發工作積壓的新方法及減輕系統維護造成資源分配不均的現象。因而就系統分析與系統設計過程加以自動化的技術，這種自動化的概念就是電腦輔助軟體工程 (CASE) 與第四代語言 (4GL)。

以下便分別詳細介紹幾種開發的模式。

一、SDLC 模式

系統開發最原始方法是寫了再改，此方式明顯的缺點是：(1)程式的結構會變成非常複雜。(2)所開發的程式難符合使用者的需求。(3)較難安排做測試與修正工作。寫了再改有上述之缺點，因而就有軟體開發生命週期模式 (SDLC) 的產生，也就是瀑布模式。SDLC 將系統開發分成七個步驟 (Gupta，1988)，分述於下：

步驟 1: 可行性分析

可行性分析研究包括：(1)確認現有系統的範圍。(2)確認現有系統的問題所在與所有未充分開發利用之機會。(3)確認新系統的目標。(4)概略估計為解決上述問題的每個可能方案之成本，並且指明在預算與進度限制下，可以滿足使用者需求的可能解決方案。(5)概略估計每個解決方案的利與弊。(6)詳細計劃上述解決方案，如何實現的輪廓及所需要的資源。(7)針對使用者與管理者對上述各點的意見加以修正。(8)設法獲得管理經營者的同意。

步驟 2: 需求定義

　　這個步驟的主要工作是透過現場資料收集和使用者面談、問卷調查以及實地調查，系統開發人員確定新系統的主要功能需求並界定新系統的範圍。這個步驟主要產品是需求定義文件。

步驟 3: 系統規格

　　這步驟是配合使用者需求，系統開發者決定要怎樣做才能滿足需求，如資訊系統定義為批次、連線，集中處理或分散式處理。這個步驟之產品是系統規格文件。

步驟 4: 系統設計

　　在這步驟利用功能分解法與資料結構設計方法將系統分成許多元件，並確定系統所要用到的資料定義及處理程序。

步驟 5: 程式設計

　　此步驟是進行最耗費人力的程式設計與開發工作。採用結構化程式設計技巧，撰寫出標準一致，有效率且易讀的程式碼。此步驟的產品為程式文件。

步驟 6: 系統測試

　　程式將個別加以測試以檢查是否完全且正確的達到需求。其次進行系統測試以測試系統的利用率、安全性及發生測誤後的復原性。其他還要進行接受測試項目如大量資料的容量測試與系統極限的壓力測試。

步驟 7: 建置

　　它是研究如何將新系統取代現有的作業系統，例如可以新的與舊的系統平行作業一段時間，或立即以新系統取代舊系統。

SDLC 模式的優劣點

　　SDLC 模式開發工作是依據上述步驟進行，每個步驟皆環環相扣且循序漸進，即必須上一步驟完成後才能進行下一步驟。若後續步驟發生疑問，則要反溯回饋至前一步驟，且前一步驟完全清楚後，才能往下一步驟。因而其優點為：⑴各步驟的權責劃分清楚，系統開發者可先預估與掌握每一步驟的預算及進度。⑵每一步驟各有其工具及技術方法來完成該步驟的工作。⑶每一步驟均有其產品。SDLC 模式建構在能夠確定使用者需求的條件下，但事實上使用者很難提供明確的需求且 SDLC 模式缺乏系統開發的彈性。以下彙總 SDLC 模式常見的問題。

⑴使用者難以提出明確的需求。事實上系統開發過程很少有遵循 SDLC 所標榜的循序原則，系統開發過程中經常會有往返前面步驟做修正或重做的情況發生。

⑵SDLC 模式採循序漸進的策略，一旦需求定義階段沒做好，往後各步驟都很難追溯往回修正，因而缺少與事實相符的變動彈性。

⑶SDLC 模式開發費時，使用者必須在開發完成後才知道系統的功能，此時若系統不能滿足使用者需求，則為時已晚了。

⑷SDLC 模式開發的每一步驟皆會產生一文件規格，做為這個步驟驗證的依據，這種文件驅動的發展策略，往往被人質疑它是開發過程費時的原因。

⑸SDLC 模式開發過程中，使用者參與太少，往往造成系統開發過程中產生錯誤，造成難以彌補的更正成本。

SDLC使用時機

SDLC 模式使用時機為系統的需求很明確，系統的規模龐大，使用者可以忍受很長的開發時間。因而 SDLC 適用於軟體公司開發一大型的系統，如物料需求規劃系統，或現在之大型應用軟體系統由於屆滿生命週期必須重新開發時。

二、雛型模型

SDLC 模式缺乏系統發展的彈性，況且使用者常無法確定需求，此時若利用 4GL 或 CASE 工具，很快在系統開發初期建構一些模式，經由使用者反覆的修正與評估的程序，使用者可更清楚描述問題所在與自己所需要的是什麼。這種由系統開發者建立雛型，使用者評估，開發者再據以改良雛型模式的過程，會一再重複，直到使用者滿意為止。目前使用之雛型模式，有些將雛型當做最終產品，而造成爾後系統維護困難；另外便是將雛型僅做為定義需求的機制，而實際系統的開發著重品質和可維護性。有時候若能將雛型模式融合於 SDLC 各步驟上，其中以融合於需求定義與系統設計兩步驟效益較顯著。隨著第四代語言、資料庫管理系統的發展及自動化開發工具（如整合資料字典、格式產生器、報表產生器、應用程式產生器等），使雛型模式變得更易實施。

雛型模式的優缺點

雛型模式講求快速開發，強調系統開發的彈性以及使用者參與，因而其優點大致如下：(1)逐漸展開的方法較具有創意。(2)使用者的需求比較容易確定，使用者對產品的滿意度也因此較高。(3)由於使用者的參與，往後使用者較易學習與使用該系統。(4)強調人機交談系統。(5)應用工作模式，使用者與系統開發者溝通較為完善。(6)需靠第四代語言技術來建構系統。雛型模式之缺點則可能有：(1)不像 SDLC 模式一樣可分為不同的步驟，因而增加計劃管理的困難度。(2)沒有考慮全面品質及長期的維護性，軟體品質隨著系統開發者的能力而有所不同。(3)採用不合適的作業系統或程式語言或採用低效率的演算法，易導致系統分析及系統設計做得不踏實。(4)缺少系統文件及開發效率。

雛型模式使用時機

雛型模式適用於內部系統的開發（內部是指使用者與開發者屬於同一公司），且使用者無法確定需求或只知道需求的大概。例如其可適用於新開發的中小型系統，為公司取得競爭優勢的策略性資訊系統；也適用於由使用者自行開發的使用者自建系統 (end user computing, EUC)。

針對某些開發過程將雛型當做最終產品，而造成往後系統維護困難, 可將雛型僅做為定義需求的機制, 或放棄一部份, 而將實際的軟體開發著重於品質和可維護性下開發, 以融合瀑布式與雛型式模式其架構如圖 4–13:

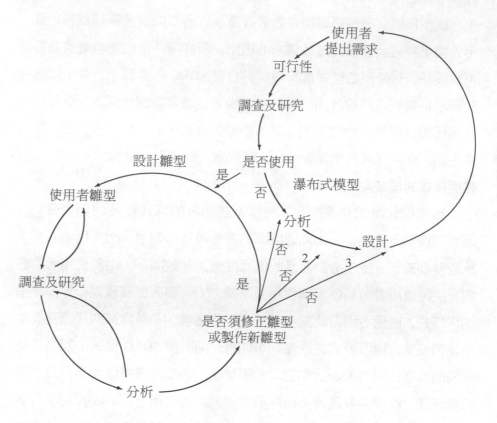

圖 4–13　融合瀑布式與雛型式的架構
（資料來源: 資訊工業策進會）

三、螺旋式模式

　　Boehm(1988) 指出螺旋狀模式的四種活動是從中心點開始而漸次往外發展。環繞螺旋的第一圈, 首先由第二象限的規劃開始, 定義計劃目標, 可能的替代方案及限制條件。而後到了第一象限的風險分析, 將各計劃不確定項目標示出來，利用雛型、模擬或問卷調查等方法分析，幫助使用者與系統開發者釐清不確定的項目，精練出使用者需求。第四象限是工程學，開發及檢驗下一階段。到了第三象限是用戶評估，用來評估上述的工程學的結果，同時做了計劃。其評估的結果再進入第二圈的第二象限的規劃，所有活動隨即發生，環繞螺旋的流程繼續下去，直到系統可以運作為止，見圖4-14。環繞螺旋的每一圈必須經過工程學，此時系統開發者可利用 SDLC 模式或雛型模式來完成。螺旋狀模式採用逐漸展開的發展策略，使得系統開發者與使用者在每個展開的層次都能瞭解風險並對風險做最佳反應。以下敘述螺旋狀模式的優劣點。

螺旋狀模式的優劣點

　　螺旋狀模式的優點為：(1)認為維護工作仍是螺旋狀模式的一部份。(2)環繞螺旋的每一圈，用風險分析來判斷此專案做不做。(3)它融合 SDLC 模式及雛型模式的優點。螺旋狀模式是循序的風險驅動步驟，風險分析決定專案是否要做，同時整個專案工作也要用風險管理來管理。因而風險分析與管理是螺旋狀模式的重要工作。螺旋狀模式之缺點：(1)此模式最弱部份也是風險分析，除非軟體開發者有能力做風險分析的項目及有能力精確做風險分析，不然更易失敗。(2)在一個大型系統，而對眾多的使用者參與開發，且整個專案計劃還要有效的管制，實在不容易。

螺旋狀模式使用時機

　　螺旋狀模式適用於內部大型系統的開發，且系統開發者具有風險分析的能力或有風險分析的專家；同時使用者也能全程參與做評估工作的大型系統。

四、第四代語言模式

　　1980 年代初期系統開發最重要的改變是第四代語言 (4GL) 的發展，4GL 是非程序語言或稱問題導向語言。4GL 僅需宣告要完成的工作，不

像第三代語言除了告訴電腦該做什麼之外，還要告訴電腦如何做。因而
4GL 模式具有下面優點：(1)因資料庫管理與查詢語言是 4GL 的主流，
4GL 可快速修改其作業方式或資料型態。(2) 4GL 適合快速處理及產出報
表。(3) 4GL 與雛型模式合併使用可節省時間及成本。(4)藉 4GL 構成的要
素，可節省編寫文件的時間。4GL模式開發系統原則上可幫助企業解決
問題，但有一些缺點：(1) 4GL 模式不適合時常更新且交易量很大的系統
開發。(2)由於增加資料及操作均很方便，無形中導致不當的使用，建立
無數的資料庫，資料重複且不易交換資料。(3) 4GL 模式並不能節省大量
系統設計人力，因為產品之品質主要視系統開發者的能力而決定。

第四代語言使用時機

4GL 不能處理大型資料庫，也不適合連線處理、交易量太大或必須
及時更新的作業系統。4GL 較適用於 EUC 系統的開發。4GL 模式經常
與雛型模式，或與 SDLC 模式整合在一起做為系統開發的工具。

五、電腦輔助軟體工程

CASE 的定義為經由自動化工具，將系統開發、維護以及專案管理
納入工程的領域。藉著 CASE 工具來產生、維護與管理軟體，系統開發
者更有把握製造出符合品質要求的產品。換言之，使用 CASE 工具可解
決目前人工方式製作、規格書與需求定義等問題，並可減輕工作積壓與
軟體維護等壓力。

一般而言，完整的 CASE環境應包含：

・資訊儲存器。

・前端工具──支援軟體的規劃至設計階段，可分為系統模式建立
及模擬工具及系統分析、設計工具。

・後端工具──能產生程式碼，包括程式撰寫工具與測試及品質保
證工具。

- 專案管理工具——專案經理用來追蹤計劃的進度與管理計劃的各項資源。

- 逆向工程工具——分為兩類，一類係將現有的程式碼加以結構化。另一類係將系統進行逆向工程，以產生系統的結構圖和資料字典。

CASE 工具的優缺點

　　80 年代後期起由於 CASE 工具的發展，使得系統開發有進一步的演進。它可幫助系統開發者快速開發出使用者滿意的軟體，同時可減輕系統開發者之工作壓力及專案管理、維護管理的工作。CASE 工具的優點包括：(1)CASE 工具建立資料字典，或稱知識庫，系統開發者可以共享這些知識庫，使系統開發的工作能夠順利進行，減少因人員流動所產生不能銜接的現象。(2)CASE 工具可產生標準化的程式碼，程式易於閱讀與修改。(3)資料儲存器所儲存的與系統有關的資訊，可為同一專案的不同系統開發者所共享，也可為不同專案內系統開發的各步驟來共享，以減少開發的成本。(4)CASE 的前端工具所建構的系統模式，很容易隨時隨需求的變更而更新。(5)CASE 工具開發的系統，可以提高客戶的滿意度。因有些 CASE 工具能提供使用者界面與雛型產生工具，使系統開發者可以容易的建立、組合與測試不同的雛型模式。(6)利用 CASE 工具所建構的系統，應用程式的維護較易。然而使用 CASE 工具也要有先決條件，必須嚴格遵守一套軟體發展程序，且有一套衡量軟體發展生產力的有效工具。

　　使用 CASE 工具應注意事項包括：(1)引進 CASE 工具應詳細評估，該 CASE 工具所引用的系統分析與設計方法，與現行公司系統開發所引用的方法是否一致，避免系統開發者再次學習新的系統分析與設計方法。(2)公司要有一套標準的軟體開發步驟，而後引進 CASE工具才能得到使用自動化發展工具的好處。(3)引進 CASE 工具常會引起系統開發者的抗拒，此得藉著管理與訓練以排除抗拒。

CASE 工具使用時機

　　CASE 工具適用於在現存系統中增加新的屬性及關連，重新設計資料庫以加快執行的速度，或者將應用系統搬移到一個新的資料庫管理系統時。此外，它也適用於現存系統由於經過長期間的修改而使程式變成不易閱讀的情形，此時可透過 CASE 工具將程式重新整理為結構化程式。

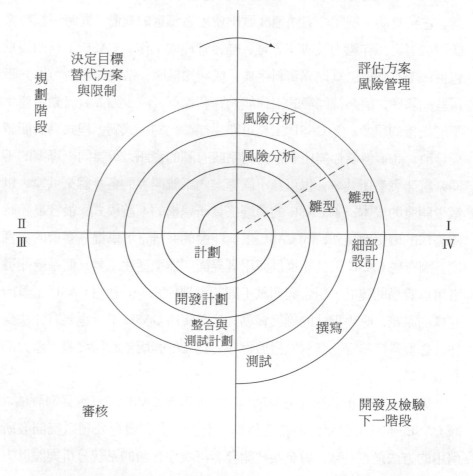

圖 4-14　螺旋狀模式
（資料來源Boehm，1988）

六、混合式組合規範

　　系統開發模式各有其優缺點及使用時機，因而有人建議在系統開發過程中可針對開發的環境混合使用各種模式，此稱為混合式組合規範。以圖 4–15 表示之。

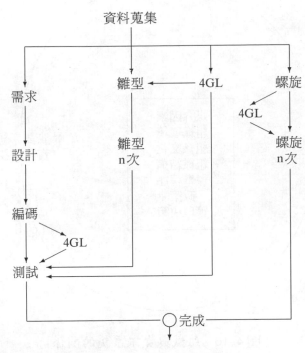

圖 4-15　混合式組合規範

第五節　資訊系統與組織

　　組織採用資訊與資訊科技的目的是為了支援組織的活動，而當組織引用資訊科技以支援組織活動時，往往會造成組織的變革。這一變革會引發組織上的問題，如作業人員的適應，資源的重新分配，權力結構變更等等。

　　資訊系統不僅包括資訊科技也與企業的組織與管理有密切互動的關係。組織與資訊系統的關係如圖 4–16。由於資訊系統可協助管理者做決策、服務顧客、協調組織內各層次人員。

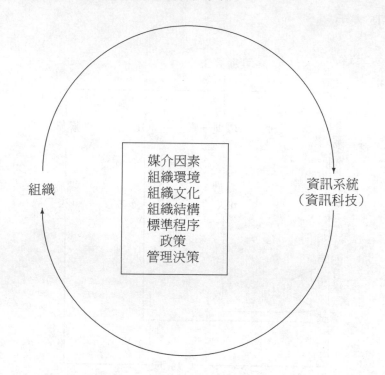

　　　　媒介因素
　　　　組織環境
　　　　組織文化
　　　　組織結構
　　　　標準程序
　　　　　政策
　　　　管理決策

組織　　　　　　　　　　　　　　　　　　　資訊系統
　　　　　　　　　　　　　　　　　　　　（資訊科技）

圖 4–16　組織與資訊系統的關係

　　組織各階層有不同型態的資訊系統，更顯示資訊系統的重要性。圖 4–17 表示不同的資訊系統在組織內不同的層次支援不同的決策。以下我們從組織變革討論企業再造工程。

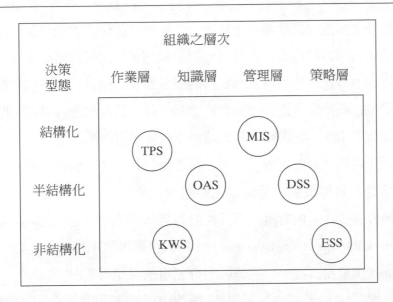

圖 4-17 不同的資訊系統在組織不同層次支援不同的決策型態

　　有關組織變革的一個有名案例，乃是美國福特汽車利用資訊科技而提昇了其競爭力。在八○年代初期，福特汽車公司打算以電腦化作業使得公司中負責應付帳款作業的 500 多名員工能減少 20% 以上，以減少人事費用。但當福特得知其競爭對手馬自達公司中負責相同業務的部門中只有 5 個人，福特公司便瞭解到除非整個組織作一徹底的變革，否則單單引入電腦是無法得到最佳解的。

　　以前福特公司要採購物品時，便開立採購單送給廠商並將採購單複本送給負責應付帳款的部門。待採購的商品送來時，由驗收部門開立驗收單再交給負責應付帳款部門，該部門收到廠商所開來的發票連同請購單及核對驗收單，若都正確方才可以開立付款憑單由財務部門付款給廠商，此種付款流程不僅慢且繁複，因此，福特公司重新設定採購及付款流程，在新的流程之下，採購部門開立採購單給廠商的同時，採購資料立即輸入電腦，待採購的商品送來時，驗收部門的驗收資料也立即輸入電腦，由於共用資料庫且採購及驗收的資料內容由電腦負責核對，因而正確性及工作速度都比傳統上快多了，故負責應付帳款的員工僅是根據電腦的資料付款給廠商，使付款時間也縮短了，因而與廠商之間的關係也可以有所改善，且因為電腦資料的時效性及正確性，也可以有較好的現金管理。福特公司在此一流程的改善之後，其負責應付帳款部門的人員也縮減了 75%，遠高於原訂之縮減 20%員工的目標。

除了福特汽車公司外，IBM、柯達及奇異公司等也都藉著業務流程的重新修訂及與電腦化及自動化的整合以大幅改善服務品質及成本等企業績效指標。這種對組織進行大幅的變革，一般稱之為企業再造工程 (Business Process Reengineering, BPR)。企業再造工程的重點並非縮減組織而是讓業務流程不再因傳統的分工組織而受到束縛。

推動 BPR 時若能注意下列數原則將可大幅提昇其成功的可能性：

(1)能與企業某特定目標密切而直接的結合。

(2)必須預先設定一些策略以因應因為改變而可能面對的阻礙。

(3)負責推動 BPR 的主要人員應受過足夠的訓練且有足夠的技巧以推動組織變革。

(4)推動再造工程的方法必須直接、務實且有容易遵循的步驟。

(5)以計量方式衡量推動的績效，且定期搜集資料並做修正，以確保績效能有改善且能符合企業的策略性目標。

再造工程的推動會使企業的組織各層面均受到極大的影響。基本上這是一種革命性而非漸進性的組織變革，並以滿足顧客需求為出發點，以整體考慮企業的業務改革計劃。對於許多連年虧損且面對生存壓力的企業而言，推動 BPR 乃是反敗為勝的利器。但那些較為保守的企業管理者，可能較偏愛對組織做漸進式的變革。不論如何，若要規劃一成功的資訊系統，都必需先進行業務的合理化與制度化，企業若能先符合 ISO 9000 的品保標準則在進行電腦化時，將可收事半功倍的效果。

第六節　個案探討

個案 1: 聯強國際公司的整合資訊系統

　　聯強國際公司是目前國內已上市的資訊、通訊與電子產品的最大專業行銷公司。該公司係將自己定位在高科技產品流通服務業,亦即作為製造廠與消費者有關高科技產品的專業化橋樑,希望以代理好的產品加上健全的銷售力量,再加上有效率的管理技巧,創造他們在高科技行銷界的利基。現階段,聯強公司所擁有產品種類,從個人電腦、多媒體零組件、週邊、網路、軟體到通訊產品,種類相當多。此係基於該公司「多領域、多品牌、多產品」的產品策略,期望能提供下游的經銷商少量多樣一次購全的便利性,同時也能降低本身的經營風險並提升市場的競爭力。

　　通路的運作效率是行銷科技產品的重要關鍵。長期以來該公司致力於通路的開拓與經營,現有資訊零售、資訊製造商及通訊等三大通路,其客戶遍及全省超過五千家,為提供高效率的通路服務品質,該公司以電腦系統整合接單、倉儲、配送維修服務而成為客戶服務系統。該系統之功能,可簡要說明如下:

(1)電話即時接單: 設有數十位內勤業務代表,接聽及處理客戶訂單,在終端機上即時報價,完成下單及出貨的動作。同時,電腦會自動顯示客戶的基本資料,歷史交易的狀況、自動查詢庫存、信用額度等,並顯示異常訊息。

(2)倉儲與出貨連線作業: 透過電腦連線,客戶的訂單在倉庫自動轉成備料單,並將各樓層備好的物品,經過輸送帶集中到出貨區,電腦同時自動印出各物流車次的配送明細及行程表,送貨單及發票。使貨品從倉儲備料到出貨全程電腦化作業。

(3)物流專車，半天交貨：該公司提供「上午訂貨，下午送達，下午訂貨，隔天上午交貨」的快速配送服務，可讓客戶減輕庫存的壓力。

(4)快速取送維修──四個半天：整合物流及維修系統，使得客戶從叫修的第一個半天起算，第二個半天取回故障品，第三個半天完修，第四個半天送回經銷商處，以降低經銷商的維修負擔並提供消費者快速維修服務。

　　透過以上專業化、高效率的服務系統，聯強將服務的品質標準化，其營業績效分析可參見表 4–1。另從圖 4–18 中可見到該公司由於經營效率提升，故營業費用佔每月營業收入之比率，在營運額達到經濟規模的情況下已有逐年下降之趨勢。

　　制度化、電腦化是聯強內部管理的特色，為提升工作效率、控制作業品質，聯強公司成立資訊中心，自行開發「通路運作軟體」以整合各項作業，發揮全面電腦化的效益，該公司全面電腦化應用軟體架構圖可參見圖 4–19。

表 4–1　營業績效分析表

年　度→ 項　目↓	77	78	79	80	81	82	83
年銷售額 平均人數 個人產值	23.2億 209人 1,100萬	32.8億 274人 1,200萬	39.5億 300人 1,300萬	46.3億 288人 1,610萬	43.8億 296人 1,400萬	46.7億 332人 1,410萬	54.3億 350人 1,530萬
月平均 庫存量	4.40億	3.83億	4.13億	3.92億	3.90億	4.31億	4.16億
I/S（月）	2.28	1.4	1.25	0.97	0.98	1.08	0.92

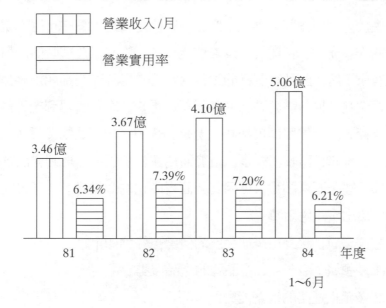

圖 4-18 營業績效趨勢圖

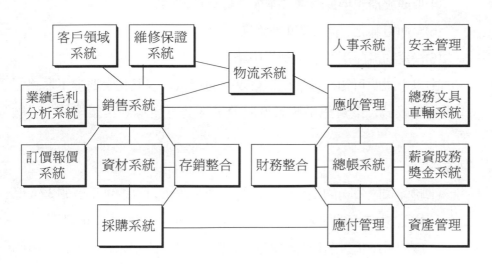

圖 4-19 全面電腦化應用軟體架構圖

　　由於全面運作制度納入電腦化，即使是新進人員亦可透過電腦查詢公司的作業辦法、管理規章及簽核流程等，使其能在短時間內對公司的制度有所了解，並且有明確的工作目標，使得各部門都能根據公司政策來推行業務。目前該公司自產品採購、進貨、庫存管理到業務銷售、報價、庫存查詢、信用額度檢核、至倉儲備料、出貨、物流派車、配送、到取送、維修、到收款對帳、預警逾期與異常帳款、再到會計總帳等作業，都已經全面電腦化，更因其全面電腦化的效益顯著，榮獲我國第一屆的「傑出資訊應用獎」。

　　整體來看，該公司長期發展的優勢可歸納如下：

(1)多領域、多產品、多品牌的產品優勢。

(2)多元化通路的行銷能力。

(3)縮短通路層級、經銷商遍布全省。

(4)形成經濟規模、經營成本與風險低於同業。

(5)全面電腦化、高效率的運作系統。

(6)快速物流配送及取送維修服務。

　　由以上說明可知，專業化、高效率的資訊系統已完全改變了通路運作及經營模式，以資訊系統來獲取競爭優勢可從本個案獲得另一項驗證。

個案問題：

(1)聯強國際公司的整合資訊系統使營業收入/月由81年度的3.46億增至84年度的5.06億，平均庫存量由81年度的4.40億降至83年度的4.16億。若聯強國際公司想維持目前的績效並能獲得競爭的優勢，就波特的產業競爭分析的觀點，有那些策略可供應用？

(2)就資訊系統的六大型態，聯強國際公司的整合資訊系統，涵蓋了那些型態？

個案 2:　中國石油公司的主管支援系統

　　中國石油公司是我國第一大企業，主要業務在於石油與天然氣的探勘、開發、生產、煉製、輸儲與銷售等項目。它是我國石化上游基本原料之生產、供應的主要廠商之一。以高雄煉油總廠及林園廠的三座輕油裂解工場為核心，可生產乙烯、丙烯、丁二烯、苯、甲苯、二甲苯等基本原料。而中油公司的臺灣營業總處則負責國內的石油產品及天然氣的銷售、儲運作業及供銷設備之籌建等。

　　中油公司的業務種類相當繁雜，業務規劃有賴於電腦提供適當的資訊支援才能提高決策品質提昇經營績效。自民國五十四年開始，中油公司在管理煉製及探勘方面便陸續採用電子計算設備幫助業務處理。在管理方面之應用起步最早。該公司並於 79 年初委託 IBM 公司就中油於公司管理資訊系統、煉油廠煉製管理系統、營業處營業管理系統進行整體資訊系統規劃，中油並派相關人員全程參與。於 79 年 6 月完成「整體資訊系統規劃」報告書。其資訊策略為:

　　(1)建立業務需求的共通資料庫，

　　(2)轉換系統與線上交談式功能，

　　(3)引進易學易用多功能軟體，

　　(4)整合橫縱向之資料及系統，

　　(5)建立完整通訊網路，

　　(6)分散處理、集中運用。

　　中油公司現有多項開發完成的資訊系統，其中之經營決策資訊系統獲得民國八十年度的傑出資訊應用獎。

　　中油公司的 EIS 具有下列的特性: (1)具有親和性的人機介面程式，(2)結合大電腦與個人電腦開發之影像系統，(3)依使用者的需求，分類設計條碼選冊。使用者只需在查詢手冊上找到所需的資訊條碼，利用光筆輕輕一刷，介面程式便可知道使用者的需求，而自動執行命令，進入網路，擷取各應用系統的資訊並迅速地呈現在使用者眼前。由於操作程序非常簡單，大大的提高了管理者使用的興趣，其系統技術架構可參考圖4–20。

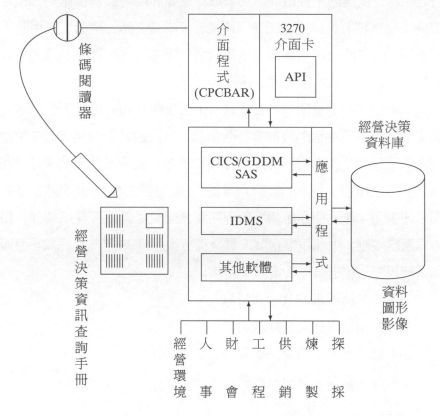

圖 4–20　中油 EIS 系統之架構圖

　　中油公司的 EIS 是以現有系統為基礎，配合國內外石油經營環境資訊整合運用，以查詢條碼化、顯示多元化、資訊國際化、作業即時化與設計簡單化等特性，用來提供探勘、煉製、銷售、倉儲、供應、工程、財務、會計、人事薪工、企劃與研究發展等經營資訊，提高了使用者的決策品質與行政效率。由於各級主管不須具備電腦專業知識都能迅速的獲得所需資訊，間接促使各部門主動參與提供各種業務資訊形成資訊應用正面的互動效果。同時，也由於資訊分享的方便性，加強了部門間的溝通，進而提升資訊的一致性、互通性與即時性，使各業務部門更能有效地掌握內外環境的資訊，從而提升企業生產力與競爭力。

個案問題：

(1)EIS 的使用者是高階主管，要讓高階主管易於使用該系統，在設計方面宜採用親和性的人機介面程式。中油的 EIS 系統採用條碼查詢是其特性，你認為 EIS 的其他特性為何？

(2)建構 EIS 的困難是未能確定高階主管的需求以及組織外部資料如何蒐集，你認為應如何建構 EIS？（例如：也許需要用雛型開發方法來確定高階主管的需求。）

個案 3：有關對瀑布式開發模式一些學者的意見

瀑布式開發模式是應用最廣的資訊系統開發方法。在需求確定的條件下，這種階段式的開發方式，由於每階段環環相扣且循序漸進，每個階段的權責劃分清楚，每個階段有其使用的工具，每個階段都經過審核(review) 後才能進行下一階段。但有一些學者認為建構在需求確定的條件實在困難，使用者往往不能明確提出需求，依據經驗系統開發過程中經常會往返前面階段做修正或重做的現象。瀑布式模式一般適用於大型資訊系統的開發，開發時間長，使用者在開發過程中較少參與，使用者必須在開發完成後才知道系統的功能，此時若不能滿足使用者需求，為時已晚，易造成風險問題。

瀑布式模式每一階段產生文件規格做為這個階段驗證的依據，有些學者認為它是開發時間費時的原因。在 70年代以前資訊系統的開發者重於程式撰寫與測試。從瀑布式模式提出以後資訊系統開發被認為是軟體工程的行為，也體會出分析與設計的重要性。

個案問題:

(1)瀑布式模式每個階段都有其工作內容及交付的產品, 請說明各階段的工作內容及交付的產品。

(2)那種類型的資訊系統較適合用瀑布式模式。

(3)資訊系統開發過程中常常會往返前面階段做修改或重做, 如此會增加開發的成本, 延遲完工的時間。因而有些電腦中心規定在需求規格確定後, 不允許使用者提出功能之修正或增加, 你認為此種方式適當否?

問題討論

1. MIS 的特性為何？試比較 MIS 與 TPS 之差異。比較 MIS 與 DSS 之差異。

2. DSS 的特性為何？試比較 DSS 與 EIS 之差異。

3. 何謂策略資訊系統？

4. 解釋下列名詞：

    (1) 跨組織系統

    (2) 資訊合夥 (information partnerships)

    (3) 策略轉移 (strategic transition)

    (4) 半結構化問題

    (5) 4GL（第四代語言）

5. 為什麼策略性資訊系統不易建構？

6. 說明用系統生命週期建構資訊系統的優劣點。

7. 何謂雛型？試述用雛型建構資訊系統的步驟。

8. 有部份學者認為雛型方法所節省資訊系統開發的時間會抵銷往後維護階段所花費的成本，試說明理由。

9. 國內引進 CASE 工具來開發系統，大部份沒有成功，敘述失敗的可能原因。

10. 從波特的產業競爭分析，說明企業為了取得競爭優勢，企業與企業之間，企業與上游的供應商，企業與下游顧客，可採用的競爭與合作的資訊系統。

11. 說明資訊系統如何改變組織結構。

12.定義結構化、非結構化決策。分別舉出三個例子說明。

13.在引進資訊系統會造成組織抗拒，試說明組織抗拒的原因。對於組織抗拒有何因應措施？

14.何謂企業再造？企業再造 (BPR) 與整體品質管理 (TQM) 有何區別？

第五章 可行性分析與專案計劃

　　發展任何一套資料處理系統或者是改良、擴充一套既有之資料處理系統的第一步便是進行可行性分析。這項工作可能是公司內部（如資訊課）的人員進行，也可能是委託公司外部（如顧問、專家）的人員進行，也可能是由內部與外部人員共同組成一個小組來進行。不管如何，一個完善的可行性分析不僅能減少未來計劃無限期延後或者不斷增加預算的風險，更可能讓整個開發的過程更加順利。所以，「好的開始便是成功的一半」，本章將要討論的便是如何進行一可行性分析。

第一節　可行性分析

　　可行性分析的主要工作為確定使用者需求，設計可行方案，進行可行性分析，最後提出可行性分析報告。圖5-1是進行可行性分析的步驟。

圖5-1　可行性分析步驟

一、確定使用者需求

確定使用者需求，首先要瞭解公司的背景。即使是在同一個公司，不同部門之間往往對於其它部門的業務流程不是很清楚，故而進行可行性分析的第一步，便是去了解公司各部門之背景資料。通常在擬進行電腦化之公司（部門）會有一個以上之配合人員，有時甚至是最高主管親自參與。而進行之方式則不外是訪談，填寫問卷，乃至現場之實地調查，及閱讀規章制度等以確定使用者需求。

一般而言，要搜集之資料可能包括：

(1)公司基本資料。例如負責人、名稱、電話、地址、資本額、員工人數、營業額、主要產品等。

(2)公司組織圖。一個簡單之組織圖甚至包括部門主管、主要工作職掌等。

(3)佈置與流程。包括現有之公司（廠房）之佈置情形及工作流程概況。

(4)其它與本計劃相關事宜。例如主要供應廠商與本公司間之關係與資料。

上述這些資料可以用問卷的方式先請配合人員填寫，如此可減少訪談之時間。不管如何，通常進行計劃的負責人至少要有一次與該公司（部門）之最高主管進行訪談。一個沒有最高主管支持的資料處理系統是很難以成功的。故而最高主管一方面可了解其對計劃支持之程度並進行溝通。

進行訪談之中最好至少有一個人負責紀錄，也就是訪談之重點應當要以書面化的資料保存下來。一個可能之格式如表 5-1 所示。當計劃進行過程中或結束時若雙方有了爭執，這些書面化的資料往往是一最好的佐證資料。在某些公司，紀錄上甚至要有雙方主要人員之簽名才算數！

表5-1　訪談表

訪談者:	日期:
受訪者:	時間:
主題:	討論地點:

問:
答:

問:
答:

問:
答:

問:
答:

問:
答:

問:
答:

問:
答:

- -

第　頁（共　頁）

　　總而言之，確定使用者需求是確認目前員工所遭遇的問題，以及他們所期望的資訊系統的主要功能，每個功能之範圍。同時瞭解目前作業有那些報表，有那些資料庫或檔案，使用者希望系統處理那些資料及產生什麼資料。最後要確定目前的軟硬體設備及使用者是否需特殊的界面（如圖形、文字界面），使用者對電腦熟悉的程度，與系統有關的法律規章制度等等。這些資料都有助於系統分析師進行可行性分析的工作。

二、設計可行方案

　　在澄清了問題定義之後分析師應該導出系統的邏輯模型，然後從系統邏輯模型出發，探索若干種可供選擇的主要解法。可行方案（或稱替代方案）是由資訊系統的構成要素，如軟體、硬體、人員、資訊庫、文件及工作流程等元素，使用不同的要素組合而成。例如，為了方便儲戶，某銀行擬開發電腦儲蓄系統。儲戶填寫的存款單或取款單由行員鍵入系統，如果是存款，系統會記錄存款人姓名、住址、存款類型、存款日期、利率等訊息，並印出存款單給儲戶；如果是取款，系統則會計算利息列表給儲戶。系統的邏輯模型如下圖 5-2。系統分析師依據邏輯模型，設計下面二個可行方案。

方案1

　　儲存系統中的儲存記錄檔採用直接檔組織以便利查詢儲戶的資料。存款單及利息列表採用套裝格式列印。

方案2

　　為了儲戶在貸款作業能很快得到儲存記錄資料，且減少資料的重複，可將儲存記錄資料存放資料庫中，存款單及利息列表則採用套裝格式列印。

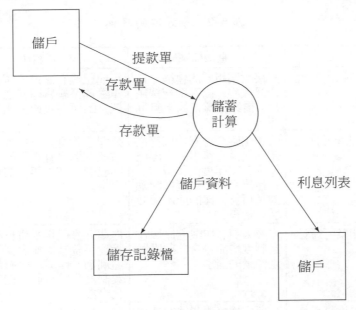

圖 5-2　*儲存系統邏輯模型*

三、進行可行性分析評估

在這一步驟系統分析師必須評估所有可行方案以選取最佳方案。評估過程中應針對技術可行性、經濟可行性、作業可行性、法律可行性等各種因素來評估每一個方案並將比較的結果用表 5-2 表示。

技術可行性：是指資訊科技包括軟體、硬體、通訊設備、辦公室設備等技術。該項技術是否已成熟，在公司的環境是否適用。

作業可行性：是指人員、作業程序與作業制度配合的程度。現行作業制度是否合乎電腦化的需求，均需詳細的評估與檢討。

經濟可行性：是指公司主管能否全力支援費用，該費用的來源及預算是否已編列。另外經濟方面之成本與效益評估為可行性分析的重點，而選擇最佳方案均以成本和效益數據為主要的根據。

法律可行性：是指該項作業有否違背法律規章。

表5-2 各方案的評估

	方案1（直接檔案組織）	方案2（資料庫）
技術可行性	直接檔案組織的建構之技術已成熟。儲存系統採用DA 檔案組織技術上無問題。	目前已經有關連式資料庫管理系統處理其他系統，因而在技術上無問題。
經濟可行性	公司主管全力支援儲存系統的開發且費用的支出已編列在本年度的預算中。在最佳可行方案選擇時應編製可行方案的成本與效益分析表。	公司主管全力支援儲存系統的開發且費用的支出已編列在本年度的預算中。
作業可行性	作業人員、作業程序與作業制度均能符合此項電腦化作業的需求。	作業人員已接受資料庫管理系統基本概念課程之訓練。作業程序與作業制度均符合此項電腦化作業。
法律可行性	該項作業無違背現行法律規章。	該項作業無現行法律規章之問題。

經過以上可行性方案評估後，即應編製可行性方案與成本效益分析表如表 5-3，並計算各方案的成本與效益值。

表5-3 可行性方案之成本與效益分析表

	方案1	方案2	方案3	⋯
＜收益＞ ・提高服務品質 ・增加銷售收益 ・減少存貨費用 ・減少人工數 ： ＜成本＞ 系統開發成本 系統作業成本 軟硬體成本 ：				

　　至於進行效益分析的工具有淨現值法、投資回收期間法、投資回收率法，分別計算各方案的投資金額與回收期間，作為評估的基準。茲將每種方法說明如下。一般而言，系統的成本包含下面四個項目——

　　(1)硬體成本: 購置或租用硬體設備金額及使用電腦設備應分攤的費用。

　　(2)系統開發成本: 發展系統所支付的費用，如程式設計師、系統分析師的薪水、測試費用、文件費用、出差費及訓練費用。

　　(3)系統操作成本: 當系統實施正式作業以後，例行性作業的費用。

　　(4)雜項設備成本: 購置電腦附屬設備，辦公室設備或使用此類設備應分攤之費用。

　　成本效益分析的方法有以下幾種:

1.貨幣的時間價值

　　通常用利率的形式表示貨幣的時間價值。假設年利率為 i，如果現在存入 P 元，則 n 年後可以得到的金額為:

$$F = P(1 + i)^n$$

這也就是 P 元在 n 年後的價值。反之，如果 n 年後能收入 F 元，那麼這些金額的現在價值是

$$P = F/(1 + i)^n$$

　　例如，修改一個已有的庫存列表系統，使它能在每天送給採購員一份定貨報表。修改已有的庫存列表程式並且撰寫產生報表的程式，估計共需 5000 元；系統修改後能及時定貨將消除零件短缺問題，估計因此每年可以節省 2500 元，五年共可節省 12500 元。但是，不能簡單地把 5000 元和 12500 元相比較，因為前者是現在投資的錢，後者是若干年以後節省的錢。

假定年利率為 12%，利用上面計算貨幣現在價值的公式可以算出修改庫存列表系統後每年預計節省的金錢現在之價值，如表 5-4 所示。

表 5-4　將來的收入折算成現在值

年	將來值（元）	$(1 + i)^n$	現在值（元）	累計的現在值（元）
1	2500	1.12	2232.14	2232.14
2	2500	1.25	1992.98	4225.12
3	2500	1.40	1779.45	6004.57
4	2500	1.57	1588.80	7593.37
5	2500	1.76	1418.57	9011.94

2.投資回收期

通常用投資回收期衡量一軟體開發的價值。所謂投資回收期就是使累計的經濟效益等於最初投資所需要的時間。顯然，投資回收期越短就能越快獲得利潤，因此這開發工作也就越值得投資。

例如，修改庫存列表系統兩年以後可以節省 4225.12 元，比最初的投資（5000元）還少 774.88 元，第三年以後將再節省 1779.45 元。774.88/1779.45 = 0.44，因此，投資回收期是 2.44 年。

投資回收期僅僅是一項經濟指標，為了衡量一項開發工作的價值，還應該考慮其他經濟指標。

3.淨現值法

衡量工程價值的另一項經濟指標是純收入，也就是在整個生存週期之內系統的累計經濟效益（折合成現在值）與投資之差。這相當於比較投資開發一個軟體系統和把錢存在銀行中（或貸給其他企業）這兩種方案的優劣。如果純收入為零，則開發工作的預期效益和在銀行存款一樣，但是開發一個系統要冒風險，因此從經濟觀點看這項工程可能是不值得投資的。如果純收入小於零，那麼這項工作顯然不值得投資。

例如，上述修改庫存列表系統，其純收入預計是

$$9011.94 - 5000 = 4011.94 \text{（元）}$$

4.投資回收率

把資金存入銀行或貸給其他企業能夠獲得利息，通常用年利率衡量利息多少。類似地也可以計算投資回收率，用它衡量投資效益的大小，並且可以把它和年利率相比較，在衡量投資的經濟效益時，它是最重要的參考資料。

已知現在的投資額，並且已經估計出將來每年可以獲得的經濟效益，那麼，給定軟體的使用壽命之後，怎樣計算投資回收率呢？設想把數量等於投資額的資金存入銀行，每年年底從銀行取回的錢等於系統每年預期可以獲得的效益，在時間等於系統壽命時，正好把在銀行中的存款全部取光，那麼，年利率等於多少呢？這個假想的年利率就等於投資回收率。根據上述條件不難列出下面的方程式：

$$P = F_1/(1+j) + F_2/(1+j)^2 + \cdots + F_n/(1+j)^n$$

其中

P 是現在的投資額；　F_i 是第 i 年年底的效益 (i = 1, 2, …, n)；

n 是系統的使用壽命；　j 是投資回收率。

解出這個高階代數方程即可求出投資回收率（假設系統壽命 n = 5）。

將可行性分析做一總結，可行性分析是探討問題定義階段要確定問題是否有可行解。在問題正確定義的基礎下，透過分析問題，導出先導式的解，然後複查並修正問題定義，再次分析問題，改進提出的解法……。最終提出一個符合系統目標的高層次的邏輯模式。然後根據系統的可行性，由系統分析師提出一個推薦的行動方針，提出給使用者和使用部門負責人審查批准。在表達分析師對現有系統的認識與描繪其對未實體化之系統的設計時，系統流程圖是一種很好的工具。其他尚有資料流向圖（或稱資料流程圖），是用來描繪系統邏輯模型的最好工具。通常資料流程圖和資料字典共同構成系統的邏輯模型。沒有資料字典精確定義資料流程圖中的每個元素，資料流程圖就不夠嚴密；然而沒有資料流程圖，資料字典也很難發揮。

　　成本效益分析是可行性研究一項重要內容，是使用部門的負責人從經濟的角度來判斷是否繼續投資於這項工作之主要依據。

四、可行性分析報告

　　可行性分析報告是整個可行性分析的文件記錄，乃是將整個可行性分析的結果及結論呈給決策人員做為決策的依據，主要是告知決策人員，所研究的系統問題發生在那裡？原因為何？建議對策為何等等，內容應含：

1. 摘要
　　定義所發現的問題點和工作目標
2. 概要
　　2.1 目標
　　2.2 範圍
　　　　陳述可行性分析的主題和範圍，說明包含與未包含的主題範圍內容。
3. 現行系統描述
　　3.1 組織目標
　　3.2 組織圖
　　3.3 組織單位職掌
　　3.4 組織單位作業說明
　　3.5 硬體架構
　　3.6 軟體
4. 方案的研擬

4.1 各項方案說明

　　4.1.1 所需技術上的支援

　　　　4.1.1.1 資料管理方式

　　　　4.1.1.2 軟體／硬體

　　　　4.1.1.3 資料傳輸

　　4.1.2 組織體系

　　　　現行組織體系是否需要修改

　　4.1.3 各項方案的初步計劃

4.2 各項方案的評估

　　4.2.1 各項方案經濟效益評估

　　4.2.2 技術可行性

　　4.2.3 作業可行性

　　4.2.4 法律可行性

5. 擬訂建議事項

　5.1 列出建議事項並解釋建議之根據

　5.2 建議事項的進度表

　　　說明每一個主要工作階段所需的時間、人力及配合事項。

6. 附錄

　　詳列可行性分析得出的流程圖、資料流程圖、圖表、訪談記錄。

第二節　個案探討

個案 1：甲公司的資訊需求

1.公司簡介

　　個案公司，建廠於民國 64 年間。民國 69 年為適應建造大型船舶之實際需要，增資而改組為現在之公司。專營各型船舶之設計、建造、及修護；歷年來，為配合國家十大經濟建設工程，先後建造完成各型海上用工程船舶如起重船、拖船、挖泥船、駁運船等數十艘，從事高雄港、臺中港等建港工程及彰濱工業區海埔新生地填浚工程等等。

民國 75 年起至今，為配合政府發展遠洋漁業政策，已先後建造完成多艘 700 G/T 級以上之各型遠洋漁船，性能優越，深獲船東佳評及肯定；並於 77 年建 2500DWT 級全國最大之遠洋魷釣兼冷凍運搬船「合穩壹號」，提昇國內民間造船業界之能力且受到造船業界之肯定；民國 78年底，公司本著既有的優良品質，尋求國外市場，拓展外銷業務，至今也完成外銷中美地區 700G/T 級遠洋漁船四艘，為我國繼遊艇業之後，開拓漁船外銷的新紀元！

展望未來，由於工廠土地屬於港埠用地，暫列為造船工業區，向高雄港務局租用，配合高雄港之長期開發，有朝一日將會被收回不再出租；因此，只有朝設備更新之途徑發展。近年來，公司為提昇技術、品質水準，添購及更新多項設備如起重設備的增設、自動電焊機的添購、油壓設備的使用等等，無不為了在現有廠地內發揮更高生產效率，增加造船數量。

另一方面，公司並與聯合船舶設計中心技術合作，新產品研究開發工作均各案委託處理。同時為了更有效率，公司一直將電腦化列為重要政策之一，目前已實施電腦化作業者有人事、薪資及文書處理、物料管理、繪圖設計等系統；目前正考慮將生產管理系統也納入電腦化中，以充分控制工程進度並能適時供應適量的零組件，確保成品如期完成。

公司的組織系統圖如下：

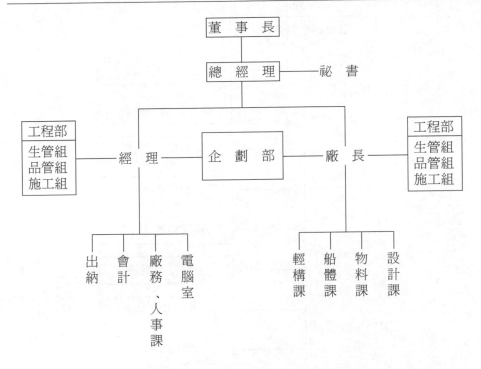

圖 5-3　個案公司組織系統圖

2.公司電腦化需求調查

　　公司電腦化資訊系統是一複雜的資料處理系統，系統發展無法一氣呵成，因此在實務上，可依公司之狀況採取重點逐步完成方式進行之。甲公司先由生管系統其相關業務導入電腦化，俟系統穩定且較有充裕之經驗、人力與設備時，再推展至其他子系統，使各部門都完成電腦化，以建立各部門分工且能合作無間之環境。造船廠生管系統的功能架構如圖 5-4 表示。

　　系統分析人員經過實地調查，訪談及問卷調查，以彙總生管組與物料課的資訊需求：

　　(1)物料課

　　　①生管、倉庫連線，以利物料查詢，以便存量控制。

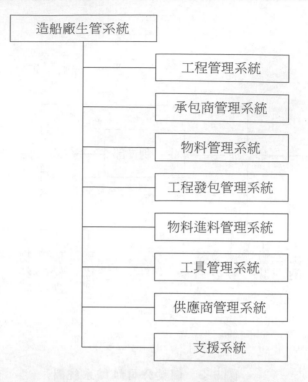

圖 5-4　生管系統功能架構圖

②倉庫領發料由人工開料單兼領料，改進為由電腦建單，鍵入資料，以作為領發料及備查。

③進貨憑單輸入電腦，進行入庫作業，更新庫存，使每個月盤點能依記錄確實精確。

④建立標準料表。

⑤以十五天為一時段，預先通知倉庫備料，才不致到時缺料。

(2)生管組

①由電腦協助處理龐大的資料，以免資料過於零散，以減少負荷。

②生管組安排工程進度及所需物料，由電腦作統計，以約十五天為一區段，列印工作提示表，以利進度控制掌握。

③由工作提示表，進行進度的追蹤控制，管理承包商使工程進度
　配合，以節省人力工資。

④由電腦做材料統計，列出領料單，使材料運用時間準確。

⑤物料查詢，缺貨時由電腦顯示，以尋求因應之道。

⑥由資料做工時統計，列印出各負責承包商的工作項目及工時天
　數，以核發工程款。

⑦重要物料需做餘量管理，施予密切的控制，以使有效的利用。

⑧對工程進度的異常進行調整。

⑨對船隻的用料異常進行管理。

⑩建立各種類船隻的標準料表。

⑪提供各圖形分析的管理報表。

個案2：航空公司的機票預訂系統的可行性分析

　　為了方便旅客，某航空公司擬開發一個機票預訂系統。旅行社把預訂機票的旅客訊息（姓名、性別、工作單位、身分證號碼、旅行時間、旅行目的地等）輸入該系統，系統為旅客安排航班，印出取票通知和帳單，旅客在飛機起飛的前一天憑取票通知和帳單交款取票，系統核對無誤印出機票給旅客。

個案問題：

　　寫出問題定義並分析此系統的可行性。

個案3：系統分析人員在可行性分析中犯下的錯誤

　　A公司的出納部門，因為常常延誤寄出帳單給客戶，致使客戶經常抱怨延誤了他們享受優待價格的期限。通常優待的期限是始於貨品發出時，而不是收到帳單的時間。銷售人員認為若喪失了這種優待價格的權利，會嚴重導致貨品失去了競爭能力。

系統部門接受委託進行此案的可行性研究。負責這項可行性研究的系統分析人員，將提出贊同或否決整個系統規劃工作。系統部門經理將這件工作分配給一位經驗不夠的新手，在交待這件工作的同時，系統經理加以解釋，本可行性研究工作主題為出納工作，研究範圍將涵蓋整個出納部門。這位系統分析人員首先準備一個工作大綱來做為進行研究的依據。工作大綱的內容為：

(1)訪談出納部門的辦事人員。

(2)訪談出納部門的主管人員。

(3)研讀本部門的文件記錄資料。

(4)綜合以上搜集的資料寫成一個報告。

(5)用此報告再和出納部門討論資料的內容。

(6)做效益比較分析。

(7)把所做的可行性研究報告，送給系統部門轉呈。

然後系統分析人員就依著大綱，先找出納部門的辦事人員，在找到一位精通整個出納作業的工作人員訪談後，他瞭解到整個出納作業的流程和執行程序。

下一步驟是訪談出納部門的主管。在此階段的訪談他獲得一位主管對於出納部門作業的想法。

然後這位系統人員回到他自己的辦公室，將出納部門的所有正式文件檔案資料，一一加以細讀，從而對整個出納部門的作業程序有全盤的瞭解，並曉得正式作業的方式。

由訪談與正式文件資料，系統分析人員對整個出納作業整理出一個完整的記錄。藉著這個記錄，系統分析人員再和出納部門主管核對其瞭解的結果，並經由他的協助製作出效益分析比較表，在做完效益比較後，在他的可行性研究報告內再加上他對出納作業的瞭解結論與改善建議。然後可行性研究報告才算完成，再呈送給系統部門經理。

個案問題：

　(1)在這一位系統分析人員整個可行性研究工作當中，試指出他所犯
　　下的錯誤。

　(2)試補充說明這一位系統分析人員在可行性分析工作中，尚應做的
　　工作。

第三節　專案計劃

前面我們討論可行性分析，系統分析人員將可行性分析報告由資訊
部門呈核。高階主管根據各方案的效益評估決定那一種方案最適當。當
決定採用那一個方案為系統開發的藍本後，下一個步驟是成立專案小組
並進行專案計劃。為大型軟體開發制定的計劃通常包含下列內容：

1.概述

　敘述開發項目，描述計劃組織。

2.階段計劃

　討論專案開發各階段（需求分析階段，初步設計階段，詳細設計階
段等）完成的日期，並指出不同階段可以互相重疊的時間等等。

3.組織計劃

　規定從事這個開發專案的每個小組的具體責任。

4.測試計劃

　敘述進行測試的工具及完成系統測試的過程和分工。

5.變更控制計劃

　確定系統開發過程中需求變動的管理控制機制。

6.文件計劃

　定義和管理專案有關的文件。

7.培訓計劃

　　培訓從事開發工作人員。

8.複審計劃

　　討論如何報告專案項目進行的狀況，並且確定對進展情況進行正式複審的計劃。

9.安裝和執行計劃

　　描述在使用者現場安裝該系統的過程。

10.資源配置計劃

　　概述關鍵的計劃細節－進度、里程碑和按合約規定應該交付的系統之配置。

一、變更管理

　　軟體開發過程中會暴露出設計中的錯誤，因此變更是必要的且不可避免的。但是變更也容易失去控制，因此對管理人員來說，預先計劃控制變動的機制，將評價變動的影響和發生變更的文件記錄下來就十分重要。

　　變更通常分為兩類，第一類是為了改正小錯誤需要的變動，第二類是為了增加或刪掉某些功能，或者為了改變完成某個功能／方法而需要的變更。第一類變更是必須進行的，通常不需要從管理角度對這類變更進行審查和批准。在造成錯誤的階段，使用標準的變更控制過程，並把變更正式記錄文件。這樣做即可保證所有受這個變更影響的文件，實際上都做了相對應的修改。

　　第二類變更則是需要經過從管理角度進行審查和批准的過程。這類變更必須經過某種正式的變更評價過程，以估計變更需要的成本和它對軟體系統的影響。如果變更的代價比較小，而且對其他系統沒有影響或影響很小，通常會接受這個變更。反之，如果變更的代價比較高，或者影響比較大，則必須仔細權衡利弊，以決定是否進行這個變更，如果同意進行變更，還應該進一步確定由誰支付變更需要的費用。顯然，如果是使用者要求的變更，則使用者支付所需要的費用；否則必須進行成本／效益分析，以確定變更可帶來的效益是否大到值得進行變更的地步。

二、人員組織

傳統的管理結構是層次結構。在層次結構內，每一級人員向其上級報告工作並且管理下一級的人員。一個經理通常管理 12～25 個下級人員。管理軟體開發也常採用層次結構，但是，軟體工程專案的管理很複雜，因此每個經理一般只直接管理六名下級人員。

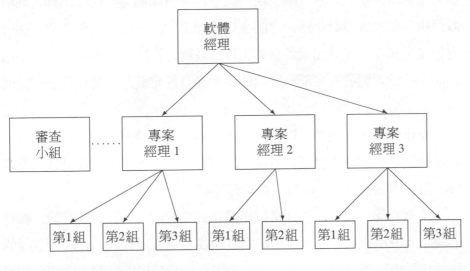

圖 5-5 軟體開發組織的管理結構

在同時從事多個軟體開發項目的大型軟體開發組織中，管理結構可能如同圖 5-5 描繪的那樣。軟體經理負責管理軟體開發部門，在各個專案間分配和協調各種資源。專案經理管理一個具體的開發項目的各個方面（計劃、進度、審查和複審、使用者界面等等），並領導 1～6 個程式設計小組，每個小組負責專案的一部分開發工作（一個子系統的開發或系統開發的某些階段）。審查小組從事品質保證活動，在專案開發的里程碑（例如，生存週期每個階段結束之前）進行技術審查和管理複審。

1.程式設計小組的組織

程式設計小組的人數不能太多，否則組員間彼此通訊的時間將多於程式設計時間。此外，通常不能把一個軟體系統劃分成大量獨立的單元，因此，如果程式設計小組人數太多，則每個組員所負責開發的程式單元與系統其他部分的界面將是複雜的，不僅出現界面錯誤的可能性增加，而且軟體測試將既困難又費時間。

一般說來，程式設計小組的規模應該比較小，以 2～8 名成員為宜。如果項目規模很大，用一個小組不能在預定時間內完成開發工作，則應該使用多個程式設計小組，每個小組承擔工程項目的一部分工作，在一定程度上獨立自主地完成各自的工作。系統的總體設計應該能夠保證由各個小組負責開發的各部分之間的界面是良好定義的，並且是盡可能簡單的。

小組規模小，不僅可以減少通訊問題，而且還有其他好處。例如，容易確定小組的品質標準，而且用民主方式確定的標準更容易被大家遵守；組員間關係密切，能夠互相學習等等。

小型的程式設計小組通常採用非正式的組織方式，也就是說，雖然名義上有一個組長，但是他和組內其他成員完成同樣的工作。在這樣的小組中，由全體討論決定應該完成的工作，並且根據每個人的能力和經驗分配適當的工作。

如果組內多數成員是經驗豐富技術熟練的程式設計師，那麼上述非正式的組織方式可能會非常成功。在這樣的小組內組員享有充分民主，透過協商，在自願的基礎上作出決定，因此能夠增強向心力、提高工作效率。但是，如果組內多數成員技術水準不高，或是缺乏經驗的新手，那麼這種非正式的組織方式也有嚴重缺點：由於沒有明確的權威指導開發工程的進行，組員間將缺乏必要的協調，最終可能導致失敗。

為了使少數經驗豐富技術高超的程式設計師在軟體開發過程中能夠發揮更大作用外，程式設計小組也可以採用下一小節所要介紹的另外一種組織形式。

2.主程式設計師組

美國 IBM 公司在 70 年代初期開始採用主程式設計師組的組織方式。採用這種組織方式主要出於下述幾點考慮:

(1)軟體開發人員多數比較缺乏經驗;

(2)程式設計過程中有許多事務性的工作，例如，大量訊息的儲存和更新;

(3)多管道通訊很費時間，將降低程式設計師的生產率。

主程式設計師組用經驗多、技術好、能力強的程式設計師作為主程式設計師，同時，利用人和電腦在事務性工作方面給主程式設計師提供充分支援，而且所有通訊都透過一兩個人進行。這種組織方式類似於外科手術小組的組織: 主刀大夫對手術全面負責，並且完成制訂手術方案、開刀等關鍵工作，同時又有麻醉師、護士長等技術熟練的專門人員協助和配合他的工作。

主程式設計師組的核心有 3 個人:

(1)主程式設計師是經驗豐富能力強的高級程式設計師，全面負責系統的設計、撰寫程式、測試和安裝。

(2)輔助程式設計師也應該技術熟練而且富於經驗，他協助主程式設計師工作並且在必要時能代替主程式設計師。他的主要工作是設計測試方案和分析測試結果，以驗證主程式設計師的工作。

(3)程式管理員完成和項目有關的全部事務性工作，例如，提出上機程式，保存執行記錄，進行軟體配置管理等。

根據應用規模和類型，可能需臨時或長期地在組內增加一些其他方面的專門人員，例如：

(1)專案管理員，負責行政後勤方面的管理事務。

(2)軟體工具員，負責開發必要的軟體工具。

(3)文件編輯，負責對主程式設計師或輔助程式設計師書寫的文件進行編輯加工。

(4)語言系統專家，他對正在使用的程式語言和系統的特點比較熟悉，他的工作是給主程式師提建議，以便善加利用這些特點。

(5)測試員，其工作是提出具體的測試方案，撰寫測試程式，並且進行測試以驗證主程式設計師的工作。

(6)一個或多個後援程式設計師，他們的工作是按照主程式設計師的設計去寫程式碼。當項目規模很大，主程式設計師和輔助程式設計師無法獨立完成詳細的程式設計工作時，需在組內增加後援程式設計師。

使用主程式設計組的組織方式，主要目的是提高生產率。根據國外某些統計資料，使用這種組織形式時生產效率大約提高一倍。

三、成本估計

成本估計和成本管理是軟體管理的核心工作之一。下面簡單的討論幾種成本估計的方法，應用 KLOC(delivered line code in thousands) 來估計開發的工作量（單位人月）。

1.靜態單變數

靜態單變數模型的一般形式如下：

$$資源 = C1 \times （估計的特點） \times exp(C2)$$

其中「資源」通常是人力（即開發工作需要的工作量，以人月、人日或人年為單位），也可以是工程期限，需要的人數或文件數量等等；

常數 C1 和 C2 可根據歷史經驗資料得出；而「估計的特點」通常是指原始程式碼的行數。

例如，Doty 在 1977 年發表的估算開發工作量的演算法列在表 5–5 中。

表5–5　估算開發工作量的演算法

應用範圍	目的碼	原始程式碼
全部	$MM = 4.790I^{0.991}$	$MM = 5.258I^{1.057}$
命令和控制	$MM = 4.573I^{1.228}$	$MM = 4.089I^{1.263}$
科學計算	$MM = 4.495I^{1.068}$	$MM = 7.054I^{1.019}$
商業	$MM = 2.895I^{0.784}$	$MM = 4.495I^{0.781}$
公用程式	$MM = 12.039I^{0.719}$	$MM = 10.078I^{0.811}$

表中 MM 是開發（包括分析、設計、撰寫程式、測試和調試等工作）需要用的人力（以人月為單位）；I 是估計的程式長度，表內中間一行是用目的指令數度量長度，右邊一行是用原始程式碼行數度量長度，長度單位是千行。

2. 靜態多變數

靜態多變數模型也是根據歷史資料導出經驗公式，公式的典型形式如下：

$$資源 = c_{11} \times e_1 \times \exp(c_{12}) + c_{21} \times e_2 \times \exp(c_{22}) + \cdots$$

其中 e_i 是軟體的第 i 個特點，c_{i1} 和 c_{i2} 是與第 i 個特點有關的經驗常數。

3. 動態多變數

這類模型把資源需求看作是開發時間的函數。例如，根據大型軟體工程項目（總工作量 30 人年以上）的資料導出的 Putnam 模型如下：

$$L = C_k K^{1/3} t_d^{4/3} \tag{1}$$

其中

L 是原始程式碼行數;

K 是開發需用的人力（以人年為單位）;

t_d 是開發需用的時間（以年為單位）;

C_k 是技術水準常數，它的典型值如下:

對於差的開發環境 $C_k = 2500$;

對於好的開發環境 $C_k = 10000$;

對於優越的開發環境 $C_k = 12500$。

從方程式 (1) 可以解出開發需要的工作量:

$$K = L^3 C_k^{-3} t_d^{-4} \qquad (2)$$

4.標準方法

這種方法主要使用開發各類程式的標準生產率估計開發工程的總工作量。標準生產率根據以往的開發經驗導出。主要從下述幾個方面劃分程式開發類型:

 · 使用的程式設計語言

 · 處理方式（批次處理，即時處理等）

 · 程式難易程度

 · 技術人員的水準

 · 開發範圍（從需求分析到測試，或者從程式設計到測試）

使用標準值法估算開發工作量，首先需要確定程式的開發類型，並且估計程式的規模。為了使程式規模的估計值更接近實際值，可以請幾名有經驗的軟體工程師分別作出估計。每個人都應該估計程式的最小規模 (a)，最大規模 (b) 和最可能的規模 (m)，分別求出這三種規模的平均值 $\bar{a}$, $\bar{b}$ 和 $\bar{m}$ 之後，再用下式計算程式規模的估計值:

$$L = \frac{\bar{a} + 4\bar{m} + \bar{b}}{6}$$

然後使用開發該類程式的標準生產率和適當的修正係數估算開發工作量:

$$工作量 = 修正係數 \times \frac{程式規模}{標準生產率}$$

其中標準生產率的單位通常是每人日可以開發的程式長度（原始程式行數或目的指令行數）；修正係數反映其他因素對開發工作量的影響，當考慮從需求分析直到測試的開發過程時，它的演算法是:

$$修正係數 = 1 + 0.1 \times n$$

其中 n 是符合下列條款的數目:

(1)目標系統方面

・修改文件不完備的程式

・需求中有不明確的或尚未決定的內容

・系統規模較大

・工作帶有試探性質（需多次試探）

・系統界面不明確或界面複雜

・連線即時系統（測試困難）

・資料庫需要複雜的安全措施

(2)專案管理和人員組成情況

・中途改變專案管理人

・專案組織不協調（人事關係不好）

・新手或初級人員比例較高

・需要培育程式設計師

・專案管理人沒有資料處理經驗

・專案管理人沒有應用領域經驗

・系統分析師沒有應用領域經驗

- 系統設計師沒有應用領域經驗
- 程式設計師沒有應用領域經驗

⑶使用者情況

- 使用者對電腦資料處理所知甚少
- 系統需要在不同場合使用
- 系統需滿足使用部門的標準或手續
- 使用部門提供的測試資料沒經過驗證
- 使用部門不同意開發計劃
- 開發過程中使用者需求發生了變化
- 使用部門負責人變動

⑷開發環境方面

- 現有的作業系統功能不足
- 將來預定使用的電腦尚未測試
- 工作場所分散
- 主記憶體和輔助記憶體受限制
- 電腦使用時間不能充分保障
- 電腦機房管理不善
- 工作中途中斷

5.COCOMO 模型

所謂 COCOMO 模型就是 Boehm 提出的構造性成本模型 (constructive cost model)。在這種模型中軟體開發工作量表示成據估計應該開發的程式碼行數的非線性函數:

$$MM = C_1 \times KLOC^a \times \prod_{i=1}^{15} f_i$$

其中

MM 是開發工作量（以人月為單位），

C_1 是模型係數,

KLOC 是估計的程式碼行數（以千行為單位）,

a 是模型指數,

f_i（i = 1 到 15）是成本因素，$\prod f_i$ 稱為調整因子。

表5-6 影響軟體開發成本的工作量係數

成本因素	級　別					
	甚低	低	正常	高	甚高	特高
RELY	0.75	0.88	1.00	1.15	1.40	
DATA		0.94	1.00	1.08	1.16	
CPLX	0.70	0.85	1.00	1.15	1.30	1.65
TIME			1.00	1.11	1.30	1.66
STOR			1.00	1.06	1.21	1.56
VIRT		0.87	1.00	1.15	1.30	
TURN		0.87	1.00	1.07	1.15	
ACAP	1.46	1.19	1.00	0.86	0.71	
AEXP	1.29	1.13	1.00	0.91	0.82	
PCAP	1.42	1.17	1.00	0.86	0.70	
VEXP	1.21	1.10	1.00	0.90		
LEXP	1.14	1.07	1.00	0.95		
MODP	1.24	1.10	1.00	0.91	0.82	
TOOL	1.24	1.10	1.00	0.91	0.83	
SCED	1.23	1.08	1.00	1.04	1.10	

RELY: 要求的可靠性　　　　　　DATA: 資料庫規模
CPLX: 產品複雜性　　　　　　　TIME: 執行時間限制
STOR: 主記憶體限制　　　　　　VIRT: 虛擬機器易失性
TURN: 電腦週期時間　　　　　　ACAP: 分析師能力
AEXP: 實作經驗　　　　　　　　PCAP: 程式設計師能力
LEXP: 使用程式語言經驗　　　　VEXP: 使用虛擬機器經驗
MODP: 使用現代程式設計方法　　TOOL: 使用軟體工具
SCED: 要求開發進度

　　每個成本因素都根據它的重要程度和影響大小賦予一定數值。按軟體產品不同的複雜度，C_1 與 a 取不同的值。

	C_1	a
應用程式	3.2	1.05
公用程式	3.0	1.12
系統程式	2.8	1.20

　　應用程式是屬於組織式 (organic)，公用程式屬於半獨立性 (semide-tached)，系統程式是屬於嵌入式 (embedded)。

　　例如：若一商業用遠程通訊的嵌入程式，10KOC，調整因子為 1.17 依照公式

$$MM = 2.8(10)^{1.2} \times \prod_{i=1}^{15} f_i$$

$$= 44.4 \times 1.17 = 51.9 人月$$

四、進度管制

　　軟體專案的進度（或稱時程）安排與其他系統沒有多大差別。軟體開發的時程安排；有甘特圖 (Gantt chart) 與計劃評核術 (PERT)。甘特圖標示出作業開始和完成的時間，能讓經理人員檢核每項作業的進度。圖 5-6 表示軟體開發各階段的時程安排，以及實際進度。以甘特圖來表示作業的進度，它的缺點是不能表示各項作業的前後關係。以下介紹計劃評核術 (program evaluation review technique，PERT)，以其做為規劃的工具。利用 PERT 能幫助管理者回答下列問題：

　　(1)期望專案完工日期，

　　(2)每項作業活動安排開始日期及完工日期，

　　(3)為保持專案的進度如期完工，那些作業活動是關鍵性的，

　　(4)那些作業活動是非關鍵性作業活動，可多長些時間。

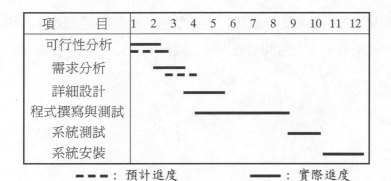

項　　　目	1 2 3 4 5 6 7 8 9 10 11 12
可行性分析	
需求分析	
詳細設計	
程式撰寫與測試	
系統測試	
系統安裝	

－－－：預計進度　　　　　━━━：實際進度

圖5-6　甘特圖範例

　　PERT 圖不僅表明了各項作業活動且表明各項活動之間的先後關係。如果我們有了 PERT 網路和預期活動時間，我們就可進行確定預期項目完工時間和詳細的活動進度安排必要的計算。計算最早開工時間 (ES)、最早完工時間 (EF)、最遲開工時間 (LS)、最遲完工時間 (LF)、及浮時 (LS−ES ＝ LF−EF)。有下面關係式

$$EF = ES + t \qquad (1)$$

$$LS = LF - t \qquad (2)$$

　　從網路節點 1 開始，利用起始時間為 0，計算網路中每一活動最早開工和最早完工時間。在活動的開始寫出最早開工時間，在活動結束寫出最早完工時間。以活動 A 為例：

　　最早開工時間規則: 離開特定節點的活動最早開工時間, 等於所有
進入節點的最早完工時間的最大值。故得下圖:

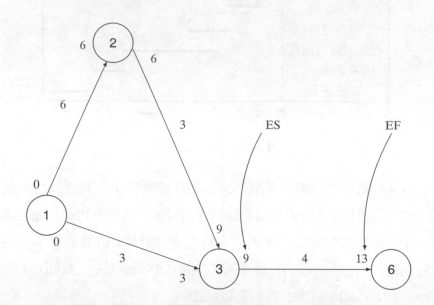

若各活動之時間為

A B C D E F G H I J
6 3 3 5 3 2 3 4 2 2

則可得:

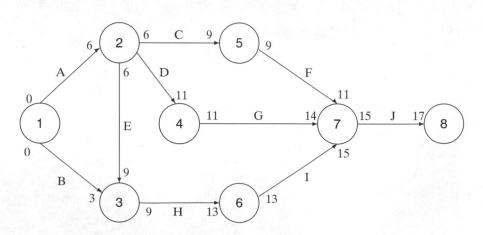

我們繼續用反向計算每一活動最遲開工和最遲完工時間。最後計算
LS – ES:

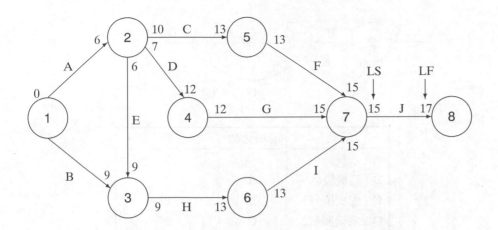

活動	最早開工時間	最遲開工時間	最早完工時間	最遲完工時間	浮時
A	0	0	6	6	0
B	0	6	3	9	6
C	6	10	9	13	4
D	6	7	11	12	1
E	6	6	9	9	0
F	9	13	11	15	4
G	11	12	14	15	1
H	9	9	13	13	0
I	13	13	15	15	0
J	15	15	17	17	0

　　浮時等於0所對應節點稱為關鍵路徑，①—③—⑥—⑦—⑧為關鍵
路徑。路徑的長度為 6 + 3 + 4 + 2 + 2 = 17。

　　系統分析師分析資訊系統開發後並預估每一階段的時間，其網路圖
如下：

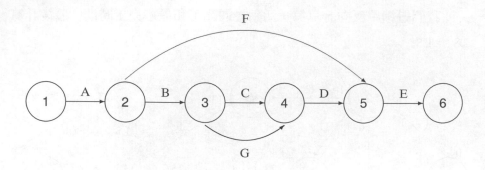

活動	前項活動	估計時間（週）
A（系統分析）		3
B（系統設計）	A	4
C（程式撰寫）	B	8
D（系統測試）	C	2
E（系統安裝）	F、D	2
F（資料轉換）	A	3
G（測試資料）	B	2

第四節　個案探討

個案1：軟體自製或外購

假如你是一家軟體公司的經理，已知平均軟體開發成本為 20/LOC，你現在正考慮對外採購價格為 50,000 元，大小為 5000LOC 的軟體，你的技術幕僚認為該軟體不需修改即合乎你的規格，然而你的軟體發展小組想自行開發類似的軟體。

個案問題：

你認為應該對外採購或是自行開發，為什麼？

（假設 COCOMO 模型中之調整因子為 1）

個案 2:

A 公司是一家小型製造及配銷機車零件公司，在過去三年裡銷售業績成長 30%，因此公司經營決策人員為了應付公司快速的成長，決定要將公司的業務由人工方式改由電腦處理。

有一位資深工程師王小強被指派負責這項工作，經過六個月的調查分析工作之後，王小強對他所要做的工作已經完成了可行性研究、定義出問題點、完成整個規劃工作大綱、搜集了和作業系統有關的背景資料以及本作業和其他各部門之間相互影響的關係等階段的工作。接下來他要完成定義新作業系統的需求，在王小強進行定義新作業系統需求之前，他接受了另外一更高職位的聘請而離開了 A 公司。

他的助手李安娜小姐接替他的職務來完成這項作業，她剛從某大學的資管系畢業，這是安娜小姐的第一份工作。

她第一件進行的工作即研究瞭解 A 公司的長程計劃及此長程計劃可能對新作業系統會有什麼影響，當她和公司的高階主管洽談之後，她曉得公司銷售成長仍照這個比率增加，公司將計劃一年之內在市中心開設一分公司。於是安娜小姐開始著手定義一項電腦處理的應收帳款作業，她首先瞭解本作業的所有輸出的結果。公司主管人員希望每一個客戶，每一個月均能收到一份通知單，單上說明客戶帳面餘額與當月訂貨明細資料。主管人員每月要一份銷售月報表，表上有公司當月銷售數量、金額和當月銷售和上月銷售數量、金額成長或衰退比率。安娜小姐針對這些輸出結果需要，找出所有需要的輸入資料，所需處理執行動作和所需的各項資源。當她整理所有作業系統需求資料之後，就著手定義新作業系統需求的總結報告。它包含了現行作業系統和新作業系統的重要需求。然而在安娜小姐被安排向最高決策人員報告設計應收帳款系統的整個作業進度情形之後，這些主管問了些問題（其情境如下）：

⑴新作業系統處理能力和舊作業系統處理能力比較如何？

　答: 我無法確實說出數字來，但我敢保證新作業系統一定比舊作
　　　業系統好。

⑵新作業系統將比舊作業系統需要大量投資，為何公司要採用新的
　作業系統？

　答: 每個公司都在使用電腦，若我們公司不使用電腦的話，將會
　　　被淘汰。

⑶在過去公司裡發生過這種情形，即一客戶收到錯誤的催款單，在
　新的作業系統裡如何避免這種錯誤呢？

　答: 對不起，我沒有注意這點，但我會回去研究看看有什麼彌補
　　　的措施。

個案問題:

⑴系統分析師在設計的工作中有那兩方面重大疏忽？

⑵安娜小姐的工作有那些需要修正？

⑶可行性分析在系統開發過程中佔重要的地位，以列舉大綱形式說
　明可行性分析報告。

⑷系統分析師需要有豐富的經驗，依你的觀點系統分析師應具備那
　些資格。

第五節　電腦實例

此節將介紹 PowerBuilder 的步驟一: 建立"應用程式"物件。

⑴選擇圖形工具列的 Application 圖示後，PowerBuilder 會進入應用
　程式繪圖器 (Application Painter) 狀態。

(2)選取"新增應用程式"繪圖器。

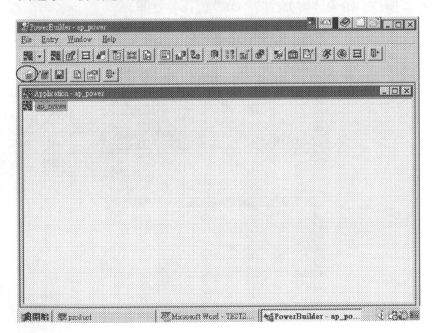

⑶於"選擇新的應用程式館"對話視窗輸入檔案名稱為"GOOD",
並儲存檔案。

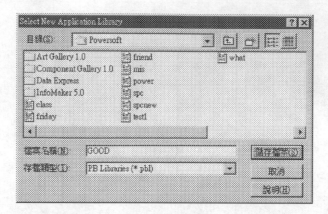

⑷在確認物件管理庫 (Library) 名稱後, 會出現下圖的視窗, 在此我
們輸入應用程式名稱為 ap_student (且可在底下的註解 (Comment)
欄位中輸入註解), 按"OK"儲存並離開。

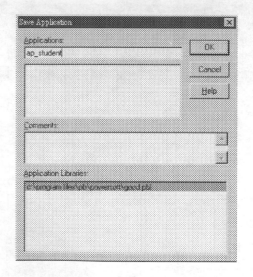

⑸在出現應用名稱後，接著會出現以下的對話盒。若選取"是"的
　按鈕，則 PowerBuilder 會自動立即產生可執行的 MDI 應用程式。
　在此選取"否"，不產生應用程式範例。

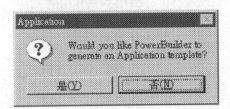

問題討論

1.解釋下列名詞：

　(1)可行性分析

　(2)主程式設計小組

　(3) KLOC

　(4)專案管理

　(5)計劃評核術 (PERT)

2.何謂變更管理？

3.評估 COCOMO 模型的優劣點。

4.下面是某項作業的 PERT 網路：

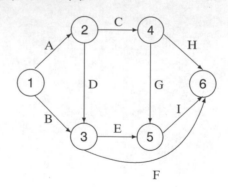

　(a)確定關鍵路線。

　(b)多長時間才可完成這項目？

　各項作業活動時間如下：

A	B	C	D	E	F	G	H	I
8	10	3	1	8	19	1	16	3

5.企業電腦化的首要步驟是確定需求，確定需求主要的目的是做為系統的功能範圍，敘述確定需求的方法。

6.在確定需求以後，系統分析師最重要的工作是在經濟層面、科技層面與管理層面的專業知識從事資訊蒐集、問題發掘及替代方案的設計與評估，替代方案的評估主要工作是可行性分析，請敘述可行性分析的工作內容。

7.訪談是確定使用者需求方法之一，就你的觀點，說明訪談的步驟及應注意事項。

8.就軟體開發生命週期之各階段，試用 PERT 網路圖表示之。

9.在軟體開發早期階段為什麼要進行可行性研究？那些方面應該進行系統的可行性分析？

10.試說明系統分析人員要瞭解現行作業的四種方式。

11.資訊系統的開發效益，分為有形的效益及無形的效益，如提高管理的效能是一種無形效益，你能寫出五項無形的效益嗎？

12.若有一個工作小組在負責建立一資訊系統，則此工作小組的成員應有那些專長？

13.在資料系統的開發中，專案經理扮演很重要的角色，除了監督管理整個專案的進行外，還有那些是專案經理的職責？

第六章　資訊系統規劃

資訊系統規劃近年來逐漸的受到重視，主要有以下原因:

(1)管理者已逐漸瞭解到 MIS 是獲得競爭優勢的有效工具。

(2)由於以電腦科技及通訊技術來直接地、間接地產生產品及服務，
　　已是目前的潮流，所以企業在 MIS 上的投資也相對的提高。

(3)資訊管理的功能與其他的企業功能 (business functions) 息息相關。

(4)由於資訊系統非常複雜（例如使用共用資料庫、通訊網路等），
　　故需要長時間的投入。企業如欲從資訊科技中獲得競爭優勢，非
　　透過正式的 MIS 長期計畫不可。

本章將介紹幾種系統規劃方法以確認組織的資訊需求。

第一節　資訊系統規劃的意義

資訊系統規劃主要目的是確定組織的資訊需求，完整而正確的資訊
需求通常很難獲得。系統分析師和使用者溝通時由於不了解其業務，不
能用共通的語言，故很難掌握他們真正的需求。因此要藉助於一些正規
的資訊需求分析的方法，以協助資訊需求分析的進行。我們用圖 6-1 說
明資訊系統規劃的概念。組織的資訊需求是發展一個整體計劃，其內容
為:

(1)定義出整個資訊系統的架構。

(2)建立各種應用系統以涵蓋各種需求。

(3)訂定組織中發展各應用系統之優先順序。及實際上發展必須遵循
的順序。

(4)共用資料庫架構之建立。

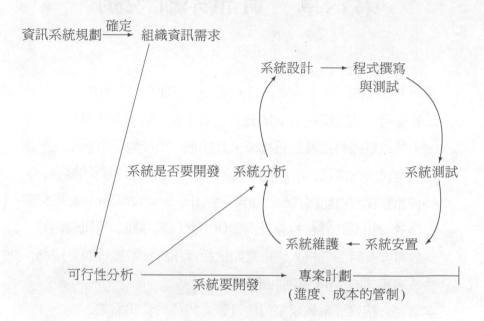

圖 6-1 資訊系統規劃的概念

　　資訊系統規劃方法分為三個階段，即策略規劃、組織資訊需求分析
和資源分配。策略規劃之主要目的，為找出資訊系統的目標與策略，它
必須配合組織的總體性目標及策略。在確定資訊系統的目標和策略後，
下一步是找出組織的資訊需求，獲得資訊需求的方法有很多，如：(1)關
鍵性成功要素 (CSF)，(2)企業規劃方法 (BSP)，(3)雛型方法，及(4)策略轉
換等。資源分配是決定那些應用系統該實施及實施的優先順序。我們將
在第二節略述資訊需求分析的方法，第二節之一、二小節詳細討論 BSP
及 CSF。

第二節　資訊需求分析的方法

　　資訊需求分析的方法大抵分為四類: (1)訪談, (2)由現行系統導出, (3)由系統的特性導出, 及(4)由雛型導出。分述如下。

1.訪談

　　⑴親自訪談: 訪談要事先規劃, 擬定一些要問的問題。被訪問者得很瞭解本身業務及需求, 先訪問部門主管, 瞭解部門主管的需求, 而後再訪問業務承辦人員。訪談的時間應事先確定, 而且訪談的時間不宜太長, 最多為 2 小時。訪談的結果應做記錄, 系統分析師要能在訪談中有能力應變, 適時切入並發覺問題所在。

　　⑵問卷調查: 事先想好要問的問題, 而以問卷的方式發給使用者進行詢問。適用於使用者眾多無法一一訪問時使用。

　　⑶腦力激盪: 電腦化之應用的範圍往往受限於人的創造力, 而不是電腦本身。靠著腦力激盪可以發展出有價值的系統。

2.由現行資訊系統導出

　　先瞭解舊系統, 再根據需求轉換成新系統。轉換的步驟為:

　　⑴先瞭解現行作業並參考有關的資料或類似性質的公司之實例, 以收集資料。

　　⑵組織有關之資料。

　　⑶分析改進系統。

3.綜合使用系統之特性導出

　　由系統本身之特性, 綜合出來應該需要些什麼資訊, 其方法有:

　　⑴正規分析: 由較高階層之觀點來做系統分析的工作。導出活動程序及為達組織目標所必須掌握的活動之相關資訊。並提供一份組織所要資訊的完整範圍。圖 6-2 表示一個製造業為例, 說明一層

一層將訂單細分的過程，從顧客訂單和銷售預測彙總成本總生產計劃，然後再利用材料表透過物料需求計劃 (MRP) 的展開而得出每個自製或外包零件的需求訂單，最後再參照製程，排出加工作業的日期，發出工令。

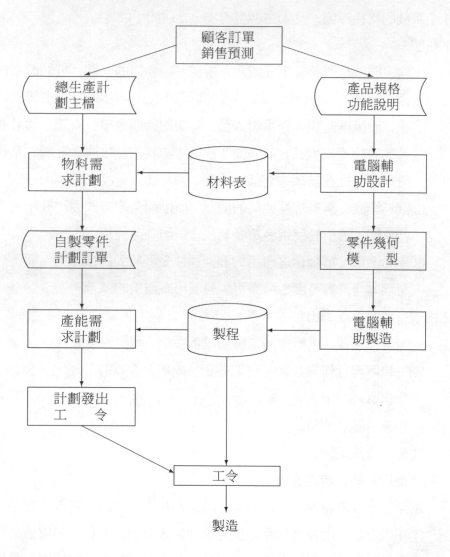

圖6-2　製造業整合生產資訊流程

(2)策略轉換：公司有一定的目標、策略和行動。公司是根據所要達成的目標定出策略，再根據策略採取行動，藉此我們可瞭解其資訊需求。

(3)關鍵成功要素，將在下一節詳細討論。

(4)企業規劃方法，將在下一節詳細討論。

4.由雛型法導出

需求無法正確而完全定義出來時，可利用雛型快速發展系統的工具很快地做出一系統，先行試用，藉由這個試用系統讓使用者了解熟悉電腦化之本質，漸漸導出真正的資訊需求，系統經過一次一次的修改、擴充，最後形成適用系統。

一、關鍵成功要素

對於確定組織資訊需求有幾種方法，其中常用的兩種為 IBM 企業系統規劃 (business system planning，BSP，1981)，以及關鍵成功要素 (critical success factors，CSF)。CSF 主要特性是設定管理者認為影響企業成功的關鍵因素，一旦確定後，這些因素便被當成目標，而資訊系統則是用來監督這些目標的執行效果。每一企業都有其重要業務，每一部門都有其經營的重點，只要這些重點業務及經營的重點能夠順利執行，就能確保企業經營的成功，這些重點我們稱為關鍵成功要素。例如流動業之存貨管理能力、與供應商之關係及與顧客之間的關係均為其關鍵因素。

CSF 的方法是由公司的單位主管，利用面談或開會，提出本單位要經營成功之重點，而後經彙總以決定組織的關鍵成功因素。CSF 的發展步驟如下：

表6-1　CSF 發展步驟

定義公司的任務和目標	(1)單位主管（或組織）提出經營重點 (2)彙總各單位的成功關鍵要素 (3)制定組織的關鍵成功要素
發展資訊系統架構	(4)考慮組織變革或策略規劃 (5)利用關鍵成功要素建構資訊系統架構
設定資訊系統的優先順序	(6)確定資訊系統開發的優先順序 (7)透過討論，發展出個人的資訊需求

　　CSF 的優點如下：CSF 是指出組織生存和成功的關鍵因素，將重點放在組織最重要的資訊需求，CSF 較不費時費成本很容易在短期間內完成。CSF 的缺點則在於其並非完整的指出組織的所有資訊需求，組織的成功要素會有所變動，因而 CSF 不如 BSP 穩定，且 CSF 會受單位主管主觀意識的影響。CSF 觀念應用在資訊系統的發展如圖 6-3。

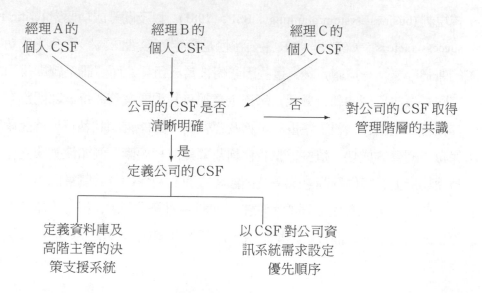

圖 6-3　應用 CSF 觀念的資訊系統發展架構

舉例說明如下。若應用 CSF 於資訊中心，則要找出資訊中心有效率的關鍵成功要素：

1.與使用者的溝通
- 高階主管的支持
- 成立服務熱線提供使用者的諮詢服務
- 資訊中心人員的生涯規劃
- 終端使用者與資訊中心相互之間的承諾

2.資訊中心的服務品質
- 最終使用者的訓練
- 資訊中心人員的訓練
- 資訊中心人員配置適才適所
- 對終端使用者作業之協助

3.角色的界定
- 定義資訊中心的職責任務
- 建立收費標準
- 統籌公司資訊設備的購置
- 建立標準化的管理制度

4.對終端使用者的服務
- 與終端使用者溝通，瞭解其需求
- 了解使用者的業務，協助解決終端使用者自建系統所遭遇的問題
- 具成本效益的觀念建立系統開發優先順序

二、企業系統規劃

企業系統規劃是一個系統化的分析方法。此方法是對組織的資料等級 (class)、資料元素、企業程序及功能加以分析，並將這些連結到組織的資訊需求上，同時把企業策略轉換到 MIS 計劃中。這方法也能支持企

業的目標及目的，傳達出所有管理階層的需求，並能使組織內的資訊有一致性。BSP 的基本觀念有三個原則:

(1)由上到下規劃; 由下到上的執行。

(2)以企業資源的觀點對資料加以管理。

(3)以企業程序為導向。

由上到下的規劃原則可使資訊系統成為企業的一部份，對於整體效能的提升非常重要。由上到下的規劃，需要人力及財力上的重大投資，所以必須能真正地滿足組織的資訊需求以及達成組織目標（圖 6-4）。

BSP 方法是企業程序導向，而不是針對某部門的資訊需求。企業程序 (business process) 代表企業的主要活動及決策範圍，而不是職級報告的階層。同時，BSP 方法也假定任何類型的企業活動均可用這種程序的邏輯關係來加以界定，而且在企業產品及服務保持不變的情況下，這個程序也不會有太大的改變。

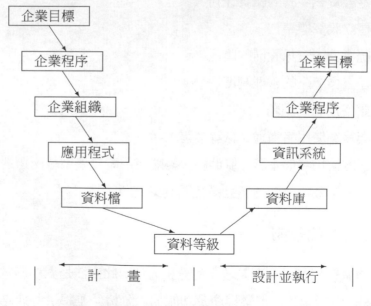

圖 6-4　BSP 方法的步驟（主要活動）

BSP 方法在基本上有四個步驟:

1.定義企業目標

確保所有主管階層皆同意企業的未來發展。

2.定義企業程序

以建立系統的基礎, 使 MIS 在組織中能支援相關決策及活動。

3.定義資料等級

以確認資料在組織部門內是一種資源。資料等級是一種分類, 能表明企業程序。

4.定義資訊架構

依據 MIS 計劃的優先次序來建立 MIS 模組, 每個模組功能處理一個或以上的資料等級。圖 6–5 即為一資料架構。

BSP 方法的主要步驟有以下幾點:

1.獲得承諾

BSP 方法必須要有高級主管的支持及參與。

2.方法的準備

BSP 的有關人員要瞭解需要完成那些事情, 同時要建立管制中心及文書記錄, 登錄有關工作計劃、訪談行程、檢驗評估表、企業活動及最終報表格式。

3.方法的實施

召集 BSP 所有有關人員開會討論。在會議中, 主管、系統專案負責人及資訊系統主管共同決定 BSP 的目標、企業的活動、決策過程及其它重大問題。

4.定義企業程序

列出所有的程序, 包括目的的描述及確定組織內的關鍵人員。

5.定義資料等級

把資料有系統地分門別類, 因為在指明所須配合的企業程序之後,才能決定資訊架構。

6.目前系統能力的分析

分析目前的企業程序、處理過程及資料檔案有無重複的情況發生，並進一步瞭解整個企業活動。

7.瞭解主管的觀點

再確認專案小組要處理的事項有無遺漏。例如決定目標、問題的分析及資訊的需求及價值，並獲得高級主管的支持。

8.定義方法及結論

將所確認的問題劃分成類，並據此擬出解決方案。這步驟能幫助確定資訊架構中各子系統的優先次序。

9.定義資訊架構

擬出資訊系統的架構，而一旦決定後就可把目前的應用需求系統逐步地移入未來的資訊系統架構中。

10.決定架構優先次序

將資訊架構中的子系統列出以設立優先次序，同時建立系統規格標準，並依此標準對可能的應用程式加以評比。

11.檢討資訊資源管理

建立一個可控制的環境，以使這資訊架構能發展及執行得更有效率。

12.提出建議案及執行計劃

執行計劃可協助管理者對初步建議的評估，同時確定在資源及時程上有無矛盾。

13.報告結論

將 BSP 發展過程作最後的報告及展現成果，以爭取對 BSP 成果加以落實的共識。

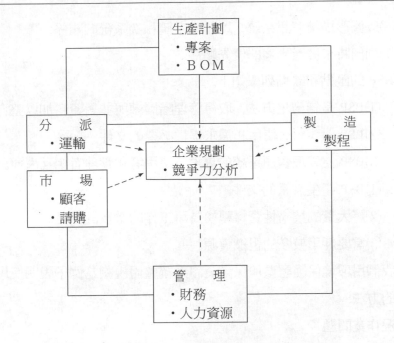

圖 6-5 製造業資訊架構

　　BSP 方法的涵蓋面相當廣，且需要許多人力的投入。在確認組織內的資料等級及企業程序之後，組織的資訊結構即已清晰地勾勒出來。同時資料導向的方法也有利於資料庫的發展。企業程序所強調的並不是技術上的需求。BSP 方法所產生的資訊架構對於組織面對變遷環境的資訊需求是相當有效的，所以這方法可廣為應用在資訊系統的規劃上，美國有超過 1,000 家企業使用 BSP 方法來作資訊系統的規劃。

　　完整的 BSP 的結果應包括：

　　⑴描述企業目標，

　　⑵描述公司的程序，

　　⑶確定由誰負責這些程序，

　　⑷資料和程序、部門、系統間的關係，

　　⑸管理者面對的問題，

(6)以圖形描繪資訊系統，以顯示系統和次系統的關係，

(7)列出將來發展專案的優先順序。

BSP 的優點和缺點列舉如下。

優點：(1)BSP 是結構化方法，取得管理階層參與並對資料加以整合。

(2)BSP 對資料、使用和需求提供必要的文件。

(3)BSP 使管理資訊系統的專家、使用者和管理者相互溝通。

缺點：(1)BSP 產生大量的文件。

(2)將大量的技術性資料轉換為可工作的系統計劃書。

(3)需要耗用較多的組織資源。

我們用環境保護署環境保護資訊系統整體規劃為例子說明使用 BSP 規劃的方法：

1.現況作業問題

行政院環境保護署於 74 年度裝設 IBM 4331 電腦系統，並陸續開發環保系統，但由於該類系統部份為自行開發，部份為外包軟體公司製作，顯然並未全盤考量整體系統資料之互通，使得各系統間之資料重複；不一致的現象有必要作一整體規劃，以建立一個具整體性的環境保護系統架構。

2.各單位資訊需求

利用問卷及訪談，整理出各單位資訊需求對照表，如表 6–2 所示。

3.定義企業程序

企業程序是在組織能支援決策及活動，又稱為業務處理，如方針計劃、專案管理、管制考核、土壤污染資料管理、空氣品質資料管理等等。參考圖 6–6 業務處理—資料關聯圖。

4.定義資料族

資料族是在組織內的各種資源，它能表明企業的處理程序。如施政方針、專案資料、環境品質資料、土壤污染資料等等。參考圖 6–6業務

處理—資料關聯圖。

5.根據業務處理—資料關聯圖中之 U（use，使用）， C（create，建立）
　之分佈狀況，將資料族項目與業務處理項目做必要的調整，使 U 及
　C 產生幾個叢集，進而建立資訊架構。環境保護資訊系統整體架構乃
　如圖 6–7 所示。

表6-2　各單位資訊需求

組織名稱＼資訊需求	署長／副署長	主任秘書室	秘書室	人事室	會計室	統計室	綜合計劃處	空氣及噪音品質保護	水質保護處	廢棄物管理處	環境衛生及毒物管理處	管制考核及糾紛處理處	環境監測及資訊處	環境檢驗所籌備處	法規委員會	訴願審議委員會
環境保護檢驗														V		
立委質詢案件查詢	V	V														
交辦案件管理	V	V														
訴願處理																V
公文管理	V	V	V	V	V	V	V	V	V	V	V	V	V	V	V	V
法令資料庫	V	V	V	V	V	V	V	V	V	V	V	V	V	V	V	V
人事出勤管理				V												
人事管理				V												
會計帳務					V											
財產管理			V													
薪資管理				V												
物品管理			V													
圖書管理							V									
工廠污染源								V	V	V	V	V				

業務處理＼資料族	施政方針	專業資料	管考資料	交辦事項	重要會議管制資料	法規建制資料	人民陳情資料	環保糾紛資料	公害鑑定技術	訴願再訴願案件資料	法令資料	監測站基本資料	環境品質資料	水體水質資料	土壤污染資料	檢驗案件資料	噪音、振動資料	空氣品質資料	環境基本資料
方針計劃	C																		
專案管理		C																	
管制方法	U	U	C	C	C		U	U			U								
法規建制執行管理						C													
陳情／請願案件處理							C				U								
環保糾紛處理							U	C	U		U								
公害鑑定技術建立		U						U	C		U								
訴願再訴願管制統計										C	U								
環境法令管理							U				C								
測站管理												C							
監測資料管理													C						
水體水質資料管理							U	U						C	U				
土壤污染資料管理															C	U			
分析檢驗管制統計																C			
噪音振動資料管理							U	U									C		
空氣品質資料管理																U		C	U
環境基本資料管理																			C

圖 6-6　業務處理－資料關聯圖

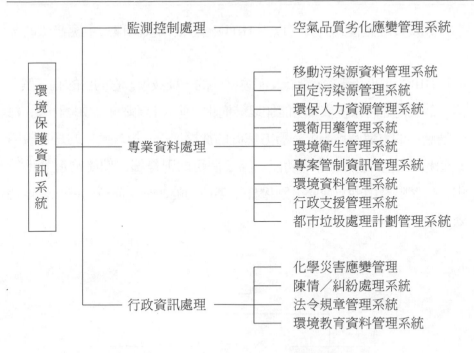

圖6-7 環境保護資訊系統整體架構

第三節 資訊需求分析的工具

本節介紹三種資訊需求分析的工具，分別是：⑴HIPO圖，⑵DFD，及⑶IDEF 圖。

一、HIPO 圖

HIPO 是 Hierarchy Plus Input-process-output 的簡寫，意思是階層式輸入—處理—輸出圖，其用途是記述某一程式系統。HIPO 有下列優點：

⑴管理階層人員從用 HIPO 記述的文件，可瞭解系統的整體架構。

⑵撰寫應用程式的人員從用 HIPO 記述的文件，可決定程式所需具備的功能，以作為進行實際編寫程式時的依據。

(3)負責維護程式人員可以用HIPO圖，很快找出程式中應修改的部份。

　　HIPO可以說是系統設計及記述文件的一種技術。它的目的有三個，第一個目的是將系統依其功能加以結構化，使人容易瞭解。如圖6-8，每一階層中的方塊圖均為上一層方塊圖的從屬部份。第二個目的是在說明某個程式所要完成的特定功能。第三個目的則是讓人們能夠清楚地看出，每個階層中的方塊圖分別擔任了某些功能，需要何種的輸入，經過處理後又得到什麼輸出。

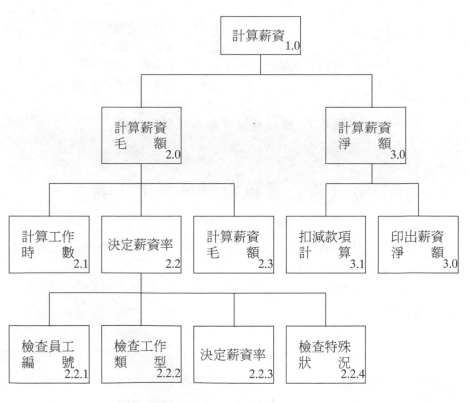

圖6-8　階層圖示例（VTOC圖）

　　HIPO 中使用的典型圖有三類，VTOC (visual table of contents)，綜覽圖 (overview diagram) 及細部圖 (detail diagram)。VTOC 用來顯示這個系統中的各個主要功能以及這些功能之間的關係。VTOC 圖最上層的一個方塊中所記述的是這個系統的整個功能，其次一層的方塊則分別用以記述經過邏輯程序加以細分後之子功能如圖 6–9。綜覽圖的目的是用來描述系統的主要功能，並標示出次一層細部的參考編號，以說明這個系統的概況。HIPO 圖中的細部圖是用來描述系統中所包括的基本要素，特定功能，以及明確的輸入輸出資料項目、或者應進一步參照的 HIPO 圖，流程圖或決策表（如圖 6–10）。其方式則是分別描述輸入、處理及

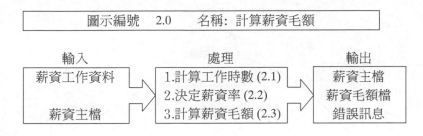

圖 6–9　綜覽圖示例

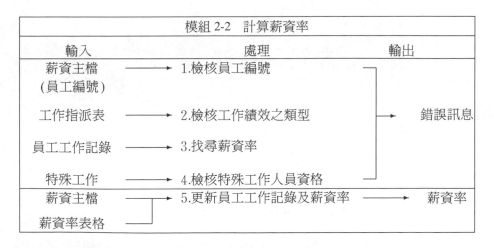

圖 6–10　細部圖示例

輸出。在處理的這個部分，包括了系統執行這部份功能時所必須經過的各種步驟。輸入部份則確認出進行處理工作會用到的所有資料項目。輸出部份用來說明經過處理後所產生的輸出項目。

二、資料流程圖 (data flow diagram, DFD)

資料流程圖是描述資料處理過程的有力工具。資料流程圖從資料的傳送和處理的角度，用圖形方式來刻畫資料處理系統的工作概況。我們以去銀行提款說明資料流程圖如何描述資料處理的過程。圖 6–11 表示辦理提款手續資料流程圖。

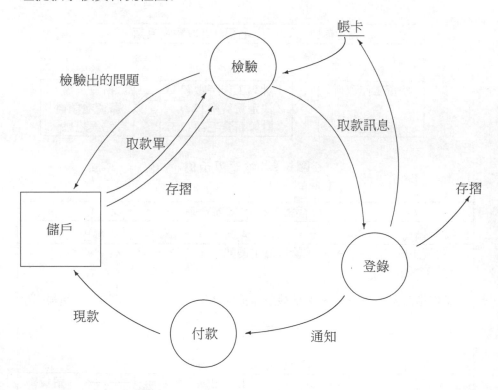

圖 6–11　辦理提款手續資料流程圖

儲戶帶存摺去銀行辦理提款手續。他把存摺和填好的提款單一併交給銀行工作人員檢驗。工作人員需核對帳目，發現存摺有效與否的問題、提款單填寫的問題或存摺、帳卡與提款單不符合等問題均應報告儲戶。在檢驗通過的情況下，將提款的訊息登錄在存摺和帳卡上，並通知付款。

從資料流程圖上我們看出，可能有四種基本成分：

(1)資料流：圖上常用來命名的箭頭。

(2)處理：內有處理名稱的圓圈。

(3)檔案：標有命令的短粗線。

(4)資料源點或資料終點：以方框表示。

資料流是沿著箭頭指向傳送資料的通道。大多是在處理之間傳輸被處理資料的命名通道。也有聯繫檔案和處理之間未命名的資料通道，即從處理指向檔案或從檔案指向處理的資料流，這些資料流雖未命名，但因所連接的為有名稱的處理和有名稱的檔案，所以其含意也很清楚。

同一資料流程圖上不能有兩個資料流同名。多個資料流可以指向同一處理，也可從某個處理分散出多個資料流。

處理是資料流程圖中的另一成份，它以資料結構或資料內容為處理對象。處理的名字常用一個動詞加上一受詞，它簡明扼要地表示完成什麼處理。檔案的作用在資料流程圖中是暫時保存資料亦稱為資料儲存；也可以是資料庫或其他資料組成。指向檔案流是寫入檔案，從檔案引出的資料流是自檔案讀出資料。

資料流程圖的第四個成份是資料源點或終點，它表示圖中所出現資料的起始點或終止點。它是資料流程圖外圍環境部份，並不需要以軟體形式進行設計和實現。

在資料流程圖中，如果有兩個以上的資料流指向同一個處理，或是從一個處理中引出兩個以上的資料流，這些資料流之間往往存在一定的關係。為表達這些關係，在這些資料流處理附近可以標上不同的記號。以下對某一個處理流入兩個或流出兩個資料流為例來說明。

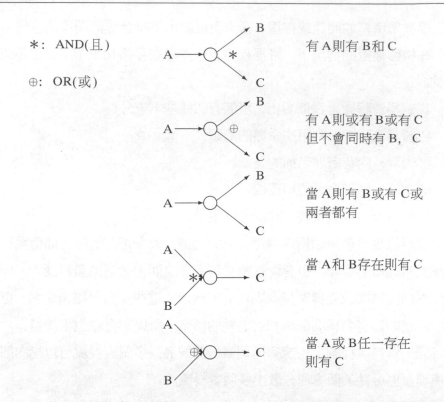

*：AND(且)

⊕：OR(或)

有A則有B和C

有A則或有B或有C
但不會同時有B，C

當A則有B或有C或
兩者都有

當A和B存在則有C

當A或B任一存在
則有C

　　資料流程圖中的資料流是資料的流向，而程式流程圖中的箭頭表示控制的流向，兩者本質不同，絕不可混亂。為了表達資料處理過程資料處理情況，用一個資料流程圖往往是不夠的。稍為複雜的實際問題往往需要十幾個甚至幾十個處理，如此資料流程圖看起來不是很清楚，因而應用層次結構資料流程圖來表示複雜的問題。至於如何應用，將在下一章系統分析中討論。為了便於資料流程圖命名，應在電腦上做輸入輸出，常用另一套符號如下：

前面所舉提款手續資料流程圖可表達如圖 6–12:

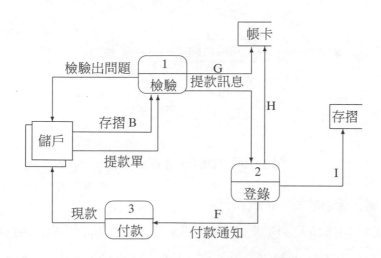

圖 6–12　辦理提款手續資料流程

三、IDEF

　　IDEF 原是美國空軍所開發的一套描述企業環境與其作業活動的強而有力的工具。對於現行系統，IDEF 可以用來分析並詳細記錄此系統實施時之各項功能活動（作業）的實際運作情形。對於一個新的系統，IDEF 可逐項定義出系統之需求，並進行符合此系統需求之系統設計與實施，目前 IDEF 已為許多業界所使用，IDEF 包括 IDEF0，IDFE1等，而其中以 IDEF0最受普遍之運用。

　　IDEF0 技術如圖 6–13 所示，組成的成份有輸入、輸出、控制、活動及機制幾個部份。

　　輸入: 產生活動之輸出所需的資訊或物料。

　　輸出: 由於活動所產生的資訊或物料。

　　活動: 活動又稱為過程、功能或工作。

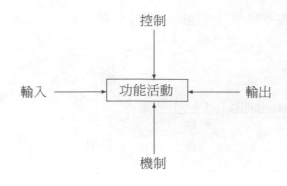

圖 6-13　IDEF0 結構表示圖

　　控制: 活動限制的資訊和材料。

　　機制: 可能是人、機器, 已存在的系統, 負責的部門或提供的能量。

　　每一個 ICOM （輸入— Input, 控制— Control, 輸出— Output, 機制— Mechanism）又可再細分成若干個 ICOM 圖所組成的子圖。可用圖 6-14 表示 IDEF0 之階層模式。

　　每一張圖會伴隨著結構化文字, 用來對圖形作概要的說明, 指出其特徵、流程及方塊間之連結, 以使項目及樣式之表示更加清晰。而辭彙則用以定義在圖形中所使用的一些關鍵字或片語等。

　　所有的 IDEF0 之節點序號 (node numbers) 都以一大寫之英文字母為首, 每一個 IDEF0模式都有一個最高階之 A-0 圖, 內容僅由單一方塊之 ICOM 圖所構成, 用以表達模式的主題、觀點與目的。而 A0 圖為 A-0 圖之子圖, 包含 3 至 6 個方塊, 依序命名為 A1, A2, …, A6, 用以描述 A-0 圖, 如此往下分解, 整個節點樹如圖 6-15 所示。

　　由於 IDEF0 之由上而下分解的方式, 使得一複雜的製造系統, 能以一系統化的方式來加以表達, 並且由於 IDEF0 採用簡單、明瞭、可讀性高的圖形表示法, 很容易為管理人員和製造人員所瞭解, 且有助於系統分析人員向相關的管理人員解釋現行系統或所提理想系統之狀態。

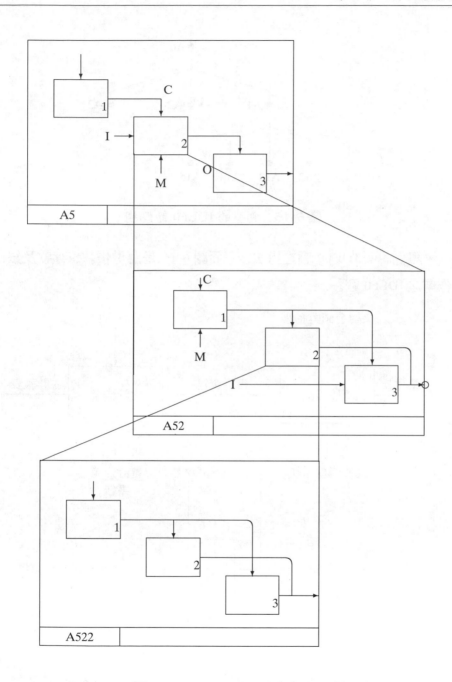

圖6-14 IDEF0 之階層模式

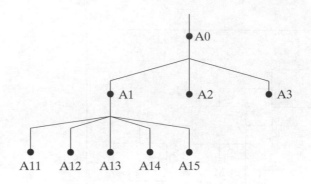

圖 6-15　典型的 IDEF0 節點樹

　　舉例說明 IDEF0 圖之用法，下面圖 6-16 是應付帳款、存款及銀行作業之 IDEF0 圖。

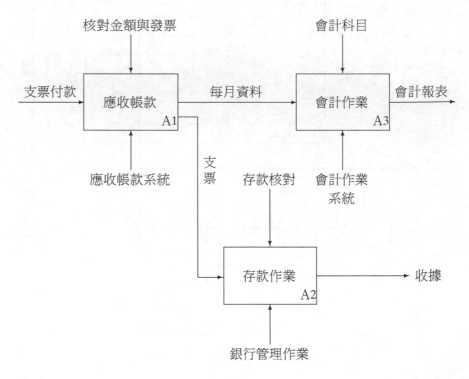

圖 6-16　應付帳款、存款及銀行作業之 IDEF0 圖

第四節　資訊系統策略規劃

　　規劃是管理者工作的核心。規劃是一種正式的步驟，它能事先決定要達成目標，以及要採取那些行動。一個正式的計劃必然是行動的指導方針。有關 MIS 規劃的三階段模式如表 6-3，茲分述如下。

一、策略性規劃

　　策略性規劃是以正式的方法來偵察企業環境，界定目標，形成政策以引導組織達成目標，並做有效的控制。策略性規劃能讓組織掌握重大的問題，並發揮本身的強處以掌握契機。除此之外，策略性規劃還可以：

　⑴整合企業內的各個政策及企業功能。

　⑵能事先知道要做什麼、何時要做完、以及如何去做。

　⑶能預先瞭解決策的可能結果。

　資訊科技可使企業獲得三個主要的策略優勢：

　⑴能使組織以有效率 (efficient) 又有效能 (effective) 的手段來達到目標。

　⑵能使高級主管以新的方法來獲得競爭優勢，以超越競爭者。

　⑶能產生新的事業單位或選擇加入某種產業。

　　在 MIS 策略性規劃中，企業所建立的 MIS 目標及策略應符合組織的目標及策略，其結果就可產生用以發展 MIS 專案的 MIS 憲章 (charter)。

二、組織的資訊需求分析

　　一旦確定目標及策略後，接下來的步驟便是評估組織的資訊需求，並設計所要的應用程式及資料庫。與這計劃息息相關的是系統專案的決

表6-3　MIS 規劃的三階段模式

階段	作業	產出
MIS 策略性規劃	評估組織的目標及策略	評估組織的策略性計劃; 確認主要需求者及目標
	設定 MIS 使命	MIS 憲章
	環境評估	MIS 目前的能力 目前的企業環境 目前的應用系統 MIS 所處的成熟階段 發現新的機會 新的技術 MIS 部門的形象 MIS 人員能力的評估
	設定 MIS 政策、目標及策略	組織的結構 資源分配模式 部門的產能目標 技術重點 管理程序 策略
組織資訊需求分析	評估組織的資訊需求	確定組織全面的資訊架構 目前的資訊需求 專案的資訊需求
	評估主要的發展計劃	定義資訊系統專案 專案的優先次序 專案發展時間表
資源分配規劃	擬定資源分配計劃	趨勢的確認; 硬體計劃; 軟體計劃; 人事計劃; 資訊傳輸網路計劃; 週邊設備計劃; 財務計劃

定，這項決策明訂了專案的優先次序及發展的時間表或進度。

三、資源分配規劃

　　MIS 規劃的第三階段就是決定系統發展時所需要的硬體、軟體、通訊設備、人員及財務上的投入。資源分配決策涉及到要做那些安排及依循何種次序。由於這牽涉到巨額資金、人力、設備的投入，因此 MIS 專案通常要爭取公司內資源分配的大餅。一般必須以成本及效益來設定優先次序，方法如下：

　　⑴對主計劃中的每個專案所有的硬體、軟體、人事、設備的相關成本仔細地加以評估。

　　⑵詳細列出每個專案所能產生的效益，這包括：

　　　　①財務上的效益，例如回收期、投資報酬率、降低成本等因素。

　　　　②無形效益，例如提升了決策品質，及資訊能更好、更快的提供等。

　　　　③技術上的效益，例如隨著專案的進行而提高了幕僚人員的素質。

　　大多數的公司都有擬定好的計劃及預算制度，重要的是如何把 MIS 計劃及資源分配計劃納入組織整體計劃考量，才能將這些計劃排入組織年度計劃而加以執行。而 MIS 資源需求計劃的先前作業通常是由 MIS 人員來完成的。

　　在有些公司中，發展資訊系統所需的資源均納入於年度總預算中，並以主要功能部門的主管所組成的委員會來監督整個分配過程，以確保組織資源能做最有效的分配。有些公司則把專案完成後的費用直接由主要的使用者負擔，這種使用者付費的方法能讓使用者對於資訊系統的發展及維護肩負起責任；在這種方法下，MIS部門成為服務的單位，而所產生的成本就從使用者身上來攤銷。

第五節　個案探討

個案1：Ａ公司的關鍵成功要素

Ａ公司是有三十年歷史的飲料供應商，公司負責人林中強先生要求儘可能提供新鮮產品給顧客。為確保新鮮，存貨管理部只向本地生產原料的供應商下訂單。存貨管理部限制庫存原料等待處理的時間為一星期，並以批次方式處理原料。主管由當月銷售預測決定產量，且由實際的訂單調整產量，並遵照工業標準，兩星期後如果飲料尚未售完則予以銷毀。

個案問題：

關鍵成功因素的基礎建立在成功因素的觀念，為協助管理資訊系統主管瞭解那些因素對使用者重要，並發展資訊系統以達成這些因素，請指出Ａ公司的關鍵成功因素有那些？

個案2：個案公司之資訊系統規劃

1.公司背景

個案公司座落於臺南市，主要的產品為運動休閒服、運動襪、運動帽、睡衣及內衣褲。該公司現有員工150人。該公司近來營業方面有極優良的表現，且主管對電腦化之觀念已稍具認識。公司自十餘年前即著手電腦化，目前會計部門已有初步成效，由於業務日益擴大，該公司主管人員希望能進行全公司之電腦化。但該公司對系統規劃能力尚嫌不足，故委託顧問公司進行資訊系統規劃。

2.公司的組織概況

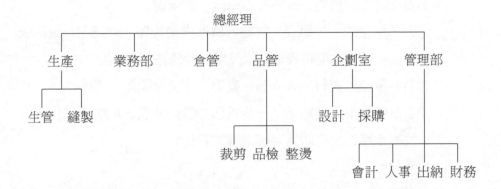

3.目前狀況

　　公司在業務方面，由於成品、在製品及物料之庫存資料皆以週計，造成業務人員在處理銷售事務時，常發生錯誤，例如錯接訂單、漏接訂單。另外生產方面，由於資料的不及時性，對於排程，外包作業未能做正確的判斷，致使相關部門對資料的正確性和及時性有所爭執。

4.進行系統規劃

　　顧問公司在瞭解部門業務與對電腦進行需求調查，並進行細步診斷後，得到結果有下列三項: (1)建立資訊系統架構，(2)協助廠內人員進行電腦化所需之訓練，(3)效益評估。此三項細列於下。

　　(1)資訊系統架構

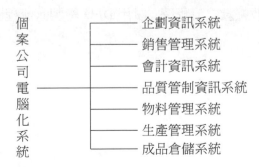

⑵人員訓練

　①對高階主管實施「電腦基本概論」的講習。

　②對各單位的一般職員，實施「標準作業程序」的講習，說明表
　　單使用類別、運轉程序，以及填寫時應注意事項。

　③對各單位的資料鍵入人員，實施「終端機操作」訓練。

　④對電腦作業人員給予進一步電腦知識的講習，以提高工作人員
　　技術水準，並協助其了解電腦的特性。

⑶效益評估

　系統電腦化後，就效益而言，短期內能解決前述之部份問題，至於
無形的效益卻很大。隨著系統的建立，整個電腦化的概念為全體員工所
接受，所有工作流程皆標準化，任何一個新進人員很快進入工作狀況。
同時，由於基本資料的建立，對於控制，決策方面均有幫助。就長期而
言，人工的減少，資料的正確性受肯定。另外，由於系統的建立，公司
無形中培育了一批有關的技術人員，對於公司未來發展將有很大的幫
助。

個案問題:

⑴有關效益評估可分為有形的效益與無形的效益，有時無形的效益
　會大於有形的效益，請針對此案例列舉出可能的無形與有形的效
　益。

⑵下面為應收帳款之流程圖，試用 DFD 繪製該流程圖。

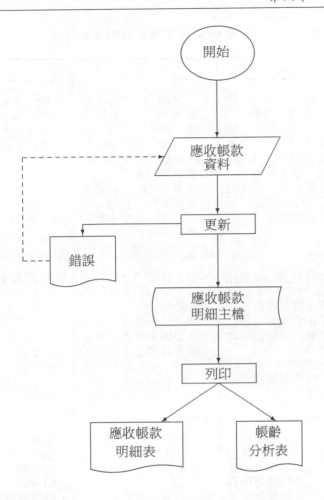

個案 3: 方案的選擇

　　系統分析師在經過問卷調查後得到下面三個方案的功能差異及優缺點比較表以及三個方案費用比較表。系統分析師會撰寫建議事項，建議採用什麼方案。你是位系統分析師請根據下面資料就技術層面、管理維護面及經濟效益面，擬出建議方案。

方案功能差異及優缺點比較表

	方案 （一）	方案 （二）	方案 （三）
功能差異	・各管理中心（站）資料先傳至工業局主機，再經工業局主機轉傳 39 個省工管會所轄管理中心（站）資料至省工管會 PC ・工業局與省工管會傳輸資料僅能由省工管會主動傳輸（送）	・各管理中心（站）資料先傳至工業局主機，再經工業局主機轉傳 39 個省工管會所轄管理中心（站）至省建設廳主機上 ・工業局與省工管會間係主機對主機之通訊，可以互相主動的傳輸資料	・39個省工管會所屬管理中心（站）資料先傳給省工管會（省建設廳主機），再轉傳工業局主機 ・工業局與省工管會間，係主機對主機之通訊，可以互相主動傳輸資料
優點	・最低建置費、與通訊費用 ・符合經濟效益原則 ・適用本資訊系統通訊量小通訊時間較短之特性 ・具通訊彈性，未來通信架構調整及擴充容易且經濟	・省工管會可分享建設廳主機、印表機等設備資源 ・具通訊彈性，未來通信架構調整及擴充容易且經濟	・省工管會直接接受所屬 39 個管理中心（站）傳來資料，不需經工業局主機轉傳 ・省工管會可分享建設廳主機、印表機等設備
缺點	・使用公共電話網路較易受尖峰時間網路瓶頸影響。（可利用夜間非尖峰時間傳輸資料的方式補救）	・建置成本較方案（一）高出約 324 萬，年支出引用約較方案（一）高出約 52 萬 ・借用省建設廳之 VS7110 未來可提供之設備能量是否充足難以掌握 ・省工管會可能會遷移至臺中工業區	・建置成本較方案（一）高出約 225 萬，年支出費用較方案（一）高出約 84 萬 ・借用省建設廳之 VS7110 未來可提供之設備能量是否充足難以掌握 ・省工管會可能會遷移至臺中工業區

（資料來源: 資訊系統規劃指引, 資策會）

方案費用比較表

費　用 ＼ 方　案	方　案 ㈠	方　案 ㈡	方　案 ㈢
固定建置費用	40,023,650	43,263,650	42,273,550
經常性支出	4,646,000/年	5,168,000/年	5,487,000/年

（資料來源：資訊系統規劃指引，資策會）

第六節　電腦實例

此節將介紹 PowerBuilder 的步驟二："視窗"的建立。

⑴選取圖形工具列上面的 "Window" 圖示進入視窗繪圖器。

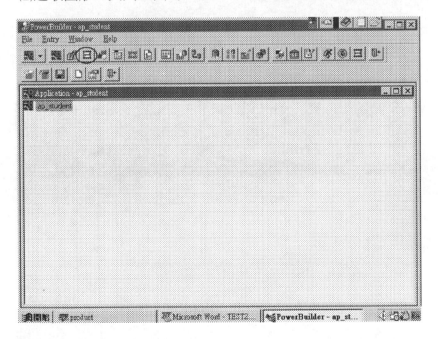

⑵出現下圖的視窗，選擇 "New" 的按鈕以建立一新視窗。

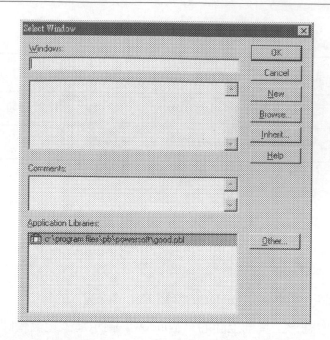

(3)此時會出現標題為"Untiled"的網狀區為空白之視窗工作區，使用者可於此處放入功能控制物件。

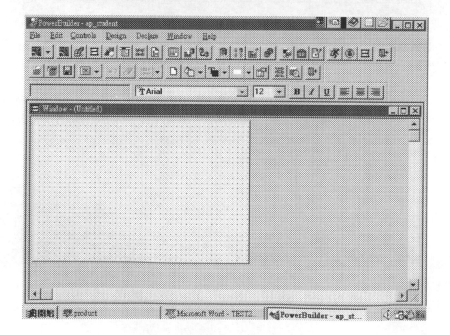

⑷選取視窗繪圖工具列 (Window Painter Bar) 上的控制元件下拉式選
項盒 (Control List Box) 或在選單 (Menu) 中選擇控制元件 (Control)
項目，顯示所有功能控制物件目錄。

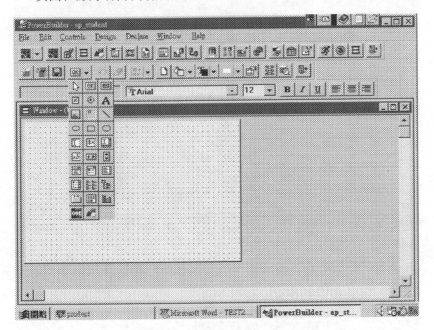

⑸選取“文字”功能控制物件，置於空白網狀視窗工作區，並輸入
“學生成績查詢系統”。

⑹選擇“命令按鈕物件”，並輸入功能名稱為“新增”、“查詢”、
“刪除”、“前一筆”、“下一筆”與“離開”。

⑺選擇“資料視窗按鈕物件”，置於網狀視窗區中，完成下圖。

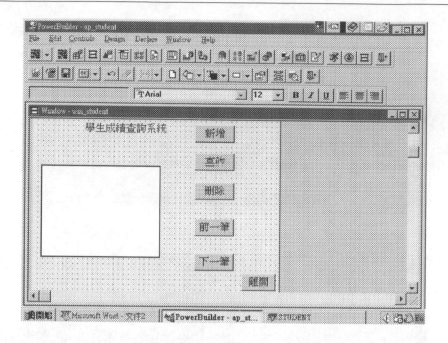

(8)選取 "特徵項目" 繪圖器（或於網狀空白處快速按兩下滑鼠左鍵），
以設定該視窗特徵值。

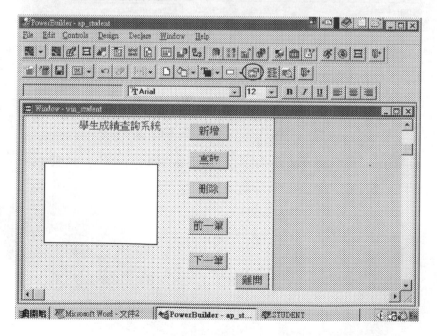

⑼輸入該視窗之 Title 為 "工業管理系"，並做需要之設定修改，按
"OK" 予以儲存、離開。

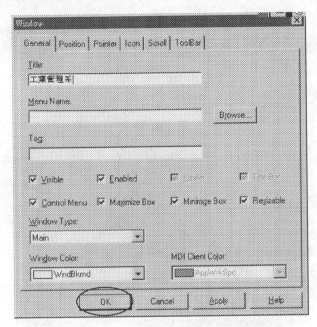

⑽按左上角之 "視窗" 繪圖器（或從選單上選擇 File → Save As 項
目，會出現 "Save Window" 的視窗）予以儲存、離開。

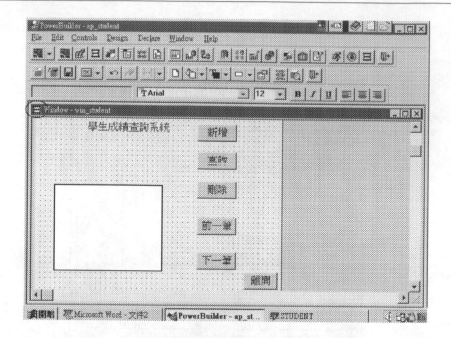

⑴選擇"是"，確定儲存。

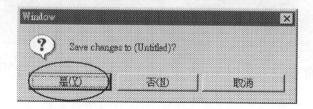

⑿輸入視窗名稱為"win_student"（且可於 Comments 處輸入註解），
並按"OK"儲存、離開。

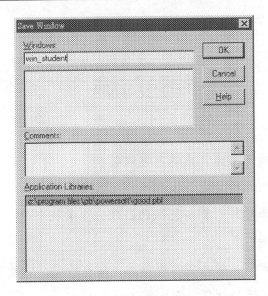

問題討論

1. 請扼要說明四種衡量資訊系統無形效益 (intangible benefits) 的方法。

2. 繪出並描述使用在作業資料流程圖中之四種符號。

3. 下面是一個汽車零件訂貨所包括的處理、檔案及來源，請發展一個完整的資料流程圖。

   處理：核對訂貨單、付款並核對發票、開立發票、彙總客戶訂單、配集貨品、核對訂單、貨品並裝運。

   檔案：客戶檔、應收帳款檔、未發貨訂單檔、倉庫檔、貨品檔。

   來源：客戶。

4. 比較系統流程圖與資料流程圖之差異。

5. 解釋下列名詞：

   ⑴ CSF

   ⑵ DFD

   ⑶ IDEF0

6. 何謂資訊系統規劃？說明實施資訊系統規劃之理由何在？

7. 何謂系統流程圖？請舉例說明。

8. 在進行資訊系統規劃過程中，要分析各組織的目標與問題，對於組織間相互關聯的目標與問題亦需加以分析，此時往往造成組織的抗拒。請說明造成抗拒的原因。又你對於組織抗拒有何因應之道？

9. 關鍵性成功要素在那些行業的資訊系統規劃上特別有效？為什麼？

10. 寫出資訊系統規劃的程序及步驟。

第七章　軟體需求分析

　　軟體開發者在進行軟體設計之前，應該先清楚要開發的軟體有那些功能與性能。明確的需求是軟體設計的依據，本章即討論軟體需求分析的步驟，需求分析的方法和工具。

第一節　軟體需求分析的工作

　　軟體需求分析階段工作可分為四個主要步驟: 調查研究、確定需求、描述需求及需求分析與複查。軟體需求分析之步驟如圖 7–1。

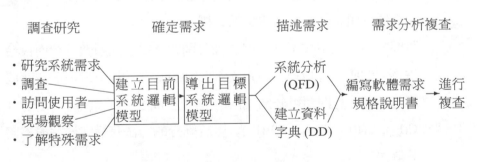

圖 7–1　軟體需求分析步驟

1.調查研究

　　包括研究系統需求、調查、訪問使用者、現場考察及了解特殊需求。

2.確定需求

　　　確定需求就是要決定被開發的軟體能夠做什麼，要做到什麼程度。這些需求包含功能需求、性能需求、可靠性需求、安全與保密需求、資源使用需求、開發費用和開發進展的需求。主要的做法乃是建立目前系統的邏輯模型，而後導出目標系統的邏輯模型。在這個階段主要是表達軟體要達到的功能和要處理的訊息。

3.描述需求

　　　將已經確定的需求清晰明確的描述出來，這些用來描述的文件稱為軟體規格說明書或稱軟體需求規格書。為了讓讀者瞭解如何編寫軟體規格說明書，第三節將介紹說明書的內容。

第二節　需求分析的原則

　　　軟體需求分析的工具和方法有多種，不過各種分析的方法有共同的原則。

　　(1)能夠表達問題的訊息定義和功能定義之範圍。亦即要說明何者是訊息流，訊息的內容及訊息的結構。

　　(2)將問題由上而下按不同的層次細分問題。從小問題做分析而後合併為大問題。若 $C(P)$, $E(P)$ 分別表示問題 P 的複雜度與解決該問題的花費，且問題可分為 P_1, P_2 兩個小問題，則 $C(P) \geq C(P_1) + C(P_2)$, $E(P) \geq E(P_1) + E(P_2)$。至於細分的方法有橫向分解與縱向分解法。

　　(3)要找出系統的邏輯表示與系統的實體表示。系統邏輯表示是表達軟體要完成的功能及要處理的訊息，而系統的實體表示則顯示出處理功能和訊息結構的實體表示。

　　　參與需求分析的是系統分析師，成為使用者與程式設計師之間的橋樑，一方面協助使用者確定需求，另一方面與程式設計師探討使用者所提出需求的合理性以及實現的可能性。

所以說，系統分析師應具備下列條件，才能勝任工作：

(1)熟練地掌握軟、硬體的專業知識。

(2)具有邏輯思維和創造性思維的能力。

(3)有溝通協調的能力。

第三節　軟體規格說明書

軟體規格說明書的內容一般之格式如下：

1.緒言

　1.1 目的

　　　說明本需求規格說明書的目的。

　1.2 背景

　　　包括開發單位及主管部門，該系統與其它系統的關係。

　1.3 定義

　　　所用到的專門術語及定義。

　1.4 參考資料

2.工作概述

　2.1 目標

　2.2 執行環境

　2.3 條件與限制

3.資料描述

　3.1 靜態資料

　3.2 動態資料（含輸入和輸出資料）

　3.3 資料庫描述（包括使用之資料庫的名稱和類型）

　3.4 資料字典

4.功能需求

   4.1 功能劃分

   4.2 功能描述

5.性能需求

   5.1 資料精確性

   5.2 時間特性（反應時間、資料轉換與傳輸時間、執行時間）

   5.3 適應性（操作方式、執行的環境）

6.執行需求

   6.1 使用者界面（含螢幕格式、報表規格、功能表格、輸出入週期）

   6.2 軟體需求

   6.3 硬體需求

   6.4 安全保密要求

接下來說明其注意事項。軟體規格說明書是描述需求的重要文件，為軟體需求分析工作的主要成果。它反應了軟體的功能需求、性能需求及界面需求，為軟體開發過程重要的依據。軟體規格說明書主要的功能為：

(1)是軟體開發人員與使用者共同理解的，亦即雙方共同達成的協約書，可作為軟體設計與實施的依據。

(2)所規定的各項需求是軟體產品驗收的依據。

(3)是軟體維護階段進行適應性或擴充性修改的重要技術文件。

因而，軟體規格說明書應該有幾個要求：(1)正確性與安全性，(2)一致性，(3)功能性，(4)可驗證性，(5)可修改性。

軟體需求分析方法可分為二類。結構化分析方法，以資料流導向進行需求分析的方法，及資料結構導向的分析方法。下一節將探討這些需求分析方法。

第四節　結構化分析方法

　　70年代末期優丹 (Yourdon)、康士坦丁 (Constantine) 和迪馬口 (Demacro) 提出結構化分析方法 (structured analysis, SA)，是最廣泛使用的系統分析方法。其優點為適合於資料處理類型的需求分析，它在導入系統之前先建立系統的邏輯模型，由於利用圖形表示，顯得清晰、簡明、易於學習與瞭解。結構化分析方法的工具有決策表、決策樹、資料流程圖、資料字典、結構化英語及 E-R 圖等。

一、決策表及決策樹

　　因為決策表（樹）對應了輸入條件至輸出動作，而不必說明對應如何進行，所以用它來做為需求分析，系統設計的工具。尤其是用來描述功能規格文件的決策邏輯制定，及程式內部的程式控制架構。傳統上，流程圖用來表達細部且複雜的邏輯圖形，但決策樹或決策表比它好，因為它提供較為簡潔的邏輯概觀。

　　決策表是一個可選擇的功能模式，它顯示了表格或矩陣格式上的功能，其中表上方的列描述了將被運算的變數或條件，而下方的行稱為法則，每項法則都定義程序的類別；如果條件為真，則執行對應的動作。

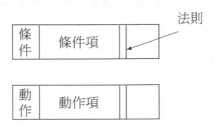

　　考慮一訂購系統中，訂單交易處理得判斷每筆交易前先檢核交易是否正確，若不正確則處理錯誤訊息。若正確則依照新增、修改、刪除等做不同的動作。對於新增交易則建立顧客記錄而且產生費用，對於交易修改則更改訂購數量，而且產生費用，對於交易刪除則設定刪除旗號(flag)，並退還支付費用。根據上面敘述，其決策表（表7–1）如下：

表7–1　訂單處理的決策表

條　件	1	2	3	4
正確交易	N	Y	Y	Y
新的訂購		Y	N	N
修　改		N	Y	N
刪　除		N	N	Y
動　作				
處理錯誤訊息	×			
建立顧客記錄		×		
更改訂購數量			×	
產生費用		×	×	
刪除旗號				×
退還支付費用				×

　　決策表最主要的優點是它能將複雜的問題依照種種可能的情況列舉出來，使其簡明且易瞭解。其不足之處是不能表達重複執行的動作。

　　決策樹是決策表的變種，所有決策表能表達的問題均能用決策樹來表達，但決策樹則比決策表更直接、更容易被接受。樹的分支表示描述各種不同的條件，樹枝的葉端為應完成的動作。以訂單處理為例繪出決策樹如下：

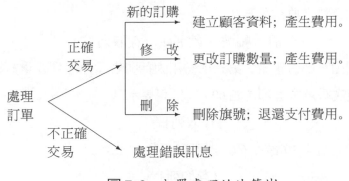

圖7-2　訂單處理的決策樹

二、資料流程圖及資料字典

　　資料流程圖是描述資料處理過程有力的工具。資料流程圖如何繪製以及所用的符號已在第六章討論了，本章強調與資料流程圖密切配合的另一結構化分析的工具——資料字典 (data dictionary, DD)。資料字典是對資料流程圖中出現的所有的元素加以定義。使資料流、處理、檔案有確切的解釋，它是需求規格書中重要的一項文件。以下仍然用儲戶領款作業的資料流向圖來說明，該流向圖有檢驗、付款、登錄三個處理，有帳卡、存摺二個儲存檔案，有提款單、提款訊息、付款通知等等資料流。資料元素「存摺」的格式如圖7-3所示。

	年月日	摘　要	存入額	支出額	餘　額	經手人	
帳號＿＿＿							存款列
開戶＿＿＿							

圖7-3　存摺格式

存摺在資料字典定義為

$$存摺 = 帳號 + 姓名 + \{存取列\}$$

這表明存摺由三部份組成。第三部份用大括號表示存取列要重複出現多次。若出現次數為常數項（如 60），則可表示為

$$\{存取列\}_{60}$$

若出現次數為最少 10 最多 60，則可表示為

$$_{10}\{存取列\}_{60}$$

我們必須對上述三部份進行說明，進行解釋，直到所給予的資訊取值已能完全確定表明其含意的基本資料元素為止。

帳號 ="00001".."999999"

姓名 = $_2\{字母\}_{24}$

存取列 = 日期 +（摘要）+ 存入額 + 支出額 + 餘額 + 經手人

帳號乃規定了範圍，指出為六位數的號碼，以它來具體表明資料取值的含意。字母、日期、摘要則繼續解釋其定義。在摘要項前後有了括號，表示摘要可有可無。

日期 = "80".."99" + "/" + "01".."12" + "/" + "01".."31"

字母 = 〔"A".."Z" | "a".."z"〕

資料字典就是照這樣的方法，由上而下，逐級給出定義式。必要時，有些定義式可能需要增加一些其它的解釋列。

通常在資料字典的定義中可能用的符號及其意義如下：

符　號　含　　義	例　　　　子
＝　　　　被定義為	課程＝課程名＋教員＋教材＋課程表
＋　　　　與 (AND)	
..　　　　連接符號	帳號＝00000..99999
〔..., ...〕　或 (OR)	
〔... | ...〕　或 (OR)	存期＝〔1 | 3 | 5 | 8〕
{　　　}　大括號內多次重複出現	發票＝₁{貨名＋數量＋單價＋總價}₅
(　　　)　括號內可出現，可不出現	
"..."　　　引號內給出基本資料要素	

　　檔案項目給定某個檔案的意義，同資料流一樣，檔案的定義通常是列出其記錄的組成資料項。此外，檔案還可指出檔案的組織方式，如按帳號遞增次序排列等。下面是一個例子：

　　　　定存帳目＝帳號＋戶名＋地址＋款額＋存期

　　　　組　　織：按帳號進遞增次序排列

　　下面列出幾個例子介紹完整的資料字典的內容，以供參考。

例1：在查詢系統中，有個名為查詢的資料流，它是由顧客狀況查詢，存貨查詢及發票存根查詢所組成。系統每天約需處理 2000 次查詢，每天上午 9:00～10:00 為尖峰期，約有 1000 次查訪。預計明年還要增加 3～4 種查詢功能。

　　在資料字典有關資料流「查詢」項目表示如下：

　　　　資料流名稱：查詢

　　　　簡述：系統處理的一個命令

　　　　別名：無

　　　　組成：〔顧客狀況查詢 \| 存貨查詢 \| 發票存根查詢〕

　　　　數據量：每天 2000 筆

　　　　尖峰期：每天上午 9:00～10:00 約有 1000 次

例2：某系統中有個員工檔案，其中記錄了專職員工的所有訊息，每個員工的有關資料包括: 員工編號、姓名、開始工作日期、薪資、部門、參加之專案和專案負責人。每個員工可能參加 1 至 3 個專案項目。專職員工人數約 5000 人，該檔案要求員工編號依遞增排列。

> 檔案: 員工
>
> 簡述: 記錄了專職員工的所有訊息
>
> 別名: 無
>
> 組成: 員工編號 + 姓名 + 開始工作日期 + 薪資 + 部門 +
> $_1${專案項目 + 專案負責人}$_3$
>
> 員工人數: 5000 人
>
> 組織: 按員工編號遞增排列

系統分析師根據系統的特性，使用者要求的具體情況決定字典中應記錄的內容，軟體需求規格說明書則完整地記述使用者的要求。這些訊息對設計、測試階段來說都是很重要的。

三、結構化英語

形式語言的優點是嚴格精確（如述詞邏輯等），但不易被使用者理解。而自然語言的優點是容易理解，但它可能有多義（模糊不清）。結構化英語是介於自然語言和形式語言之間的一種半形式語言，它有自然語言簡單易懂的優點，又避免了自然語言的一些缺點。結構化英語用來設計顯示四種基本架構: 順序 (sequence)，條件結構，重複結構，CASE 結構，其關鍵字及例子如下。

順序

顯示順序時不需要關鍵字。

條件

一般使用 IF 與 ELSE，有時使用 IF..THEN..ELSE。為了使 IF 句子的結束更明確，加上 ENDIF 是很重要的。例如:

```
IF ERROR THEN
    SET INVALID INDICATOR
ELSE
    SET VALID INDICATOR
ENDIF
```

CASE

可用 IF..ELSEIF...ELSEIF...ELSE 於互斥的條件上。有時用 SELECT.. WHEN..WHEN..WHEN。為了 CASE 字句的結束較為明顯，加上 ENDIF，或 ENDSELECT 等。

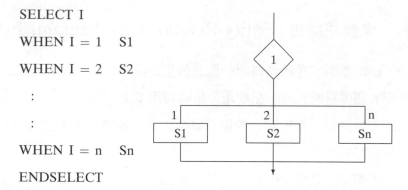

```
SELECT I
WHEN I = 1    S1
WHEN I = 2    S2
    :
    :
WHEN I = n    Sn
ENDSELECT
```

重複

DO WHILE, REPEAT UNTIL, 或 LOOP WHILE 被當作 repeat while 的重複；DO UNTIL, REPEAT UNTIL, 或 LOOP UNTIL 當做 repeat until 重複。如：

```
REPEAT UNTIL (ORDER IS COMPLETE)
IF (ORDERED PRODUCT IS VALID)
        AND IF (QUANTITY ORDERED IS AVAILABLE)
            THEN
                . . .
            ELSE
```

· · ·

ENDIF

ENDIF

ENDREPEAT

FOR ALL 可被用來顯示一組已設定且將被處理的所有項目。例如: FOR ALL CUSTOMER-ORDER RECORDS。FOR EACH 可以受 WHERE 的限定, 如: FOR EACH PART WHERE QUANTITY-ON-HAND > 500。為了表達較明確, 可用區段來結束, 即在每個區段後加上 END, ENDDO, ENDREPEAT, ENDLOOP, 或 ENDFOR 是有必要的。

四、實體關聯圖 (Entity-Relationship diagram, E-R)

E-R 圖用來設計資料庫的觀念模型。因任何一個系統都是由個體和其間的關係組成, 因而在需求分析時可用 E-R 圖來表示（設計）資料庫之觀念性模型。E-R 圖已於第三章討論過, 本章不再重複, 僅列出其建立時之四個步驟:

⑴確定出系統中個體及其間的關係。

⑵確定對應的關係及種類如 1:1, 1:M 或 M:N。

⑶定義個體與關係之屬性。

⑷決定個體及關係中的主鍵。

第五節　個案探討

個案 1:

資訊公司的經理林小強指派系統分析師王世雄分析現行的物料系統, 其架構如圖 7-4。

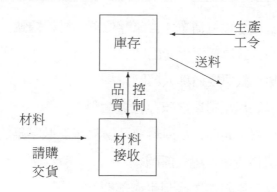

圖7-4 個案物料系統

系統分析師描述系統如下:

(1)依照請購單與供應商的交貨清單辦理接收工作。

(2)接收（驗收）作業包括數量的核對及檢驗。

(3)檢驗合格的材料驗收後通知請購部門，不合格材料退回供應商。

(4)合格的材料裝運送到倉庫。

(5)倉庫管理人員做下面工作——

　①檢查交貨清單，並確定材料存放的儲位。

　②將材料置於固定的儲存位置。

　③在接收清單上簽收。

　④將接收清單送鍵入部門，並於下班前鍵入資料。

　　接收清單＝請購單編號＋請購日期＋供應商交貨日期＋

　　　　　　　供應商編號＋裝運方式＋$_1${請購項目}$_{15}$

　　請購項目＝材料編碼＋品名規格＋請購數量＋送貨數量＋

　　　　　　　單價＋額外費用總價

庫存作業描述如下:

⑴生產工令送到鍵入部門立即鍵入——

　生產工令＝工令編號＋用料日期＋產品編號＋$_1${用料項目}$_{30}$

　用料項目＝材料編號＋數量

⑵利用電腦產生兩個清單（含庫存位置，材料編號）——

　　①用料單: 該單要送生產部門。

　　②檢料單: 該單要送鍵入部門。

⑶倉庫人員利用用料單之庫存位置檢料。

　　若庫存用料不足時，在用料單及檢料單記載不足的數量。

⑷將不足用料清單送鍵入部門。

⑸將檢料隨同用料清單送到生產部門。

⑹鍵入部門於下班前鍵入不足用料清單。

個案問題:

⑴為什麼顧客訂單資料要馬上鍵入，而其他鍵入的資料在下班前鍵入即可?

⑵用料單與檢料單能合併否? 如何合併?

⑶用 Hierarchy Chart 繪製此庫存系統。

⑷用 DFD 來表示此庫存系統。

⑸用 HIPO 圖來表示此系統。

個案 2: 企業建構資訊系統規劃模式

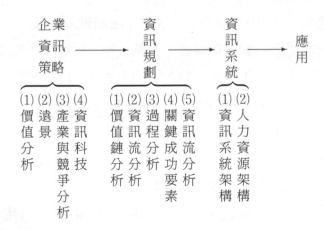

　　A 公司為提升組織經營績效，總經理決定重新規劃公司的整體資訊系統，林小強被指派這個規劃工作。當林系統分析師向總經理提出資訊策略與資訊政策時，總經理不喜歡討論什麼資訊政策，認為將目前的行銷系統、財務系統，生管系統整合在一起即可。你是系統分析師，應如何進行規劃？

個案 3：大勝客比薩作業流程

描述系統：

　　銷售資訊分為三聯，第一聯留存，第二聯送廚房為訂購清單，第三聯隨比薩 (pizza) 送給顧客。有內用與外送兩種不同的作業過程。

內用：

　　⑴顧客到達櫃臺，服務員在顧客訂購單 (customer order form) 寫上訂購的食物，日期及時間。

　　⑵顧客付現金，服務員鍵入⑴之資料。

　　⑶若顧客有貴賓卡，服務員在總額給予折扣。

　　⑷若顧客使用信用卡，則服務員先檢查顧客的信用卡是否列於信用不佳之清單，若已列入該清單則拒絕交易。

　　⑸服務員給一聯訂購清單，上有訂購序號及座位號碼，顧客依照號碼就座。

　　⑹服務員將第二聯送入廚房。

　　⑺第一聯留存。

　　⑻每天晚上下班前經理根據這些訂購的第一聯資料統計總銷售數量與金額。

外送：

　　⑴顧客打電話訂購。

　　⑵服務員寫上顧客訂購類別與數量，並記錄顧客的電話、住址、姓

名、價格及服務費。

(3)第二聯送廚房。

(4)其他兩聯，隨比薩送給顧客簽收以後，將收回款項及第一聯送回公司留存。

(5)每天晚上經理把所有外送的第一聯清單鍵入收銀機，並將服務費發給送貨服務員。

(6)經理根據第一聯資料統計總銷售數量與金額。

個案問題：

(1)為什麼在規劃系統之前要先描述現行系統。

(2)繪製現行系統的層次架構 (hierarchy chart)。

(3)繪製 Context 圖 (即 level 0 的 DFD 圖)。

(4)繪製現行系統的流程圖。

(5)用 HIPO 圖描述現行系統。

第六節　電腦實例

本節將介紹 PowerBuilder 的步驟三：建立 "資料庫——表格"。

一、利用資料庫繪圖器 (DataBase Painter) 建立一個新的資料庫

(1)在 Power Bar 圖形工具列上選擇 "資料庫" 圖示後，就可以進入資料庫繪圖器 (DataBase Painter)。

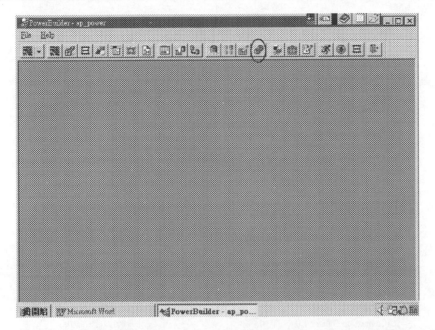

(2)進入資料庫繪圖器後，會出現下圖的視窗，此視窗會列出 Power-
   Builder 最後一次開啟時所連接資料庫的表格，如果是第一次利用
   PowerBuilder 開發程式者，會連接到 PowerSoft Demo V5 的資料
   庫。在此選擇 "Cancel" 的命令按鈕，以關閉表格、選擇視窗，
   進行建立一新的資料庫。

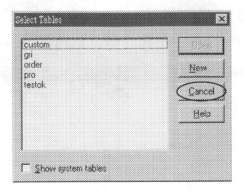

(3)選擇選單中的 "File → Creat Database" 項目，以建立一個新的資
   料庫，出現下圖的視窗，選擇 Browse 命令按鈕。

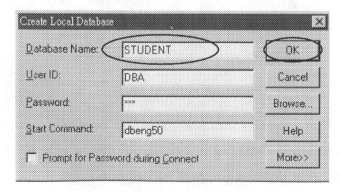

⑷出現下圖視窗，將目錄換至欲儲存資料庫的目錄下，並輸入資料
　庫名稱為"student"，按下"儲存檔案"按鈕。

⑸確定 Database Name 後，按"OK"以儲存設定。

二、建立新的表格

於剛才建立的資料庫中，建立一個新的表格。

(1)選擇資料視窗繪圖器上的 Open 圖示，會出現一個標題為 "Select
Tables" 的視窗。

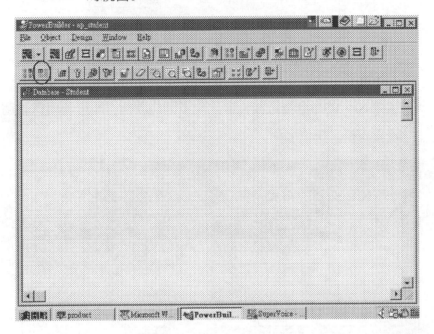

(2)因為此為一個新的資料庫，所以並沒有任何的表格存在資料庫
中，在此我們選擇 New 的命令按鈕來建立一個新的表格。

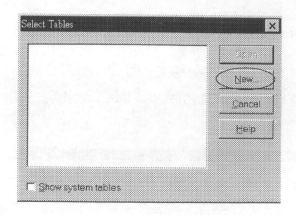

(3)選擇 New 的命令按鈕後，會出現下圖的視窗，即可利用此視窗來
定義表格之欄位名稱。

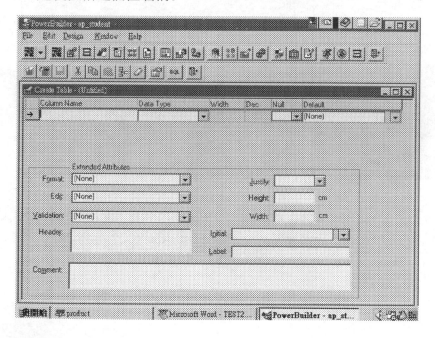

(4)輸入資料型態：可按下"Data Type"右方之下拉式目錄，選擇所
需之資料型態；並設定資料欄位的長度與預設值。

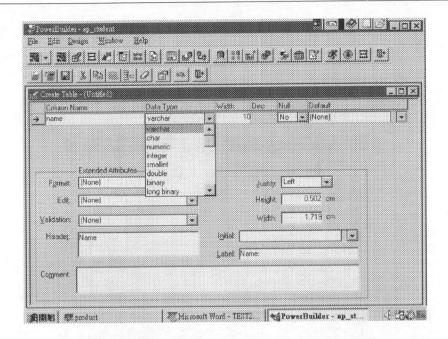

(5)完成此表格之欄位的設定。

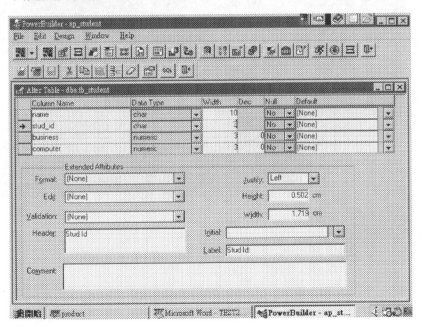

(6)編輯型態的設定：當資料欄位需以特定的型態表現時，可設定編輯型態。從選單中選取 "Design → Edit Style Maintenance"，會出現標題為 "Edit Style" 的視窗。

(7)按下 New 的按鈕後，我們可設定新的編輯型態。

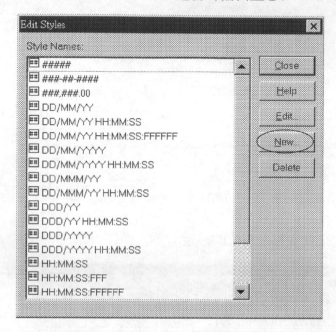

(8)按下左上角之繪圖器，以儲存表格之設定。

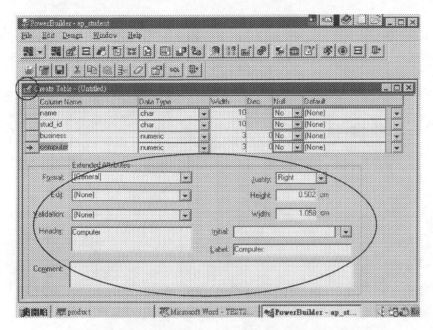

(9)選擇 "是 (Y)" 。

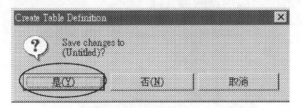

(10)輸入新增之表格名稱, "tb_student", 按 "OK" 。

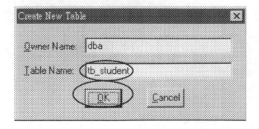

三、設定主鍵值

(1)選擇特徵值設定之繪圖器, 以設定該表格之主鍵值。需注意的
　　是, 若表格未設定主鍵值, 將無法進行資料的取存。

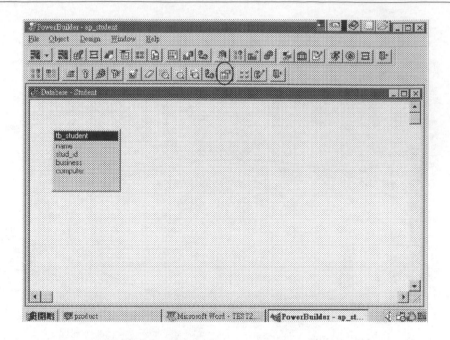

(2)選擇主鍵值之設定繪圖器。

⑶選擇此表格之主鍵值 “stud_id” 。

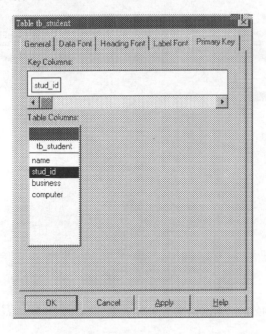

四、二個相關表格的連結與外來鍵的設定

⑴開啟欲連結的表格 stud 與 grade。

⑵選擇欲設定外來鍵之表格視窗。

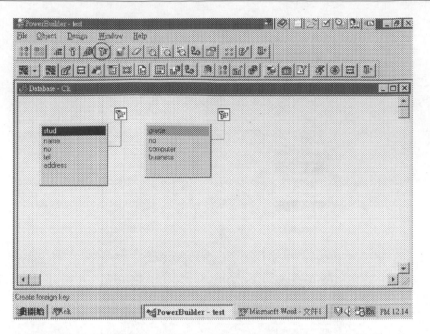

(3)給予一個外來鍵之名稱 "f_no"，並選擇 "no" 為鍵值。

(4)選擇 "stud" 表格中之 "no" 為主鍵。

(5)按 "OK" 儲存離開。

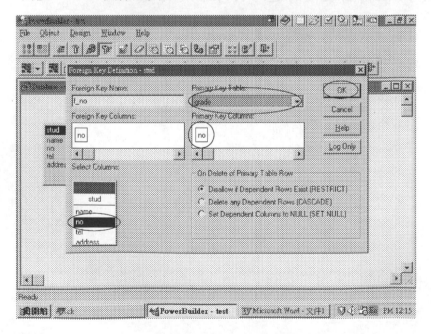

(6)出現類似下圖有外來鍵的連結線表示表格連結無誤。

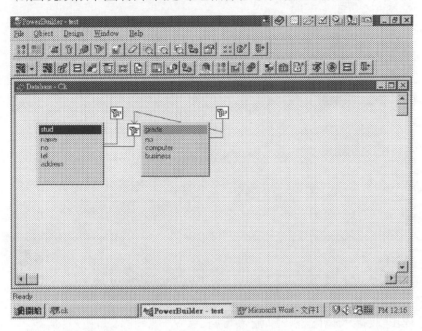

五、資料的輸入

(1)選擇資料輸入繪圖器（三個任一個皆可）。

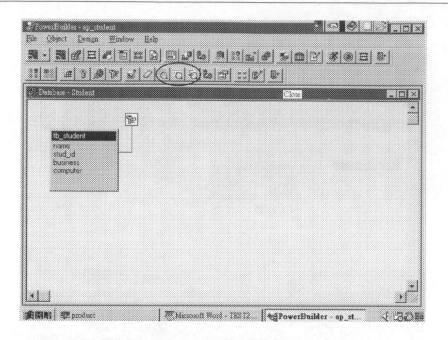

(2)選取插入繪圖器，以輸入資料。

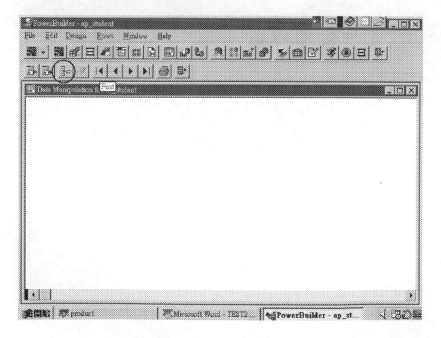

⑶進行資料的輸入，按"Enter"以繼續輸入下一筆資料。資料輸入
完畢後，按左上角之表格繪圖器以儲存。

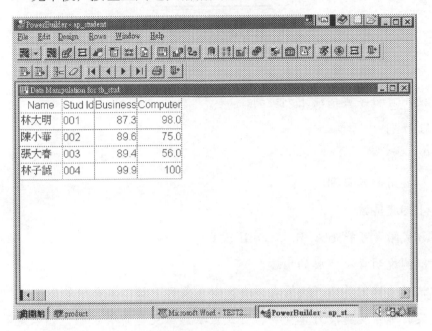

⑷按"是(Y)"，確定儲存。如此便完成對 tb_stud 表格之資料輸入。

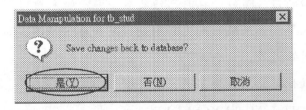

問題討論

1. 使用資料字典描述下列資料:

(1)性別

(2)年齡

(3)雇用起始日期

(4)郵遞區號

(5)成績（可能是 A, B, C, D, E 或 F）

2. 舉例說明資料字典的用途。

3. 請用結構化英語、決策表、決策樹來表示下面訂單系統的處理邏輯。

某訂單系統處理訂單交易，首先檢驗該筆交易是否合格，如果是不合格交易則以適當的錯誤訊息拒絕交易。如果為合格交易則依據交易型態處理，如新訂、續訂、取消三種交易型態。如果新訂則建立客戶記錄並產生帳單。如果續訂則更新到期日期和產生帳單。如果取消則標示刪除，通知退款。

4. 將下面結構化英語寫為決策表、決策樹

```
IF CREDIT LIMIT EXCEEDED
    THEN
        IF COSTOMER HAS BAD PAYMENT HISTORY
            THEN REFUSE CREDIT
        ELSE
            IF PURCHASE IS ABOVE $200
                THEN REFUSE CREDIT
```

ELSE REFER TO MANAGER

ELSE ALLOW CREDIT

5.收到顧客發貨後，A 公司的運貨部門 (shipping department) 送一張運貨單 (shipping papers) 給出納部份 (billing department)，一張給顧客。出納部將運貨的數量乘以單價產生顧客發貨單 (customer invoice) 以通知顧客欠款，發貨單一張送顧客，一張送應收帳款部。如果顧客發現支付金額正確就支付帳款，此單由應收帳款部收取與處理。

請用階層的資料流程圖描述上述 A 公司的帳單處理系統。

6.為了方便旅客，某航空公司擬開發一個機票預訂系統。旅行社把預訂機票旅客訊息（姓名、性別、工作單位、身份證號碼、旅行時間、旅行目的地）輸入該系統，系統為旅客安排航班，印出取票通知和帳單，旅客在飛機起飛的前一天憑取票通知單交款取票，系統核對無誤後印出機票給旅客。

　(1)用資料流程圖描述該系統。

　(2)寫出它的需求說明。

　(3)劃出系統的頂層 HIPO 圖。

7.解釋下列名詞

　(1)結構化英語

　(2)資料字典

　(3)決策表

　(4)決策樹

　(5)結構化分析

第八章　結構化系統設計

本章主要目的是依據第七章軟體需求規格書的規範，將之轉換為系統架構。其方式就是將需求規格書經過總體設計及詳細設計經過功能細緻化，建立模組結構圖，模組細部設計，最後製作設計規格書。可用圖 8–1 表示之。

軟體需求　　　　　　系統　　　　　　模組　　　　　　模組細　　　　　　設計
規格書　—→　　細緻化　—→　　結構圖　—→　　步設計　—→　　規格書

圖 8–1　結構化系統設計的步驟

第一節　結構化系統設計的步驟

細部而言，系統設計包括以下五個步驟：

步驟 1：瞭解軟體需求

系統設計工作的主要目的是將顧客需求轉換為系統架構並製作設計規格，因而設計師要從軟體需求規格瞭解軟體需求、系統目標、背景、動機。

步驟 2：系統功能細緻化

是利用 DFD 將功能逐步細緻化，細緻化乃進行至每一模組為一執行功能，此步驟稱為模組化設計，另一工作則是資料模式設計與用戶界面設計。

步驟3: 建立模組結構圖

系統功能細分後建構模組結構圖，模組結構圖結合模組化設計及界面設計組合成完整的系統架構。

步驟4: 模組細步設計

模組結構圖建立後，模組細步設計是進行各模組的資料，結構設計和演算法設計，此階段是屬於程式設計階段，模組化細步設計的描述常用結構化英語、虛擬語言或 PDL 來表示。

步驟5: 此步驟是撰寫製作設計規格書及覆核 (review) 等工作。

模組化設計包括許多名詞定義，有關模組間的呼叫和模組間的通訊可說明如下:

(1)模組: 用矩形表示，其內標示模組的名字，或簡單說明模組的功能。對於已定義的模組用雙縱邊矩形表示，如:

```
┌─────────┐      ┌┬─────────┬┐
│ 計算每月 │      ││ 列印錯誤 ││
│  利息   │      ││  訊息   ││
└─────────┘      └┴─────────┴┘
```

(2)模組間的呼叫: 兩個模組，一上一下以箭頭相聯，把上面的模組看做呼叫模組，箭頭指向的模組看做是被呼叫模組。

(3)模組間的通訊: 模組間的通訊分為兩類，一為資料的傳進，用 " ○→ " 表示; 另一類是旗標 (flag) 的傳遞，用 " ●→ " 表示。如: 查詢學生的成績模組 (A)，呼叫學生姓名之模組 (B)由 A 呼叫 B，將學號傳遞於模組 B，而模組 B 將學生姓名（資料）及學號有效的旗標，傳遞回模組 A。

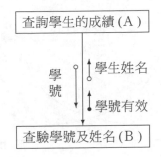

⑷模組 A 重複呼叫模組 C 與 D，以一環狀箭頭表示。若 A 呼叫 B 是
　有條件的呼叫，則在箭頭的起點加上菱形記號。

　系統功能細緻化是將需求分析最後完成的資料流向圖 (DFD) 繼續細
分到執行單一功能的模組，並且有結構化的功能模組、資料模組及用戶
界面模組。模組是說明可執行敘述等程式物件集合，它有單獨命令而且
可透過名字來存取；例如：程序、函數、副程式等。模組化就是把程式
劃分為若干個模組，每個模組完成一子功能，把這些模組總合起來，組
成一個整體，可以完成指定的功能解決問題。

　設 C(x) 定義為問題 x 的複雜程度，函數 E(x) 定義為解決問題 x 需要
的工作量。對於兩個問題 P_1、P_2，如果 $C(P_1) > C(P_2)$，$E(P_1) > E(P_2)$，
則：

$$C(P_1 + P_2) > C(P_1) + C(P_2)$$

$$E(P_1 + P_2) > E(P_1) + E(P_2)$$

從上面不等式知道，當模組數目增加時每個模組的規模將減小，開發單
個模組需要的成本（工作量）也將減少，但是隨著模組數目的增加，設
計模組間界面所需要的工作量也將增加。根據這兩個原則，得出如圖 8-2
中的總成本曲線。每個程式都相應地有一個最適當的模組數目 M，使得
系統的開發成本最小，可由圖 8-2 表示。

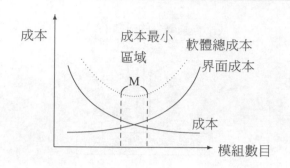

圖 8-2   模組化與成本之關係

採用模組化方法可以使軟體結構清晰，不僅容易設計也容易閱讀和理解。因為程式錯誤通常是模組及模組間界面之問題，所以模組化可以使軟體易於測試與除錯，模組化也能夠提高軟體的可修改性，有助於提高軟體的可靠性。

第二節　結構圖

由於結構化系統設計的第 3 步驟需要建立結構圖，因而本章討論之結構圖是精確地表示程式結構圖形表示法，它清楚地反映出程式中模組間的層次關係和聯繫。它與資料流程圖反映之資料流的情況完全不同，結構圖反映的是程式中控制情況。

模組之間連接最普遍的形式為樹狀結構與網狀結構。樹狀結構中最頂層模組，與其聯繫的有若干個下屬模組，各下屬模組還進一步引出更下層的下屬模組。在如圖 8-3 之樹狀結構，整個結構只有一個頂層模組，且任何一個下屬模組來說，它只有一個上層模組與其相聯繫。

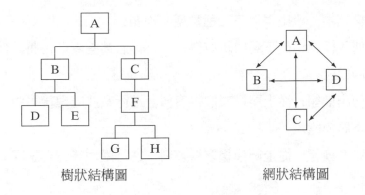

樹狀結構圖　　　　　　　　　網狀結構圖

圖 8-3　樹狀結構與網狀結構

　　在網狀結構中，任意兩個模組間都有雙向的關係。由於不存在上屬模組和下屬模組的關係，任何兩個模組都是平等地位，沒有從屬關係。因而網狀結構十分複雜，處理起來勢必較麻煩。因為網狀結構中模組間的複雜關係抵消了模組劃分帶來的好處，故而軟體開發的實務中多採用樹狀結構。

　　我們舉一例子說明，有一出報表的程式作業方式如下，讀入資料，經過編輯 (edit)，後再檢驗，檢驗合格的資料，經過計算，最後出報表。列印報表的方式為：先列印表頭，列印主題，最後列印表尾。結構圖表示如圖 8-4。

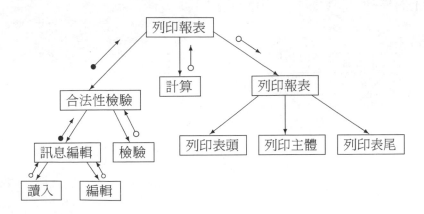

圖 8-4　列印報表的結構圖

結構圖中一般出現以下四種類型的模組:

(1)傳入模組: 從下層模組取得資料, 經過某些處理再將其傳送到上層模組。

(2)傳出模組: 從上層模組取得資料, 進行某些處理後再將其傳送到下層模組。

(3)變換模組: 從上層模組取得資料, 進行處理後, 再送回原上層模組。

(4)協調模組: 對下層模組進行控制和管理的模組。

一、結構圖的特性

結構圖反映了模組間的隸屬關係以及呼叫的關係, 而程式流程圖則著重於表達程式執行的順序以及執行順序所依賴的條件。因而, 結構圖著眼於系統整體結構, 不涉及模組內部的細節, 而程式流程圖著重於執行程式的具體演算式。結構圖的特性是討論模組的扇入 (fan in) 扇出 (fan out) 以及結構圖的深度及跨度。

模組的扇入和扇出: 一個模組所控制下層模組的個數稱為該模組的扇出, 又稱為模組的跨度。而一個下層模組若有多個上層模組, 該模組的上層模組的個數稱為該模組的扇入。

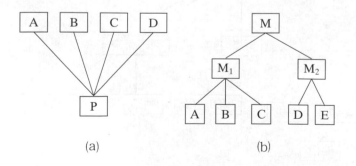

(a)　　　　　　　　　(b)

圖 8-5　模組的扇入、扇出

圖 8–5 (a) P 模組的扇入為 4，M模組的扇出為 2，模組 M_1 的扇出為 3。我們在結構化設計時，為避免問題的複雜性，扇入或扇出較適當的個數為 2～5 個。較多的扇出數可以增加層次的方式來解決，而較多的扇入數則可利用增加中間的模組的方法來減少扇入數，用圖 8–6 (a)，(b)，(c)，(d)表示之。

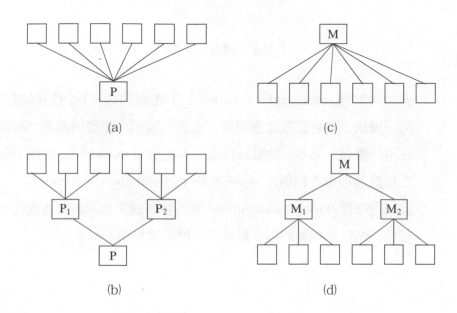

圖 8–6　多扇出、多扇入的改進圖

二、模組的內聚性與耦合性

用結構圖來表達程式的結構時，模組內部的聯繫和各模組之間的聯繫問題也是得注意的，分述如下。

1.模組的內聚性 (cohesion)

劃分為七類模組內部的聯繫：

①偶然內聚性　弱

②邏輯內聚性

③暫時內聚性

④程序內聚性　內
聚
⑤通訊內聚性　性

⑥資訊內聚性

⑦功能內聚性　強

⑴偶然內聚性 (coincidental cohesion)：不相關的程式片段隨機放在
同一模組，它會造成維護困難，尤其是增加功能型的維護，及修
正型的維護。另外一缺點為該模組不能重用 (reusable)，例如下面
三種敘述根本不相關， move A To C, Read file, move c to d。

⑵邏輯內聚性 (logical cohesion)：一系列多個邏輯相關的敘述放在一
模組，而這些相關的指令是受呼叫模組來挑選。

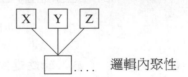

.... 邏輯內聚性

如： ①執行 Input 及 Output

②只執行 Input

③只執行 Output

④磁碟及磁帶 I/O (copy)

⑤…

它的缺點為： ①它是單一界面多功能，難以理解則會造成維護困
難，及②難以撰寫程式。

(3)暫時內聚性 (temporal cohesion)：即將需要同時執行的敘述放在同一模組，一般是指設定變數初值或指標的初值，開檔案或關檔案，檢查某些變數的極限值或標準值等。如：

    initialize-clistrict-table

    open-old-master-file

    open-master-file

    open-transaction-file

(4)程序內聚性 (procedural cohesion)：某個成份（或稱敘述）的 output 是另一個成份（或稱敘述）的 input，將這些敘述放在同一模組如：

    Read part-number from database

    Update repair-record on maintenance file

(5)通訊內聚性 (communication cohesion)：一個模組含一序列順序的處理敘述，這些處理敘述引用共用的資料。如：

    update record in database

    write it to audit trial

    calculate new trajectory

    send it to printer

(6)資訊內聚性 (information cohesion)：一個模組含一序列的處理敘述，每一個敘述有自己的進入點 (entry point)，每一個處理敘述引用共同的資料結構（抽象資料型態）。

(7)功能內聚性 (functional cohesion)：一個模組僅一個處理敘述或完成一具體目標。

舉例說明。有一結構圖如下，各模組屬於何種內聚性？

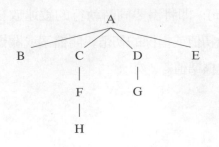

A: 計算各地之每天平均氣溫
B: 開啟檔案與歸零
C: 建立新的一筆氣溫記錄
D: 儲存氣溫記錄
E: 關閉檔案與印出平均氣溫
F: 將當地時間與氣溫讀入
G: 將記錄儲存在某地
H: 編輯地點、時間及氣溫的欄位

答: A: 功能內聚性, B: 偶然內聚性, C: 功能內聚性

D: 功能內聚性, E: 偶然內聚性, F: 功能內聚性

G: 功能內聚性, H: 邏輯內聚性

各類模組內聯繫的特性如下:

模組內聯繫型態	模組間聯繫	清晰性	重用性	可修改性	可理解性
功能型（資訊型）	好	好	好	好	好
程序型	好	好	中	好	好
通訊型	中	好	差	中	中
暫時型	差	中	壞	中	中
邏輯型	壞	壞	壞	壞	壞
偶然型	壞	差	壞	壞	壞

2.模組的耦合性 (coupling)

模組的耦合性是模組之間聯繫緊密程式的度量。模組間聯繫越多, 越緊密; 其耦合性越強, 也表示獨立性越差。模組的耦合性劃分為下列類型:

① 內容耦合　　強

② 共同耦合

③ 控制耦合　　耦合性

④ 複合耦合

⑤ 資料耦合　　弱

(1)內容耦合 (content coupling)：一個模組直接引用另一模組內部的訊息，此稱為內容耦合。兩個模組的呼叫關係，相互以參數形式傳遞訊息，而傳遞的參數完全是資料元素而非控制元素。它是模組間耦合性最強的一種。

(2)共同耦合 (common coupling)：一些模組引用共同的資料，這樣的模組稱為共同耦合。如同 FORTRAN 的 COMMON 敘述，COBOL 的 global statement。下面例子中，global-variable 是共用的資料，該敘述發生錯誤，因 global variable 不論何值均執行下面 IF 敘述，我們很難知道到底在 function-3 或 function-4 發生錯誤。

```
while (global-variable = 0)
{
    if (parameter_xyz > 25)
        function_3( );
    else
        function_4( )
}
```

共同耦合之缺點包括：①它破壞了結構化程式的精神。②模組有副作用會影響可讀性。③增加維護困難，若一模組之修正涉及到 global variable，相關的其他模組可能都要修正。④模組的重用性差。⑤用 COMMON 敘述的共同變數有時會因某一模組執行時改變其值, 而造成其他模組執行錯誤。

(3)控制耦合 (control coupling): 一個模組控制另一模組的執行的順序, 它們之間便是控制的耦合。這種情形屬於模組間的呼叫, 一模組將參數或旗標 (flag) 傳送給另一模組, 這個 flag 用來控制程式執行的順序。例如下圖:

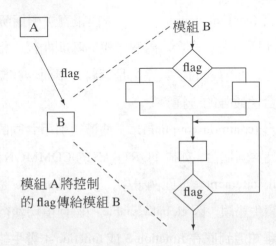

若模組 p 呼叫模組 q, 而模組 q 無法完成某項工作, 因此將訊息傳回模組 p, 模組 p 便根據此訊息列印錯誤報表, 如此就是控制耦合。一般控制耦合都結合了邏輯內聚性。

(4)複合型耦合 (stamp coupling): 一個模組呼叫另一模組, 傳遞的訊息是資料結構 (record)而非這些 record 的部份成份。例如:

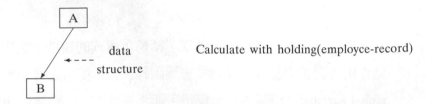

其缺點為不能控制其資料的處理, 有些不必用到的資料也由呼叫

模組傳至被呼叫的模組，造成某些資料洩漏。

例如：模組 A 傳遞密碼及使用者姓名給模組 B，模組 B 做密碼之核對，核對後之結果（對／不對）便傳回模組 A，此為複合型耦合以圖 8-7(a)表示。若經過改進，模組 A 傳遞姓名給模組 B，模組 B 取得密碼後傳回模組 A，此即為資料耦合。

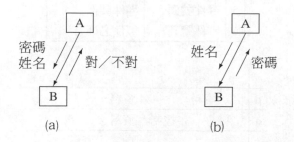

圖 8-7　複合型耦合(a)與資料耦合(b)

(5)資料耦合 (data coupling)：一模組呼叫另一模組，傳遞資料是同質單項資料項，或由單項資料項所組成的陣列，此稱為資料耦合。

如下面例子：

　　Compute product (first-number, second-number, result)

　　determine job with highest priority (job-quene)

若模組 p，t 和 u 引用相同的資料庫於更新模式，各模組之間的呼叫狀況如表 8-1，從表 8-1 可說明模組間的耦合性。

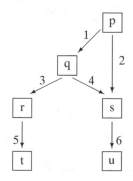

表 8-1 各模組呼叫的狀況表

	in	out
1	航空器型態	狀態旗標
2	——	航空器零件
3	功能編碼	——
4	——	航空器零件
5	零件號碼	零件製作
6	零件號碼	零件名稱

	p	q	r	s	t	u
p		資料		資料		
q			控制	資料		
r					資料	
s						資料
t						共同
u						

總結各類模組間聯繫的特性如下:

模組間聯繫型態	對修改的敏感性	可修改性	可理解性	重用性
資料型		好	好	好
複合型		中	中	中
控制型	中	差	差	差
共用型	差	中	壞	壞
內容型	壞	壞	壞	壞

三、模組化設計

前文中分別討論了模組間聯繫和模組內聯繫儘可能相對獨立。因此,各模組可以單獨開發和維護從而降低了其複雜性。模組內部則要聯繫儘量大,就是希望模組成為一個黑盒,因此模組間相互不必關心,各自內部製作，因而可以單獨開發和維護。

　　模組化設計的優點可綜合如下：

⑴劃分了模組，讓每一個模組完成單一功能，簡化了原來複雜的問
　題。

⑵可以獨立對模組進行程式撰寫與測試。

⑶由於每個模組要解決的問題局限於有限範圍之內，不但在設計上
　減少錯誤且易於維護。

⑷使程式的重用性變為可能，一個模組可多次使用，提高了軟體產
　品的利用率。

⑸有利於估計工作量及開發成本。

⑹每個模組的功能明確，因此更容易理解整個軟體系統的結構和功
　能。

第三節　資料流導向的系統設計方法 （結構化設計方法）

　　結構化設計方法是 IBM 公司所提出，它是由上而下進行軟體設計發
展的。該方法是由資料流程圖轉向結構的系統轉換，這個方法用於系統
設計的總體設計。以資料流為導向的設計目標是給出設計軟體結構的一
種系統化的途徑，訊息流則有以下兩種類型。

1.轉換流 (transform flow)

　　為基本系統模型，訊息通常由外在環境的形式進入系統，經過處理
以後又以外在環境的形式離開系統。這種由外部形式轉換為內部形式，
再透過轉換中心，經過處理以後再沿著輸出通道轉換成外部形式離開系
統之訊息流就叫做轉換流。

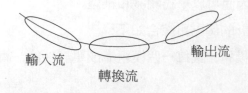

(a)轉換流

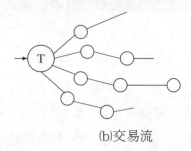

(b)交易流

圖 8-8　轉換流與交易流

2.交易流 (transaction flow)

　　為另一種訊息法，其中資料沿著輸入通道到達一個處理 T，這個處理根據輸入資料的型態在若干個動作序列中選出一個來執行。這種資料流叫做交易流。它完成下列工作：

　　⑴接收輸入資料，

　　⑵分析每個交易以確定它的類型，

　　⑶根據交易中心選擇一條活動通路。

一、結構化設計的過程

　　我們用圖 8-9 來說明以資料導向方法的設計步驟：

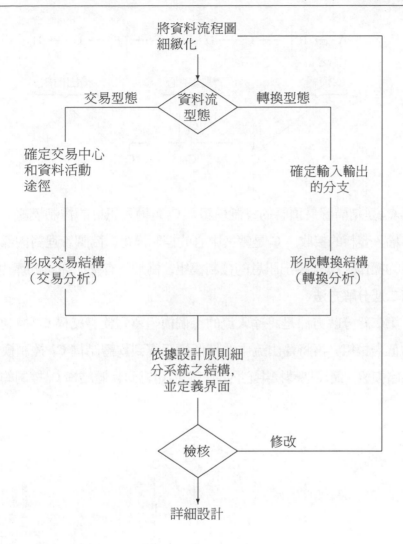

圖 8-9　以資料流為導向方法的設計過程

二、轉換分析

　　下面以一個例子說明用轉換分析建構結構圖的方法，在還沒有談例子之前，先敘述如何由 DFD 圖轉換為結構圖。

1.第一級分解的方法

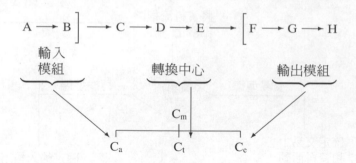

C_m是結構圖最頂層的控制模組。C_a是輸入訊息的控制模組，協調所有輸入資料的接收。C_t是轉換中心的控制模組，協調管理對內部形式資料的操作。C_e是輸出訊息的控制模組，協調所有輸出訊息的產生。

2.第二級分解方法

第二級分解方法是將輸入流的每個模組寫到軟體結構 C_a 控制模組下的低層模組，再將輸出流中的每個模組寫到軟體結構 C_e 控制模組下的低層模組，最後把轉換中心內的每個模組寫到軟體結構 C_t 控制的模組下。

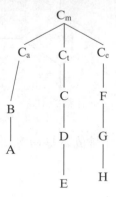

3.根據模組獨立原則進行細緻化

為了產生合理的分解，宜儘可能高的內聚，儘可能低的耦合，這樣可得到一個易於測試和易於維護的結構圖。

舉一例子說明: 若有一個 **DFD** 圖如下, 首先要確定那些是轉換中心, 那些是輸入、輸出流。

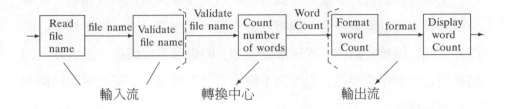

可轉換為結構圖如下:

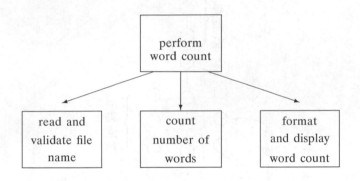

由於 read and validate file name, format and display word count 是通訊內聚, 我們可進行細緻化, 如下圖所示。

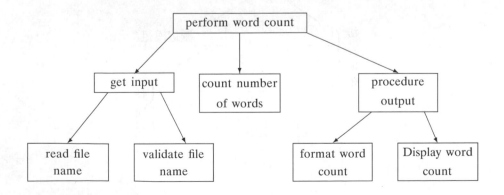

三、交易分析

　　交易分析的設計步驟和轉換分析的設計步驟大致相同或類似。交易分析轉換為結構圖會包含一個接收分支和一個派遣分支。從交易中心的邊界開始，將接受路徑（或稱接受通道）的處理寫成模組，派遣分支的結構包含一個派遣模組，它控制下層所有活動模組。下圖說明如何轉換為軟體結構圖。

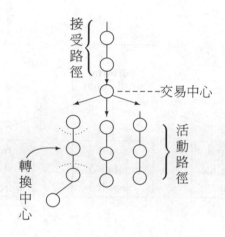

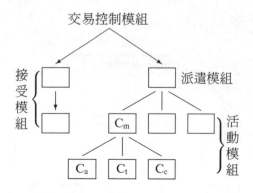

　　舉一例子說明，在某 DFD 中有一模組以維護應付帳款資料庫 (4.1)
為交易中心，其模組之下層有三個活動。支付供應商 (4.2)，以貸項通知
單更新資料庫 (4.3)，及以收據更新資料庫 (4.4)。

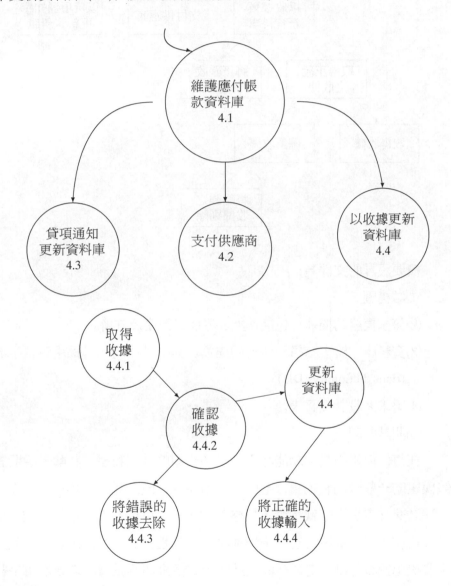

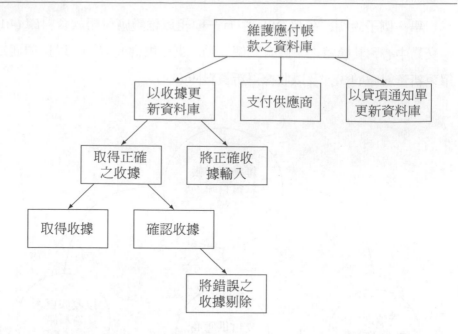

概要設計的文件為:

(1)結構圖。

(2)每個模組的描述: 包括功能、界面、程序及註解。

(3)資料庫、檔案結構和資料的描述。其中描述的工具採用資料字典
　　(data dictionary, DD)。

(4)需求／設計交叉表。

(5)測試計劃。

　　在每個模組描述中功能和界面是該模組的外部特徵, 註解是說明對
該模組的一些限制和約束, 至於程序則在詳細設計完成後再補充。需求
／設計交叉表是表示軟體需求規格書的每一項目要在那些模組完成, 這
個表格在設計、審核乃至以後的維護工作都是很有用的。概要設計完成
後要提出測試計劃, 這樣詳細設計與程式撰寫與測試資料之準備可平行
進行。

第四節　詳細設計

在詳細設計階段軟體開發人員面臨兩方面的問題，一個是決定製作每個模組的演算法，另一個是如何精確地表達這些演算法。本節將介紹幾種常用的工具。流程圖是我們所熟悉的工具，但在使用上有一些缺點，不能滿足詳細設計工作的需要。最近有一些新的工具，如 N–S 圖，PAD 圖，PDL 語言，HIPO 圖等，我們希望採用這些工具來表達演算法時，可以較方便的寫出結構化程式。

1.流程圖 (flow-chart)

流程圖是歷史悠久流行最廣的一種圖形描述方式。流程圖包含下面三種基本成份：(1)處理——用方框表式。(2)邏輯條件——用菱形表示。(3)控制流——用箭頭表示。我們知道在系統開發時將系統分析、系統設計及系統規劃等方法銜接起來，用資料流程圖 (DFD) 來描述需求，用結構圖來描述軟體結構，再用流程圖來描述模組的執行程序是最常用的方法。用圖 8–10 來表示。設計人員僅用圖 8–11 的標準結構來繪製流程圖，這樣畫出來的圖便稱為結構化流程圖。

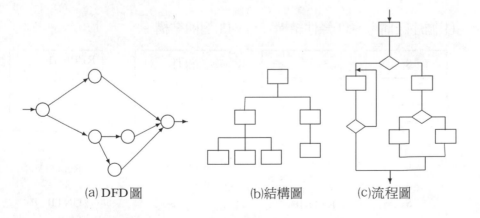

(a) DFD圖　　　　(b)結構圖　　　　(c)流程圖

圖 8–10　(a) DFD 圖(b)結構圖(c)流程圖

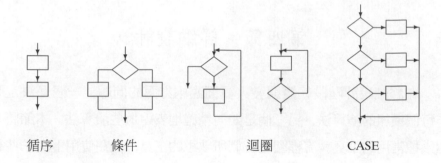

循序 條件 迴圈 CASE

圖 8-11 標準的結構

程式流程圖的主要缺點為:

⑴程式流程圖的本質並非逐步改善的好工具。

⑵程式流程圖中用箭頭代表控制流，因此程式設計師不受任何限制，可完全不顧結構程式設計的精神，隨意轉移控制。

⑶程式流程圖不易表示資料結構。

2. N−S 圖

　　N−S 圖是由 Nassi 和 Shneiderman 於 1973 所開發。結構化程式的四種結構如循序結構、條件結構、迴圈結構及 CASE 結構分別用 N−S 圖描述如下:

(1)循序結構　(2)條件結構　(3)迴圈結構

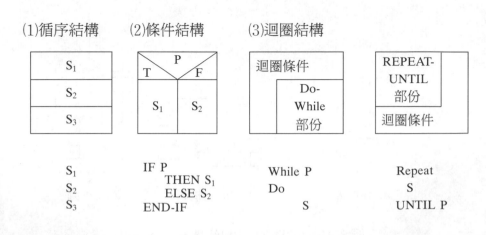

(4) CASE

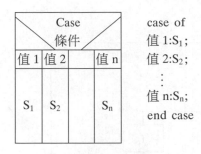

```
case of
  值 1:S₁;
  值 2:S₂;
    ⋮
  值 n:Sₙ;
end case
```

N–S 圖有下列特點:

(1)強制程式設計人員按結構化程式設計方式設計，不能任意轉移控制。

(2)N–S圖有良好的可見度，功能範圍明確。

(3)容易瞭解設計意圖，使撰寫、複查、測試及維護方便。

(4)很容易表現套疊關係，也可以表示模組的層次結構。

　　由於 N–S 圖有了上述優點，許多軟體開發人員樂於接受，故成為一種描述的主流，但 N–S 圖缺點是用手工修改比較麻煩，這也是有些人不用的原因。

　　下面是一流程圖與其對應的 N–S 圖，我們可看出用 N–S 圖較易瞭解其結構。

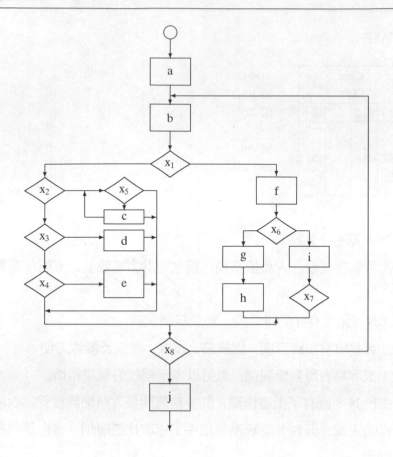

3.問題分析圖 (problem analysis diagram, PAD)

問題分析圖是由日本日立公司二村良彥等人於 1979 年提出，它是一種改進的圖形描述方式，可用來取代流程圖。

PAD 支援結構化程式設計如下：

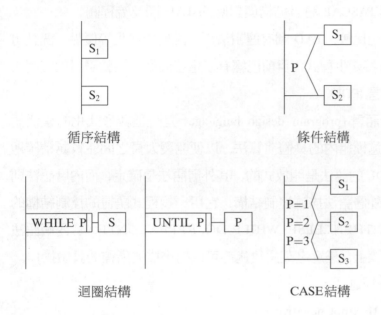

循序結構　　　　　　　　　條件結構

迴圈結構　　　　　　　　　CASE結構

PAD圖的主要優點如下：

(1)用 PAD 圖所設計出來的程式必是結構化程式。

(2)PAD 圖所描繪的程式結構十分清晰。圖中最左邊的垂直線是程式的主線，即第一層結構。隨著程式層次的增加，PAD 圖逐漸向右延伸，每增加一個層次，圖形向右擴展一條垂直線。PAD 圖中豎線的總數就是程式的層次數。

(3)用 PAD 圖表現的程式邏輯易讀、易懂、易記。

(4)容易將 PAD 圖轉換成高階程式語言的原始程式，這種轉換可用軟體工具自動完成，從而可省去人工寫碼的工作。

(5)PAD 圖即可用於表示程式的邏輯，也可用來描繪資料結構。

(6)PAD 圖支持由上而下，逐步求精的方法。

PAD 圖是以高階語言為導向的，對 FORTRAN， COBOL 和 PASCAL 等每種常用的高階語言提供一套對應的圖形符號。因為每種控制敘述都有一個圖形符號與之對應，將 PAD 圖轉換成對應的高階語言顯然非常容易。圖 8-12 是 PASCAL 語言結構與對應的 PAD 圖及流程圖。

與流程圖相比較， PAD 圖有邏輯清晰、圖形標準化等優點。況且可以從 PAD 圖直接產生程式，目前已經有了這些商業套裝軟體可供使用。

4.程式設計語言 (PDL)

程式設計語言 (program design language) 是一種非形式化的靈活語言，它用於描述模組內的具體演算法，以便開發人員之間能較為精確地進行討論。PDL 的語法是開放式的，其外層語法是確定，而內層語法則故意不確定。外層語法描述控制結構，它用一般程式語言的控制結構的關鍵字（如 IF...THEN...ELSE, WHILE-DO, REPEAT-UNTIL），內層語法則不確定。實際上，任意之英語敘述都可以用來描述所需的具體操作。

如：PDL 描述

IF x not negative

THEN

RETURN (Square root of x as a real number)

ELSE

RETURN (Square root of x as an imaginary number)

IF...THEN...ELSE 是外層語言，而 square root of x 是內層語言，並不確定。PDL 它僅是對演算法的一種描述，它是不可執行的。我們可以用 PDL 在需求分析階段描述使用者需求，可以描述得比較抽象，如果是在詳細設計階段描述模組內部的演算法，則應比較詳細具體。

PDL之優點：

(1)由於是自然語言，所以易於瞭解。

類別	形式	PAD	流程圖	PASCAL
選擇	CASE 形	H₁ H₂ … Hₙ / L₁=L₂ … Lₙ / I = …	I=?	CASE I OF L₁; H₁; … Lₙ; Hₙ; END
選擇	算術 IF 形	H₁ H₂ H₃ / E <0 =0 >0	E=?	IF E<0 THEN H₁ ELSE IF E=0 THEN H₂ ELSE H₃;
選擇	IF THEN 形	H / Q	N Q Y → H	IF THEN H;
選擇	IF THEN ELS 形	H₁ H₂ / Q	Y Q N → H₁ / H₂	IF Q THEN H₁ ELSE H₂;
迴圈	DOWN TO 形	I:=M DOWN TO N / H	I:=M, I≥N, H, E=I−1	FOR I:=M DOWN TO N DO H;
迴圈	DO 形	I=M TO N / H	I:=M, H, E=I+1	FOR I:=M TO N DO H;
迴圈	WHILE 形	WHILE Q / H	N Q Y → H	WHILE Q DO H;
迴圈	UNTIL 形	UNTIL Q / H	H, Q N/Y	REPEAT H UNTIL Q;

圖 8-12

(2)可以做為註解加在原始程式中成為程式的內部文件，將有效地提高程式自我描述。

(3)由於是語言形式，可用文書處理的軟體來做編輯。

(4)由於是與程式同構，從中自動產生程式亦較容易，目前已經有PDL/C 產生 C 語言原始程式的自動工具。

PDL 的缺點是沒有圖形表示的直觀。支援 SP 方法的各種工具（流程圖， N–S 圖， PAD 圖及 PDL 等）各有其優缺點，但整體來說， PDL 比較令人滿意，尤其在英語國家中最為流行。

總而言之，詳細設計階段的目的是確定怎樣具體地實現所需求的目標，也就是要設計出好的程式架構，使將來撰寫出的程式可讀性高、容易理解、容易測試與修改。程式流程圖， N–S 圖， PAD 圖， PDL 語言，決策表，決策樹及 HIPO 圖等都是完成詳細設計的工具，選擇合適的工具並且正確地使用它們是十分重要的。本章討論了以資料流程為導向的結構化設計方法，另外以資料結構為導向的設計方法，如 Jackson 方法和 Warnier 方法就省略了。詳細系統設計的文件是將概要設計文件擴充，其文件內容（設計規格書）敘述如下：

(1)引言

　　①概要說明

　　②參加文件

(2)功能設計描述

　　①資料流程圖

　　②資料的描述（用資料字典）

　　③處理程序的描述（可用 HIPO，決策樹，決策表或虛擬碼，結構化英語）

(3)檔案結構與資料庫

　　①表格設計

　②E-R 圖 (實體圖)

　③正規化

(4)模組描述

　①結構圖

　②模組的描述包括功能、界面、程序及註解

(5)需求與設計交叉表

(6)測試計劃

(7)附錄

第五節　個案探討

個案 1：結構化設計應用

　　某大學共有 200 名教師，校方與教師會簽訂一項協定，按照協定，所有年薪少於 660000 元的教師將增加薪資，所增加之薪資按下面方法計算：教師所扶養的人（含教師本人）每人每年補助 4000 元，此外，教師每服務滿一年每年可再多補助 5000 元，但增加後之薪資總額不能多於 660000 元。

　　教師的薪資檔案存在磁帶上，檔案中有目前的年薪、扶養人數、雇用日期等訊息。需要寫一個程式來計算並印出每個教師的原有薪資和調整後的薪資。

個案問題：

　　(1)畫出此系統的資料流程圖。

　　(2)寫出需求說明。

　　(3)設計上述薪資調整的程式（用 HIPO 圖表示）。

　　　設計此程式並分別用下列兩種演算式——

(a)搜尋薪資檔案，找出年薪少於 660000 元的教師，計算薪資，核
　　對是否超過 660000 元，儲存新的薪資，並印出新舊薪資對照
　　表。

(b)把薪資檔案依照最低到最高次序排序，當薪資超過 660000 元
　　時即停止排序，計算薪資，核對是否超過 660000，儲存新的薪
　　資，並印出結果。

(4)用結構圖表示(3)的兩種演算方法。

第六節　電腦實例

此節將介紹 PowerBuilder 的步驟四：建立「資料視窗」物件，並設
定存取參數。

一、資料視窗的製作

(1)在 PowerBuilder 的 PowerBar 工具中提供一個資料視窗 (Data-
Window) 的圖示，在這個圖示上按一下即可進入資料視窗繪圖器
(DataWindow Painter)。

(2)進入資料視窗繪圖器 (DataWindow Painter) 之前，我們會看到下圖
的視窗，在此選擇 "New" 的命令按鈕，會出現一個標題是 "New
DataWindow" 的視窗，以建立一個新的資料視窗。

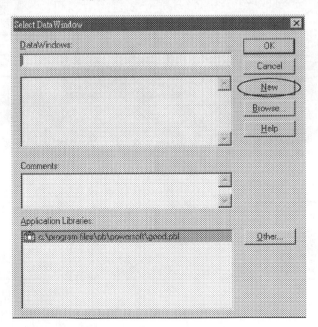

⑶在資料來源 (Data Source) 部份選擇 "Quick Select"；在顯示型態
(Presentation Style) 部份選擇 "Freedom"，並按 "OK" 離開。

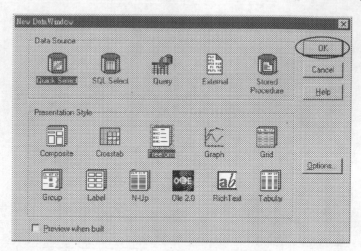

⑷選取表格 "tb_stud"，及 "Add_All"，選取 tb_stud 之所有資料欄
位。

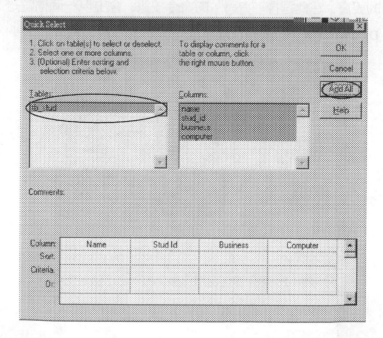

(5)於資料視窗工作區做適當之調整或設定。

(6)按左上角之資料視窗繪圖器予以儲存資料視窗之設定或從選單
(Menu) 中選取 "File→ Save As" 項目，出現標題為 "Select Data
Window" 的視窗。

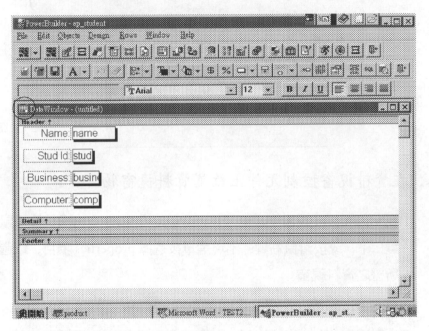

(7)按 "是" 予以儲存、離開。

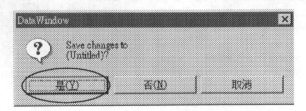

(8)輸入此資料視窗名稱 "dw_stud"，並按 "OK" 予以儲存、離開，
如此便完成此資料視窗的設定。

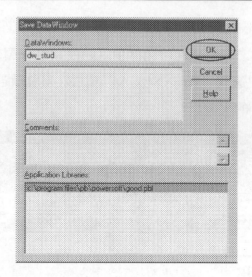

二、在資料視窗控制元件上放置資料視窗物件

⑴在 win_student 視窗中,於"DataWindow"物件空白處,按滑鼠左
鍵二下,或按滑鼠右鍵,出現選單後選擇 properties 項目,以選取
所需之資料視窗。

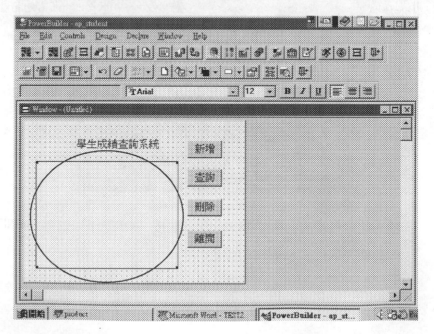

⑵按“Browse”以選取所需之資料視窗物件。

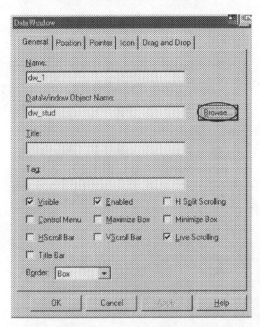

⑶選擇 dw_stud，按“OK”按鈕以呼叫資料視窗物件指定給資料視窗控制元件。

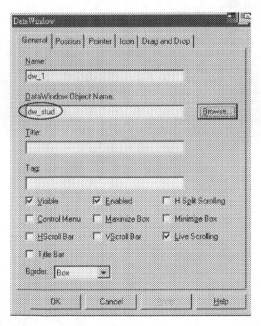

⑷按"OK",設定離開回到視窗設計狀態畫面。

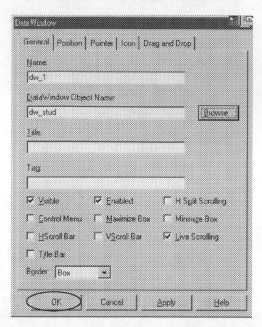

⑸出現下圖顯示資料視窗連結成功,資料視窗物件已經指定給資料
視窗控制元件。

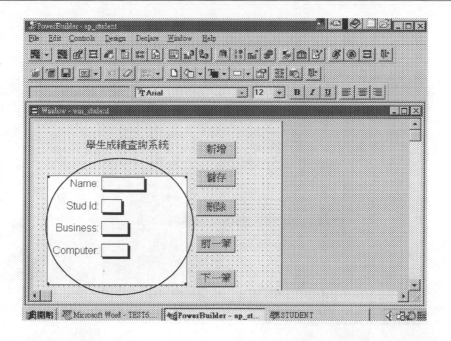

三、製作報表式之資料視窗

⑴在 PowerBuilder 的 PowerBar 工具中提供一個資料視窗 (DataWindow)
的圖示，在此圖示上按一下即可進入資料視窗繪圖器 (DataWindow
Painter)。進入資料視窗繪圖器之前，會出現下圖的視窗選取 "New"
以開啟一個新的資料視窗。

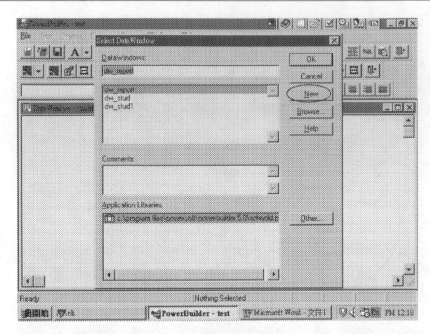

(2)於資料來源 (Data Source) 處選擇 Quick Select, 於顯示型態 (Pre-
sentation Style) 處選擇 Grid。

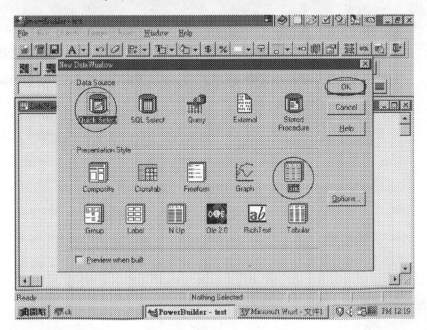

(3)選擇 "grade" 表格。

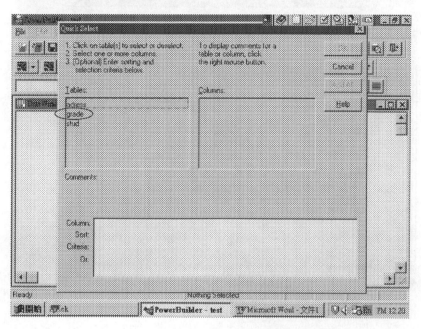

(4)因為在選擇 Quick Select 且設定二表格之關係後，會自動將 stud
表格顯示如下。

(5)亦選取 stud 表格。

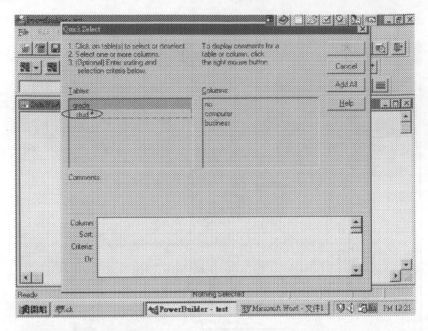

(6)選取所需的欄位，如下。

(7)按 " OK " ， 儲存離開。

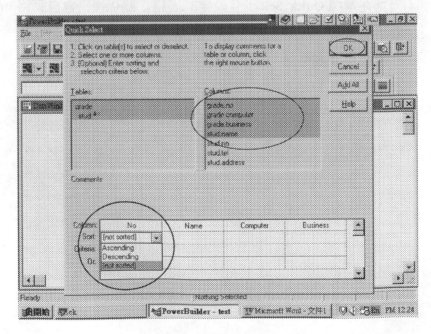

(8)即進入資料視窗編輯區。

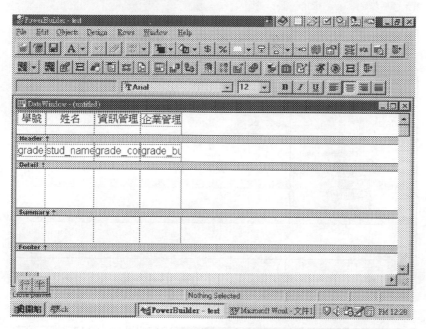

(9)選擇 Object 選單中之 Today()項目，在資料視窗中的編輯區適當位置處按下滑鼠鍵，即會看到一個 Today()的函示放在上面。

(10)利用滑鼠選取註解 (Footer) 軸後，按著滑鼠左鍵不放向下拖拉後，到適當位置放開滑鼠鍵。在註解的上方預留一個空白處。選擇 Object 選單中之 Page n of n，在資料視窗中的註解區 (Footer) 空白處按下滑鼠左鍵，就會看到一個計算頁數的欄位放在上面。

(11)利用滑鼠選取結論 (Summary) 軸後，按著滑鼠左鍵不放向下拖拉後，到適當位置放開滑鼠鍵。在結論 (Summary) 的上方預留一個空白處。選擇 Object 選單中之 Average，在資料視窗中的結論 (Summary) 空白處按下滑鼠左鍵，就會看到一個計算頁數的欄位放在上面。

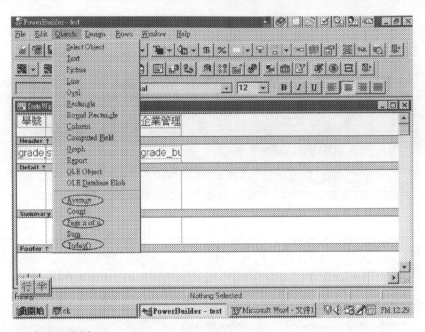

⑿如下圖所示。

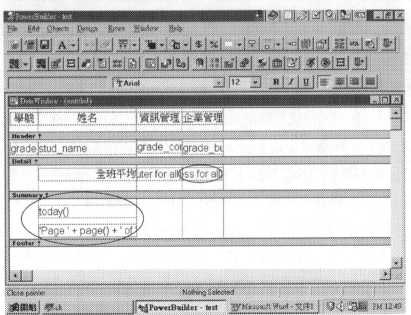

⒀選擇計算按鈕圖示，如下圖。

⒁進入計算按鈕設定的視窗。

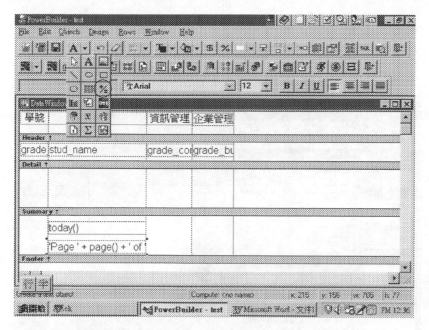

(15)於 “Name” 處鍵入 “avel”。

(16)選擇 “More...” 以定義詳細資料。

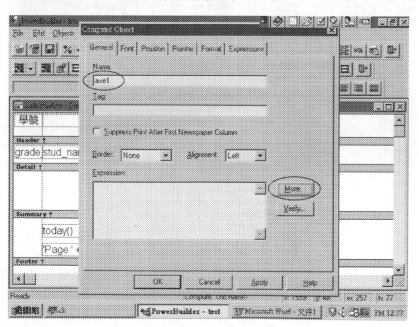

(17)於 " Expression" 編輯區鍵入以下字串，表示做為 grade_business 與 grade_computer 之平均值計算。

(18)按 " OK" ，儲存離開。

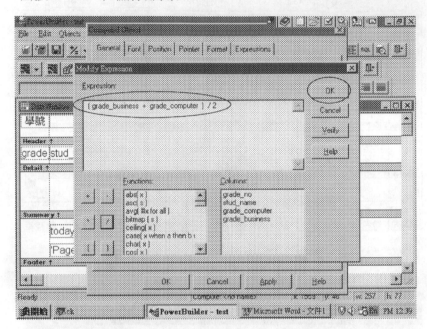

(19)同樣的做法完成總分之計算按鈕。

(20)將資料視窗編輯區做如下圖之調整。

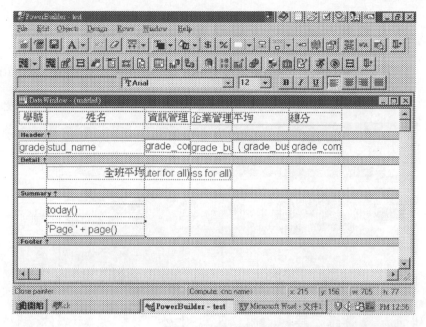

(21)選取 "File → Save As" 或按左上角 DataWindow 圖示, 將資料視窗儲存為 "dw_report1"。

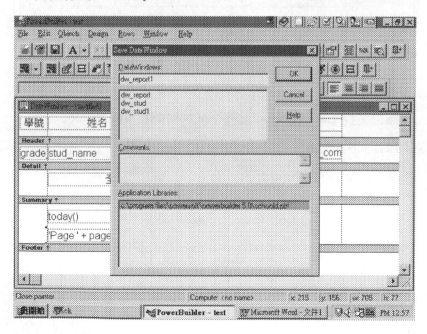

四、建立以圖形表現之資料視窗

⑴資料來源 (Data Source) 選擇 Quick Select，顯示型態 (Presentation Style) 選擇 Graph，按 "OK" 進入到 Quick Select 的視窗。

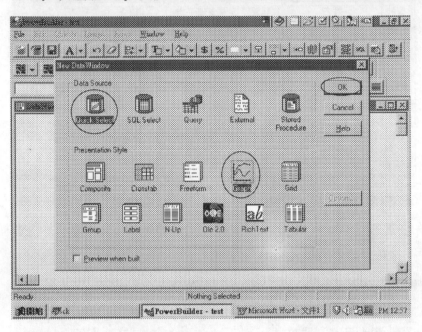

⑵選擇 grade 與 stud 表格。

⑶欄位選擇 grade.computer、 grade.business、 stud.name。

⑷按 "OK"，儲存離開。

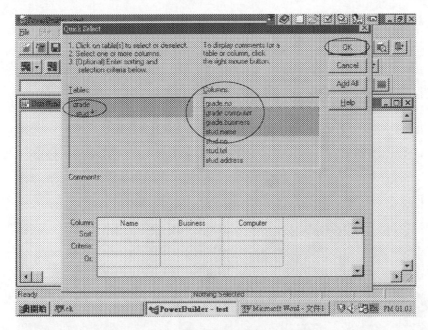

(5)選取 "Graph" 按鈕,選擇所表現的圖形型態。

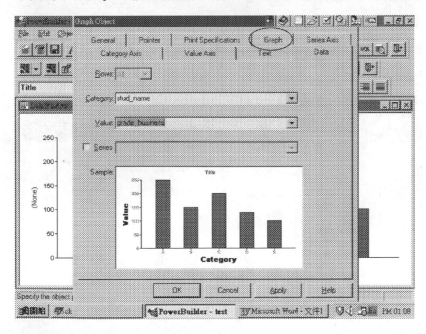

(6)選擇直方圖為表現的型態。

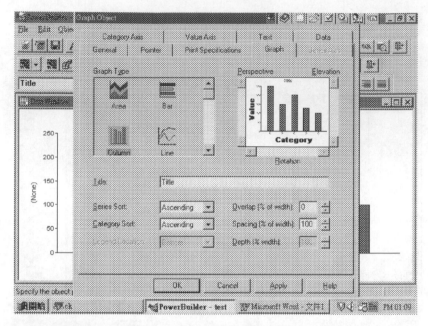

(7)定義橫軸座標為 "stud_name" 、縱軸座標為 "grade_computer" 。

(8)按 "OK" ，儲存離開。

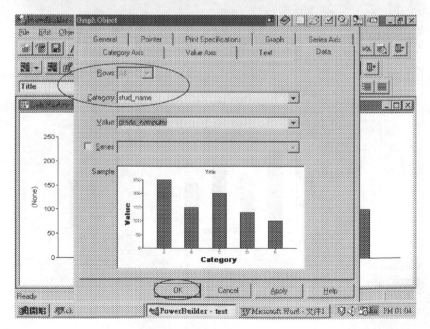

⑼選擇"Design"選單下之"Preview"以預視結果。

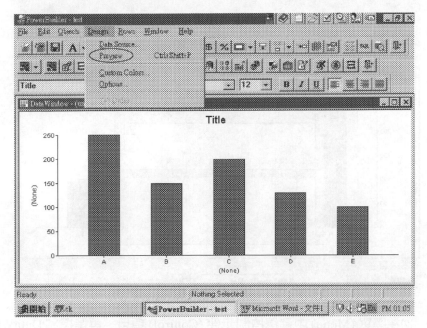

⑽將此圖形資料視窗儲存為"dw_graph1"。

⑾按"OK",儲存離開。

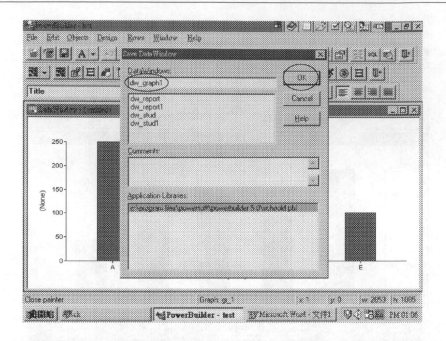

⑿在選單 (Menu) 中選擇控制元件 (Control) 項目，再選擇 "DataWin-
dow"，或利用視窗繪圖工具列上的控制元件下拉盒，選取 Data
Window 圖示。在視窗空白處按下滑鼠左鍵，此時即把一個資料視
窗控制元件放在視窗上面。在資料視窗控制元件中，按下滑鼠右
鍵，出現選單後，選擇 properties 項目，在標題為 "DataWindow"
的視窗中，在 General 項目中的 Name 中輸入 w_report，並在 DataWin-
dow Object Name 中，按下旁邊的 Browse 按鈕，選擇 dw_report1
項目，按下 OK 按鈕後，dw_report1 這個資料視窗物件就指定給
資料視窗控制元件，再按下 OK 按鈕後回到視窗設計狀態畫面。

⒀在"列印"的按鈕上按下滑鼠右鍵，出現選單 (Menu) 後，選擇
Script 或利用滑鼠選取命令按鈕後，按下視窗繪圖工具列上的 Script
圖示，進入描述繪圖器 (Script Painter)，確定是在 Clicked Event 的
狀態下，撰寫程式碼為 dw_1.print()。

(14)在“列印設定”的按鈕上按下滑鼠右鍵，出現選單 (Menu) 後，選擇 Script 或利用滑鼠選取命令按鈕後，按下視窗繪圖工具列上的 Script 圖示，進入描述繪圖器 (Script Painter)，確定是在 Clicked Event 的狀態下，撰寫程式碼為 printsetup()。

(15)在選單 (Menu) 中選擇控制元件 (Control) 項目，再選擇“DataWin-dow”，或利用視窗繪圖工具列上的控制元件下拉盒，選取 DataWin-dow 圖示。在視窗空白處按下滑鼠左鍵，此時即把一個資料視窗控制元件放在視窗上面。在資料視窗控制元件中，按下滑鼠右鍵，出現選單後，選擇 properties 項目，在標題為“DataWindow”的視窗中，在 General 項目中的 Name 中輸入 w_graph，並在 DataWindow Object Name 中，按下旁邊的 Browse 按鈕，選擇 dw_graph1 項目，按下 OK 按鈕後，dw_graph1 這個資料視窗物件就指定給資料視窗控制元件，再按下 OK 按鈕後回到視窗設計狀態畫面。

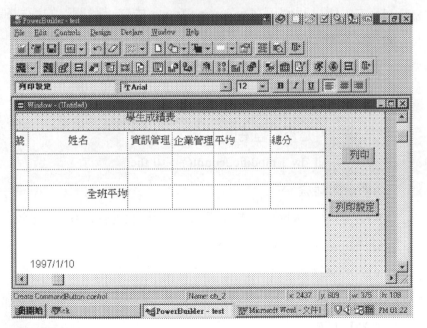

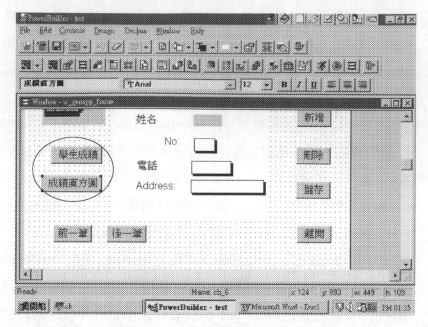

(16)當我們在輸入資料的時候，有時因為某些原因造成尚未儲存資料的流失。所以我們可在 w_genapp_frame 中之 "離開" 的程式碼中加入以下警示訊窗。

```
//宣告變數
integer li_ret
//判斷資料是否已經變更
      if dw_1.modifiedcount() > 0 then
//顯示對話盒
li_ret = messagebox("注意！"， "資料已更動，是否儲存？"，
Question! & , YesNoCancel!)
CHOOSE CASE li_ret
//儲存資料
CASE 1
    cb_3.triggerevent(clicked!)
```

```
//不儲存資料
CASE 2
//取消
CASE 3
    message.returnvalue = 1
END CHOOSE
END IF
```

問題討論

1. 假設只有順序和 DO WHILE 兩種控制結構，如何利用這兩種結構完成 IF THEN ELSE 操作。

2. 對下面虛擬碼，畫出流程圖和 N–S 圖。

```
IF P THEN
        WHILE q DO
            f
        END DO
    ELSE
        g
        n
    END IF
```

3. 下面流程圖是一個非結構化的程式，試作:

   (1)為什麼說它是非結構化程式?

   (2)設計一個等價結構化程式。

   (3)在(2)中設計你使用了旗標變數 (flag) 了嗎? 若沒有，請再設計一個使用 flag 的程式。若用了再設計一個不同 flag 的程式。

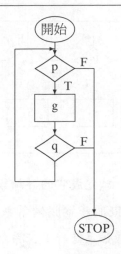

4.敘述結構化設計的步驟。

5.解釋下列名詞:

　(1)結構化程式

　(2)內聚力

　(3)耦合力

　(4)模組

6.何謂轉換分析? 請舉例說明, 並敘述如何從 DFD 轉換為結構圖。

7.何謂交易分析? 請舉例說明, 並敘述如何從 DFD 轉換為結構圖。

8.結構化程式就是利用本章所討論的循序結構、條件結構、迴圈結構及
　Case 結構所寫的程式, 不用 GO TO 敘述。但有另一派學者認為可部
　分用 GO TO 敘述, 試述你對 GO TO 敘述的看法。

9.針對下面程式流程用:

　(1)用虛擬碼來表示流程圖。

　(2)設計一個等價的結構化程式（用 N–S 圖和虛擬碼表示）。

　(3)用另一種方法重做(2)。

　(4)比較上面三種不同設計結果的清晰（易理解）程度與效率。

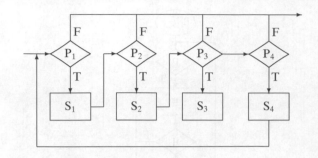

10.某銀行的儲蓄系統如下；試完成它的詳細設計，並用 HIPO 圖表示。

為了方便儲戶，某銀行擬開發電腦儲蓄系統。儲戶填寫存款單或取款單，由行員鍵入系統，如果是存款，系統紀錄存款人姓名、住址、存款類型、存款日期、利率等訊息，並印出存款單給儲戶；如果是取款，系統計算利息並印出利息列表給儲戶。

11.寫出軟體設計階段（含概要設計及詳細設計）的工作並詳細描述之。

12.敘述採用模組化設計的優點。

13.何謂內聚性？說明功能內聚性及邏輯內聚性。

14.比較結構圖與流程圖。

15.解釋下列名詞：

　(1)結構圖的深度

　(2)結構圖的跨度

　(3)模組的扇出

　(4)模組的扇入

16.何謂 PAD 圖？寫出 PAD 圖之優點。

第九章　系統設計

前面第八章談到結構化設計，在細部設計完成後，站在設計技術的立場，需要完成下面設計才能進行程式撰寫，包括(1)輸出設計，(2)檔案的設計，(3)輸入設計，(4)處理程序設計，(5)編碼設計，(6)系統控制設計。以下便分別加以介紹。

第一節　輸出設計

輸出設計的目的，乃是確定：(1)系統應該輸出什麼資訊？也就是應產生什麼資訊方能滿足需求。(2)如何輸出？也就是應使用什麼媒體，什麼輸出設備方能把資訊有效的輸出。(3)輸出資訊的格式如何？由於輸出的資訊要供使用者閱讀使用，因此要注意下面各點：

・輸出報表或螢幕之內容應清晰、正確。
・各種報表紙或畫面均應標註表頭、日期及頁數，使易於了解。
・選用合適的媒體。
・資料編排應符合邏輯，如學號與成績，通常均將學號列印於橫式報表的左邊，成績列印於右邊。

一、輸出設計的步驟

輸出設計是系統設計的第一步，此項工作沒有完成，則其他設計工作也就無法進行，以下為輸出設計的基本步驟：

⑴確定輸出需求，

⑵選擇輸出媒體，

⑶報表格式設計，

⑷螢光幕畫面格式設計。

在確定輸出需求時，系統分析師不能光憑個人的經驗而自作主張，而是得採用一種較客觀的方法來分析與探討。確定輸出需求的方法不外乎參考其他相同資訊系統設計，或與使用者乃至有關的主管相互討論。

設計師確定輸出需求後就需瞭解：⑴真正需要的書面報表或螢光幕報表有那些？⑵每種報表真正的需要的資料項目有那些？⑶每種書面報表需要的份數是多少？⑷每種報表產生的週期為何？在各種報表的資訊項目確定後，系統設計師應將每種報表所含項目名稱，性質，大小長度等填入報表分析單或用資料字典表示，例如銷售報表可表示如下。

銷　售　報　表		日期　7/9/97	
貨品代號	貨品說明	本年銷售額	去年銷售額
1234-56	COLOR-TV	$156,890.00	$237,600.00
3475-37	RADIO	$ 43,560.00	$ 66,750.00

報表分析單			
系統名稱	銷售系統	分析日期	86/7/9
設計師	李　二	報表名稱	銷售報表
項目名稱	性　質	長　度	編輯方法
貨品代號	數字	6	XXXX.XX
貨品說明	非數字	20	靠左列印
本年銷售額	數字	10	$$$,$$$.99
去年銷售額	數字	10	$$$,$$$.99
日　　期	數字	6	MM/DD/YY

用資料字典描述

SALE REPORT =CATEGORY NUMBER + DESCRIPTION +

SALES THIS YEAR + SALES LAST YEAR

+ REPORT DATA

CATEGORY NUMBER = GENERAL LEDGER ACCOUNT NO

+ STORE NO.

REPORT DATA =MONTH + DAY + YEAR

　　至於電腦所用的輸出媒體種類甚多，如何選擇合適的媒體，對電腦化效益影響至鉅。可供輸出設備包括如印表機、終端機、磁帶機、繪圖機、微縮影片系統 (computer output microfilm system, COM)、繪圖機及語音系統等，每一種輸出設備所使用的媒體亦不相同。常用的輸出設備為印表機、螢幕終端機及輸出微縮膠片系統，所用的媒體分別為報表紙、螢幕及膠片。

　　選擇輸出媒體時，除了要瞭解各種輸出設備之特性外，尚需考慮下面因素：(1)使用者的需求。(2)資訊的性質，例如即時查詢之資訊應選用螢幕，需長久保持者應選用書面報表。(3)現有設備狀況，要選用現有設備所能處理的媒體。(4)選用成本較低的媒體。

　　三種常用的輸出媒體可再分述如下：

1.書面媒體

常用的書面媒體有連續報表紙 (continue form) 及單張紙，大部份印表機均採用連續報表紙。

2.膠片媒體

使用連續報表紙輸出資訊是一種普通而方便的輸出方法，但當輸出的資訊數量龐大時，報表紙的使用量亦隨之增大，不僅費用支出可觀，同時對於報表的保管、取閱、運用均發生嚴重的困難，因而近年來，使用者常採用微縮影片系統，該系統要包含磁帶機、縮影記錄機、膠片處理機、膠片複製機及膠片閱讀機等五種。

3.螢幕顯示器

使用者也可利用終端機的螢幕顯示器輸出資訊，其適用範圍為輸出的資訊量少且無需長久保存者，如銀行的存款業務，航空公司的訂位作業均宜採用之。

二、輸出報表格式設計

企業的資訊系統，都須要產生許多報表，這些報表通常均以印表機或終端機分別列印於報表紙或顯示於螢幕上。報表格式設計是指報表內容的編排設計，其目的是使報表美觀，好用，且容易閱讀。

1.報表結構

每頁報表之內容，大致可分為下列三項：

(1)表頭——分為報表頭 (report heading)，控制項目表頭 (control heading) 及頁次表頭 (page heading) 三種。報表頭用以描述報表的名稱，頁次表頭係用以描述每頁的標題。

(2)明細——指每頁報表詳細資料內容。

(3)表底——用以描述報表或每頁的結尾，如每頁下端的總計，合計或頁數，以及每種報表全部輸出後之結尾。分為報表底、頁次表底及控制項表底。

以下用圖 9–1 表示報表結構。

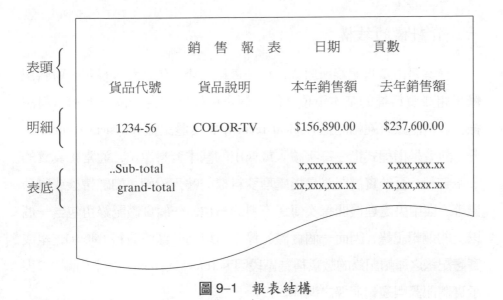

	銷 售 報 表	日期	頁數
表頭	貨品代號　　貨品說明	本年銷售額	去年銷售額
明細	1234-56　　COLOR-TV	$156,890.00	$237,600.00
表底	..Sub-total	x,xxx,xxx.xx	x,xxx,xxx.xx
	grand-total	xx,xxx,xxx.xx	xx,xxx,xxx.xx

圖 9–1　報表結構

2.報表種類

報表的種類依其特性可分為:

(1)明細報表——詳列每一資料記錄內容。

(2)彙總報表——僅列出資料總數而不列出明細內容者。

(3)摘錄報表——僅列出需要部份的資訊記錄內容。

(4)結總報表——除列出每一資料記錄的明細外, 當資料記錄的控制
　　項發生變化時列出總數。

報表的種類按列印的週期可分為日報表、月報表、季報表及年報表
等等。

第二節　檔案及資料庫設計

一、資料檔的結構

　　檔案是由資料記錄所組成，每一資料記錄中包含許多欄位。資料記錄是組成資料檔的基本單位，每一個資料檔均包含一個以上的資料記錄。資料記錄有邏輯記錄 (logical record) 與實體記錄 (physical record) 之分。前者是指程式指令每次讀入或寫出的基本資料單位，通常指真實的一筆資料。至於實體記錄是指處理資料檔的輸入設備（如磁帶機或磁碟機等）與中央處理機間每次傳送資料的單位。一個實體記錄可包含一個以上的邏輯記錄，因而一個實體記錄亦可稱為一區段資料 (block)，組成實體記錄之邏輯記錄的數量稱為區段因素 (blocking factor)。下面圖 9-2 表示實體記錄與邏輯記錄之關係。

　　空隙稱為錄間隙 (inter block gap, IBG)，通常約為 0.6 英吋左右，供磁帶起動或停止動作有所緩衝之用。由於資料儲存密度極高，因此，僅錄間隙所佔用的磁帶可能要比儲存資料錄所用的磁帶還長，故十分浪費空間。

邏輯記錄	邏輯記錄	邏輯記錄	IBG	邏輯記錄	邏輯記錄	邏輯記錄	

(a)區段情形

邏輯記錄	IBG	邏輯記錄	IBG	邏輯記錄	IBG	邏輯記錄	IBG	邏輯記錄	IBG

(b)不區段情形

圖 9-2　邏輯記錄與實體記錄關係

二、檔案設計應考慮的因素

我們根據輸出報表的需求，規劃出經濟有效的檔案，含檔案組織的選擇、檔案的媒體、資料庫設計等等。

有關檔案設計應考慮的因素包括：

1.資料檔的目的

系統設計人員應充分了解每一個資料檔的作用及適用範圍，特別是認明資料檔究竟是供連線查詢或批次處理。

2.能用的硬體設備

系統設計人員應充分了解現有硬體設備，亦即檔案的設計必須配合現有的硬體設備。

3.存取方法 (access method)

系統設計師應充分瞭解應用系統在目前及未來可能以何種方式存取資料檔內之資料。

4.檔案的活動性

所謂檔案的活動性係指每次使用資料時，該資料檔內資料記錄被取出更新或查詢的數量。當數量很高時，即表示該資料檔之活動性高，反之，則活動性低。例如，若人事資料主檔中公司人員的流動率低，每月更新僅 10 筆，我們稱人事主檔的活動性很低。

5.檔案的揮發性

是指檔案被更新的次數，次數愈大揮發性愈高。

6.檔案的大小

是指資料檔所含資料數量的多寡，檔案太大則會影響存取速度。

7.輸入需求

檔案應配合輸入作業，也就是說檔案的內容均可從輸入作業獲得。

8.輸出需求

檔案設計要滿足各種輸出的需求。

9.檔案排序 (sorting)

檔案為適合作業有時會考慮依照某一鍵值做排序。

10.成本

資料檔之成本包括輸出入機器的購租費、媒體購價及電腦處理時間等等。

11.應用軟體

應充分瞭解系統具有那些應用軟體，如順序存取方式、直接存取方式、或資料庫管理系統。

至於設計資料檔的步驟則有以下七個步驟：

1.確定資料檔的數量與種類

任何一個資訊系統往往需要一個或一個以上的資料檔，因此在設計資料檔時，系統設計師要先根據資料的類別、性質及輸入與輸出之間的關係，以確定系統的資料檔數量及類型。凡性質相同且處理方法一樣的資料應歸併於同一資料檔，但每一資料檔所含之資料量不宜超出電腦系統的正常負荷，否則會影響處理的效率。

2.確定資料檔的內容

資料檔的種類確定後，接著要確定每一資料記錄所應包含之資料項目、名稱、排序方式、鍵值、主鍵或次要鍵。

3.選擇合適的媒體與存取方法

系統設計師依據各種媒體特性及其他種種因素，選擇合適的儲存媒體及存取方式。例如活動性高之資料檔宜採取順序存取方法，變動性（揮發性）低之資料檔則採用磁帶媒體。

4.確定資料儲存方式

資料檔案內的儲存方式，通常以 ASCII 或 EBCDIC 碼為主。

5.確定資料項目長度

　　每一資料項目的位置長度，應該是以該項目之資料值可能出現的最大位數為其長度，對於數字性資料之正負符號或小數點均須給予適當的位置。

6.區段因素之決定

　　有關區段因素已經在上節討論，我們知道磁帶資料檔的區段因素若愈大，愈可能提高作業效率，其主要原因是區段因素愈大，磁帶內記錄間隙即相對減少，資料檔所需媒體的長度即減少，因而加快處理速度。但是區段因素愈大，實體記錄亦必相對變大，其所需的主要儲存位置（指輸入、輸出區）亦隨之增大，主要儲存體的可利用度也可能降低。

　　在磁碟方面，區段因素的重要性遠較磁帶為大，因為磁碟內的資料記錄概以磁軌為單位，一個實體記錄不能分開存在兩個磁軌內，當一個磁軌的剩餘位置不足以容納一個實體記錄時，該實體記錄即被存放到下一個磁軌，原磁軌剩餘的位置就空下來而不用。此外每一實體記錄所包含之非資料較磁帶多，除空隙外，尚有位址、鍵值等。因而決定磁碟資料檔區段因素，除應考慮作業效率，主要儲存體可用度外，尚應考慮到每一磁軌容量是否充分利用。

7.繪製資料記錄格式

　　每一資料記錄所含資料項目與其位置長度，儲存方式分別確定後，系統使用資料檔記錄格式作業紙 (file record layout worksheet) 繪製其格式，如圖 9-3 表示。

檔案名稱: 學生資料		檔案組織: SQ	系統設計師: 李仁	日期: 7/12/86
欄位名稱	始	止	屬性	備註
學號	1	6	數字	
姓名	7	30	文字	
地址	31	60	文數字	

圖 9-3　學生資料檔格式

三、資料庫設計

　　資料庫的結構已於第三章敘述過，本節強調資料庫的邏輯結構與實體結構。資料庫最大的優點是資料獨立，也就是應用程式不因資料庫內容和結構改變而變更。為了達到此一目的，資料庫的結構便有邏輯結構與實體結構的區分。邏輯結構是從使用者的觀點來描述資料間的相互關係，至於實體結構，則為資料實際儲存在磁碟或磁帶的結構方式。由於資料庫的設計均以業務需求為導向，因此資料庫的實體結構和邏輯結構不可能完全相同，必須靠資料庫管理系統技術來進行這兩種結構之間的轉換，使程式設計師在使用資料庫時，可完全不考慮實體的組織方式，因而簡化程式設計的工作。

　　資料庫的邏輯結構有下列三種: (1)階層結構, (2)網狀結構, (3)關連式結構。資料庫的實體結構有下列三種: (1)順序組織, (2)直接式組織, (3)串列組織。概念性資料庫設計的重要工具是個體關係模型 (E-R model)，在下面供應商與零件的 E-R 模式中，包含兩個個體: 供應商及零件，和一個關係: 供應商－零件。

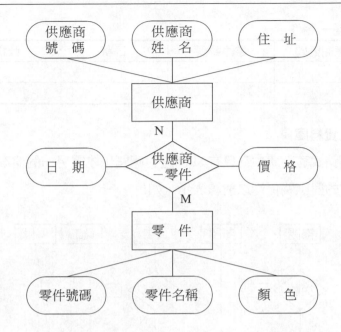

　　我們從 E-R 模式來導出邏輯資料庫模型，其方法如下：

1.關係資料庫

　　是將 E-R 模式的每一個個體及關係都分別對應到一個表格，即為關係式資料庫之邏輯模型。

供應商

供應商號碼	供應商姓名	住址

零件

零件號碼	零件名稱	顏色

供應商－零件

供應商號碼	零件號碼	日期	價格

2.網路式資料庫

在網路式資料庫中，只有 M:N 之對應關係才需另一個檔案來表示關係，其它的對應關係均以射線表示。如:

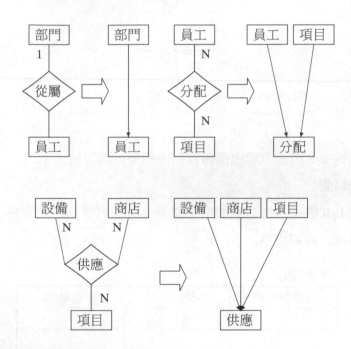

前面例子的網路式邏輯資料庫為:

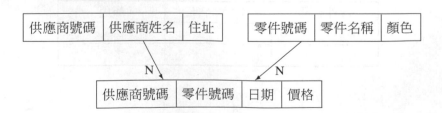

3.階層式資料庫

　　階層式資料庫對於 1:1 和 1:N 的關係可以直接對應，但對於 N:N（或 N:M）的關係只有用單向或雙向的邏輯關係來完成。

　　前面例子的階層式邏輯資料庫為:

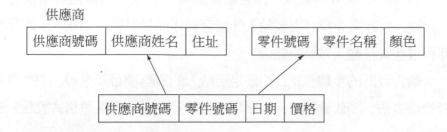

　　就資料庫的實體結構而言，最常用的有下列三種，其中循序組織與直接組織已在第三章討論過。

1.循序組織

　　此種儲存方式是按照記錄鍵 (record key) 的順序依次存放在儲存媒體內，如果欲存取其中一筆資料，必須從頭開始找起，直到找到該筆資料為止，此種資料結構適合於對大量資料作順序處理之用。

2.直接組織

　　此種儲存方式是將資料記錄按其位址儲存，欲存取資料時，只需找出其位址，即可直接存取該筆資料記錄，而不必經過在它之前的所有資料記錄。至於住址的設定方法有直接定址法，索引定址法，及隨機計算法（就是以前所談的赫式函數法）。

3.串列組織

　　此種資料庫的組織係以指標 (pointer) 表示資料記錄之間的連接關係，此連接關係即為存取資料庫資料的依據，使用指標可以迅速找到所需的資料，但指標維護亦相當困難。

第三節　輸入設計

輸出設計與檔案設計（或資料庫設計）完成以後，系統設計師已瞭解整個輸出的報表的需求，接著就要根據所有資訊需求設計系統的輸入。輸入設計主要探討需要輸入什麼資料才能滿足輸出的要求？以及如何將這些資料輸入電腦系統。

輸入設計的步驟包括：(1)確定應輸入的資料項目及來源，(2)選擇資料登錄方法，(3)代碼設計，(4)原始憑證設計，(5)輸入媒體格式設計。分述如下。

一、確定應輸入的資料項目

所謂確定應輸入項目是系統設計師依照報表分析單、檔案格式等加以分析，包括那些資料是無法利用程式產生的資訊，那些則必須經由原始憑證輸入電腦。

二、選擇資料登錄方法

原始憑證上的資料利用資料登錄設備 (data entry devices) 轉換成媒體或利用終端機螢幕格式輸入電腦。

三、代碼設計

因輸入資料種類多，同時內容與型態複雜，有些資料項目之內容冗長（如貨品名稱），若直接輸入媒體，將浪費媒體的位置與電腦傳輸的時間。有些資料在處理過程中，必須按一定的順序處理（如會計科目），但資料本身無法分出先後順序。

類似上述之資料若用代碼表示，則便於處理。因而代碼的設計在資料處理工作上佔重要的地位。

編碼（代碼）設計的優點為:

⑴節省資料鍵入時間。

⑵降低鍵入錯誤的機率。

⑶縮短資料傳輸的時間。

⑷方便於排序處理。

⑸節省媒體容量。

至於代碼編訂方法則如下:

⑴代碼所用的字母應以阿拉伯數字與英文大寫字母為主。但字母
　I,O,U,Y,Z 宜少用，因 I 易被誤認為數字的 1，O 易被認為數字的
　0，U 與 V 混淆不清，Z 常被誤認為數字的 2。

⑵代碼最好以阿拉伯數字編訂，若數字不夠用，再補以英文字母。

⑶代碼的位數應愈少愈好。

⑷同類資料的代碼，其長度與格式應予固定。例如學號一致為六位
　數，且全部為數字，全校一致。

⑸代碼之編訂應由大分類至小分類。例如 **XXX** 為地區代碼:

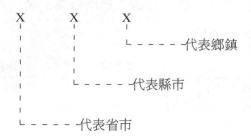

⑹位數超過 5 位時，宜用 – 分隔之，以免混淆不清。如 A123–654。

⑺位數超過 5 位以上宜加檢查號碼 (check character)，如身份證號碼
　最後一位為檢查號碼。

代碼的種類有:

1.循序（順序）代碼

將各種不同的資料值排出順序，然後依序給予一個代碼，如：

國名	代號
中華民國	001
日本	002
韓國	003
美國	004

此種編碼方法簡單，但不具擴充性且記憶困難。

2.分段代碼 (block code)

將所有資料值加以分類，每類按循序代號方法予以順序編號。例如：

	國名	代號
亞洲國家：	中華民國	101
	日本	102
	韓國	103
歐洲國家：	英國	201
	法國	202
	德國	203

3.矩陣代號 (matrix code)

例如：臺大、成大、政大三個大學均有文、理、法、商四個學院，每一學院之代號編定如下：

		文學院	理學院	法學院	商學院
臺大	1	11	12	13	14
成大	2	21	22	23	24
政大	3	31	32	33	34

臺大法學院的代碼為 113，政大商學院代碼為 334 等。

4.類別代號 (classification code)

將各種資料值按其性質、種類分成幾大類，每一大類再細分成其他小類等，每一分類分別編以順序代號。

舉例說明如下:

(1)身份證號碼: 我國之身份證號碼共有十位，其中第一位為英文字母，代表縣市別，第二位代表性別，第三～第九位代表身份證流水號，第十位為檢查碼。

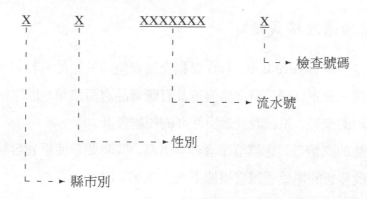

(2)學生之學號: 前兩位代表入學年度，第三位代表院別，第四位代表系別，第 5,6 位代表流水號。

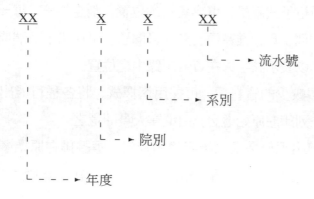

5.記憶代號 (memoric code)

　　利用資料值的名稱，種類或規格等作為代號者，此種編號方法可幫助記憶。例如國家名稱的代號編定如下: 中華民國 ROC，美國 USA，日本 JAP。

編定代號應考慮的因素包括：⑴儘量使用具有含意的代號。⑵儘可能使用現行代號系統。⑶儘可能使用記憶代號。⑷代號應獨一無二，不得有一個以上的資料代號和重複。⑸代號碼應具擴充性。⑹代號應簡單化。⑺代號應保持穩定，不可隨意加以變更。

四、原始憑證格式設計

原始憑證 (source document) 是指交易發生時的原始資料表單。如購物時的統一發票，請假時之請假單及訂購貨品之訂購單。因原始憑證是輸入資料的來源，系統設計師應好好的規劃設計。

理想的原始憑證應讓填單者容易填寫，同時要讓使用者容易閱讀使用，因此理想的原始憑證宜根據下列方法加以設計。

⑴資料排列順序應與閱讀順序相同，通常由上而下，由左而右依次排列。

⑵為使原始憑證容易填寫起見，憑證之格式可採用格子式或選擇式。所謂格子式就是在填寫資料的位置，劃定格子，每一格子限制填寫一個字母，惟為便於鍵入員閱讀，可在格子下端或上端編以號碼，以表示該字母在資料記錄中之位置。

資料種類較少的資料項，可採用選擇式，將各種可能出現的資料，預先列印在原始憑證，由填寫人員圈選之。

⑶可能重複出現於多張原始憑證的資料，應編排在原始憑證的上端，並將此類資料全部集中在一起，不得與其他變動性資料項目混合編排。

⑷性質相同的資料項目應編排在一起，亦即數字性質資料項集中在一起，文字性項目另外集中在一起。

五、輸入畫面格式設計

　　將原始憑證上的資料輸入電腦有三種方式：⑴使用光學閱讀機直接閱讀原始憑證。⑵使用磁帶登錄機或磁碟登錄機，然後利用磁帶機或磁碟機等輸入設備，輸入電腦。⑶由終端機直接鍵入處理。輸入格式的設計必須具有親和性 (user-friendly)，設計方法列於下：

　　⑴應設計不捲動畫面，使鍵入資料能直接顯示在螢幕上，供鍵入人員核對所鍵入的資料是否正確。

　　⑵畫面格式應配合原始憑證格式設計，加註表頭和識別文字。

　　⑶鍵入資料應利用程式自動檢核，對於不正確的資料立即顯示，使鍵入人員及時修正。

　　⑷對於重要的資料應使用高亮度或閃光文字顯示之。

　　⑸顯示資料之位置，應標出長度與格式。

　　⑹設置鍵入方法畫面，供使用者參考。

　　歸納常用的資料登錄設備為：

　　⑴磁帶登錄機 (key to tape)。

　　⑵磁碟登錄機 (key to disk)。

　　⑶光學字符閱讀機 (optical character reader, OCR)。

　　⑷終端機。

第四節　控制設計

　　系統所產生的資訊必須具備高度可靠性與準確性。控制設計就是用來確保資訊系統的可靠性與正確性，是開發資訊系統重要的課題。在探討控制設計之前，先瞭解導致資訊錯誤的原因，可歸納為下面三項：

1.機器故障

機器維護不良或機房空調不良（溫度與濕度）等。

2.人為錯誤

人為錯誤的原因很多，如故意破壞舞弊、原始憑證填寫錯誤、處理程序錯誤、操作錯誤等等。

3.程式錯誤

程式邏輯錯誤，輸入資料的錯誤等。

為了防患這些錯誤，應有良好的控制設計。控制設計分為組織的控制、軟體的控制、原始憑證的控制及登錄的控制。

一、組織的控制

組織的控制就是指企業內部設置資訊系統的專責單位，各項作業由不同的人員或小組負責，權責劃分清楚，且有互相核對與防弊的作用。其中包括程式之設計與維護由不同的人員負責，以防程式被任意修改。資料的收集與登錄應分由不同的人員辦理，以防被竄改或遺失。各資料檔或資料庫應由非程式設計人員負責管理，以防止資料被偷竊、竄改或毀損。

二、軟體的控制

軟體的控制是指編輯程式的檢驗和針對輸入之原始資料加以審核是否有誤，並將錯誤資料列出，以避免輸入資料不正確。

編輯程式的檢驗方法有：(1)類別檢驗，(2)合理性檢驗，(3)限制檢驗，(4)一致性檢驗，(5)順序檢驗，(6)檢查碼的檢驗，(7)總數檢驗，(8)平衡檢驗等，分述於下。

1.類別檢驗

(1)檢驗是否為空白——例如人事資料記錄之姓名欄不得為空白，可檢驗其是否為空白，若為空白即屬錯誤資料。

⑵檢驗是否為數字——某些資料項目所含之資料值應為數字性，因此可檢驗其是否為數字性，若不為數字性即屬錯誤資料。如銷售資料記錄的金額欄應為數字。

⑶檢驗是否為文字——某些資料項目所含之資料值應為文字性，因此可檢驗其是否為文字性，若不為文字性即屬錯誤，例如國籍欄應為文字。

⑷檢驗是否為正數、負數或零，例如學生成績資料應為正數或零。

2.合理性檢驗

此種檢驗係判斷某一資料值是否合理，例如人事資料檔之性別欄，只能為 F（代表女性）及 M（代表男性），否則屬於錯誤。

3.限制檢驗

此種檢驗係判斷某一資料項目之內含值是否超出某一限制範圍，否則屬於錯誤。如薪資記錄資料之每月加班時間不能超過 40 小時，若超過即屬錯誤。又月份資料應在 1～12 之間。

4.一致性檢驗

此種檢驗係判斷所有相關資料項目所含資料值是否相互一致，若不一致則該資料為錯誤資料。例如，人事資料檔之性別欄與兵役欄具有相關性，當性別為女性而兵役欄有資料時，即屬於不一致情形。

5.順序檢驗

此種檢驗係判斷某一資料項目所含的資料值是否有重複或資料記錄是否有遺漏之情形。例如學籍資料檔不得有任何兩個學號相同，否則為錯誤資料。檢查方法是將學生資料記錄按學號予以排序，然後逐一檢驗是否有任何兩人的學號相同。

6.檢查號碼之檢驗

所謂檢查碼 (check digit) 是指附加於原數字資料的數字，它可為一位或兩位，其作用為判斷原數字資料是否正確。如身份證號碼原只有九位

（包括一個英文字母及八個數字），配合電腦化作業之檢驗工作，在最後附加一位數字，該數字即為檢查號碼。檢查號碼檢驗用於檢驗位數較多之代號性數字資料，如會計科目代號、身份證號碼、物料編號等等。其原因是資料大多數屬於數字性且位數多，以致在抄錄或鍵入時，極易發生抄錄錯誤或鄰位交錯，例如數字 2375 極易被抄錄為 2875，此為抄錄錯誤。2375 誤為 2735，此為鄰位交錯。

7.總數檢驗

此種檢驗係判斷所要鍵入的憑單是否有漏失，處理後之資料總數與原始憑證資料總數比較是否相同，若不相同即為錯誤，所謂資料總數係指資料總筆數及金額總計。有些系統會將處理後之資料之總數列於報表，資料管理員根據報表來核對。例如薪資系統檢核 100 名員工的加班時數，總加班時數為 810 小時並在報表上列印加班的總數；資料管理員收到此份報表後，根據原始憑單加以核對。有些系統會將資料的總數一起輸入，在處理完成時，電腦自動將實際處理的總數與輸入之筆數做一比較，不必由資料管理員用人工方式來核對。

8.平衡檢驗

此種檢驗應用於會計系統，會計系統的金額資料分借方與貸方兩項，而借方與貸方的金額應絕對相同，否則金額資料為不正確。此種處理方式是逐筆檢驗借方與貸方金額，是否相同，或逐筆累計其借、貸方金額，俟全部資料處理完成後，再檢驗累計借方、貸方總金額。

三、原始憑證控制

此種控制主要目的是防止原始憑證漏失或內容填寫不實的情形，其控制有兩種方式：(1)利用分批控制單，在整批的作業系統下，各部門或各地區之原始憑證應定期彙總成批，然後送交電腦中心資料管制部門點收核對，若有錯誤，應加以更正或退回原單位處理。為便於資料管制部門的點收與核對，通常均使用「分批控制單」為控制之用。各部門於彙送每批原始憑單時應分別填寫一張分批控制單，此分批控制單主要是在描述該批原始憑單之數量、批號、彙送單位，資料發生日期及其他種種控制資料等。例如A食品公司的會計系統的交易資料有三種憑單（收入傳票、支出傳票及轉帳傳票），假如民國八十六年七月十五日有三張支出傳票及二張收入傳票，則其分批控制單如下：

A食品公司

傳票分批控制單

民國 86年 7月 15日

憑單名稱	傳票號碼	金　　額	備註
收入傳票	2001～2002	3,400.00	
支出傳票	1060～1062	67,000.00	
傳帳傳票			
合計		70,400.00	

為防止原始憑單漏失，可規定每一張原始憑單應分別編定一流水號，因此資料管制員在收到原始憑單後，可逐一查對每張原始憑單之流水號是否有缺漏之情形，若有缺漏即表示資料有問題，應以退查。

四、登錄控制

原始憑單經資料管制部核對無誤後，即可轉交資料登錄部門 (data entry department) 從事資料登錄工作，在資料登錄作業中，往往因鍵入人員操作不當或閱讀錯誤而造成不正確的資料登錄，為使此種錯誤能及時發現並更正，通常採用驗證 (verification) 與審查 (validation) 措施。

1.驗證

所謂驗證是指資料經鍵入人員鍵入媒體，該批資料必須再由另一位鍵入人員利用登錄設備（磁帶登入機或磁碟登入機）重新再鍵入一次，並與原登錄之資料相比較，若兩次鍵入資料相同，即表示該資料正確無誤。反之，若兩次鍵入資料不相同時，即表示該資料有問題，可能是第一次鍵入者有錯誤，也可能是第二次鍵入有錯誤。

2.審查

鍵入的資料項要透過編輯程式的檢驗，這些檢驗涵蓋：(1)類別檢驗，(2)合理性檢驗，(3)限制檢驗，(4)一致性檢驗，(5)順序檢驗，(6)檢查號碼的檢驗，(7)總數檢驗，(8)平衡檢驗。

第五節　處理設計

輸出設計完成後，接著應規劃處理設計，也就是要根據系統作業程序、使用者需求、各種輸出入資料檔相互關係及電腦作業特性等因素，規劃設計一套作業程序和方法。

一、系統類型與程式類型

資料系統若按作業來分，大致可分為：(1)整批（批次）處理系統，(2)連線處理系統，(3)分時處理系統，(4)即時處理系統。這些已在第三章討論。至於程式的類型可分為：(1)編審程式 (edit program)，(2)排序程式 (sort program)，(3)更新程式 (update program)，(4)合併程式 (merge program)，(5)列表程式 (list program)，(6)查詢程式 (query program)。

二、處理設計的工具

常見的有：

1.系統流程圖

系統流程圖係以圖號為工具來描述整個系統的作業程序和各種輸入資料檔的相互關係，繪製流程圖是要讓人看得懂，因而繪製流程圖應注意下列各點：(1)按作業程序由上而下，由左向右繪製。(2)使用標準圖號。(3)使用圖軌繪製，避免符號大小不一致。(4)圖號應保持適當距離。(5)箭頭線條應避免交叉之情形。(6)為使系統流程圖能更明白的表示其意義，通常在圖形內以文字加以說明或分別編號，以資識別。

舉例說明：編審程式為：

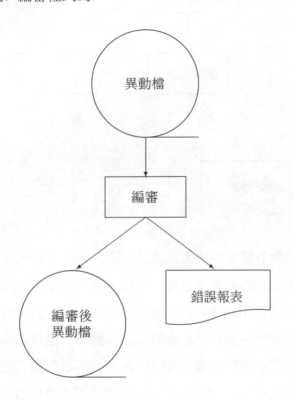

又更新程式為：

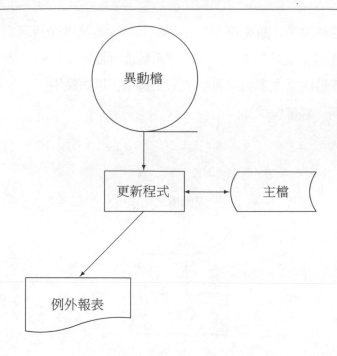

更新程式　主檔

例外報表

異動檔

　　圖 9–4 的會計帳務系統的系統流程圖，系統之原始憑單為傳票與更正單，應經登錄作業轉存磁帶檔，然後才輸入電腦，利用編審程式處理之，編審程式所產生的例外報表應送給資料管制人員核對更正，正確之異動資料檔則使用合併程式合併於其他異動檔。經合併後之異動檔經排序後，可用以更新會計主檔，及列印總分類帳日計表。在辦理結帳時，應利用會計主檔的資料列印各種會計報表，如資產負債表，損益表等，下面是系統流程圖程式類型作業方式。

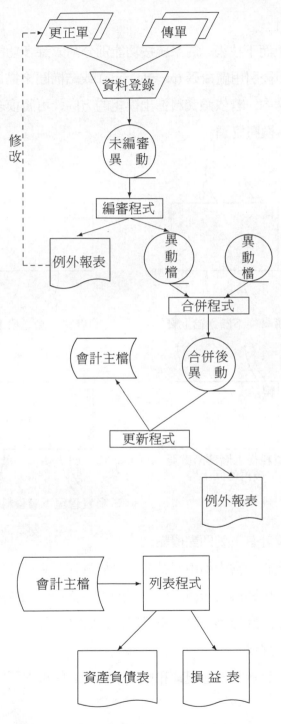

圖 9-4　會計帳務系統的系統流程圖

2.結構化設計

採用由上而下技術，將系統按功能別分割成許多功能獨立而且程式化的模組，而後引用虛擬碼 (pseudo code) 或結構圖來描述系統的結構與層次。結構圖中，若依照資料進出模組的方向，可將模組分為四類，輸入、輸出、轉換與協調。

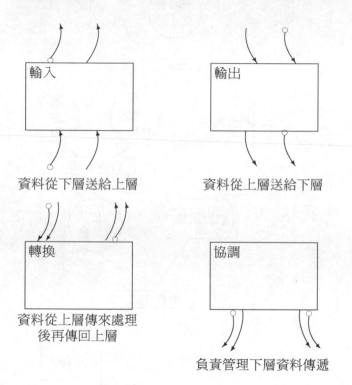

結構化設計有下列四點優點：

(1)結構化設計當中引用了結構圖來描述整個系統的結構和層次，結構圖是用圖形表示模組和模組間的架構和介面的關係。

(2)結構化設計提供了設計指導原則，使得設計者在模組的層次上就能分辨好壞。

(3)結構化設計為一些規則和程序，利用這些規則可以做到良好的設計。

⑷結構化分析中提供兩種主要設計策略——轉換分析及交易分析，系統設計師根據需求規格很容易轉換為設計規格。

第六節 系統設計程序

系統設計的主要工作已經在上面幾節討論過，此節將彙總為系統設計程序，它的主要工作程序為：⑴輸出設計，⑵資料庫或資料檔設計，⑶輸入設計，⑷處理設計，⑸控制設計，⑹檢討。

可用 DFD 圖表示上面工作程序。

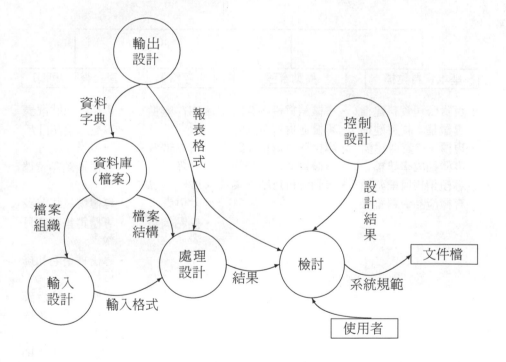

圖 9-4 系統設計程序

個案 1：系統操作說明

美美服裝股份有限公司是國內著名的專櫃服裝銷售公司，業務遍佈全省各百貨公司，業績頗佳，為了隨時掌握庫存、瞭解各專櫃業績及各專櫃銷售統計表，美美服裝公司開發了專櫃進銷存管系統，系統的功能如下：

1.系統的功能

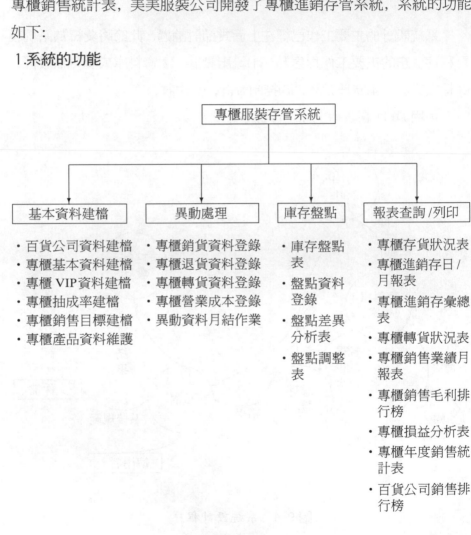

專櫃服裝存管系統			
基本資料建檔	異動處理	庫存盤點	報表查詢/列印
・百貨公司資料建檔 ・專櫃基本資料建檔 ・專櫃 VIP 資料建檔 ・專櫃抽成率建檔 ・專櫃銷售目標建檔 ・專櫃產品資料維護	・專櫃銷貨資料登錄 ・專櫃退貨資料登錄 ・專櫃轉貨資料登錄 ・專櫃營業成本登錄 ・異動資料月結作業	・庫存盤點表 ・盤點資料登錄 ・盤點差異分析表 ・盤點調整表	・專櫃存貨狀況表 ・專櫃進銷存日/月報表 ・專櫃進銷存彙總表 ・專櫃轉貨狀況表 ・專櫃銷售業績月報表 ・專櫃銷售毛利排行榜 ・專櫃損益分析表 ・專櫃年度銷售統計表 ・百貨公司銷售排行榜

2.操作程序

(1)開機後出現選單式的選項，輸入功能代碼。

◀ 專櫃進銷存管理系統 ▶

基本資料建檔	01)百貨公司資料建檔 02)專櫃基本資料建檔 03)專櫃 VIP 資料建檔 04)專櫃抽成率建檔 05)專櫃銷售目標建檔 06)專櫃產品資料維護	異動處理	08)專櫃銷貨資料登錄 09)專櫃退貨資料登錄 10)專櫃轉貨資料登錄 11)專櫃營業成本登錄 12)異動資料月結作業 13) 14)	庫存盤點	15)庫存盤點表列印 16)盤點資料登錄 17)盤點差異表列印 18)盤點調整作業
報表查詢／列印	19)專櫃 VIP 標籤 20)專櫃存貨狀況表(成本) 21)專櫃存貨狀況表(售價) 22)專櫃進銷存日報表 23)專櫃銷銷存月報表 24)專櫃進銷存彙總表 25)專櫃轉貨狀況表 26)專櫃銷售業績月報表		27)專櫃銷售目標達成率表 28)專櫃銷售毛利排行榜 29)專櫃產品銷售排行榜 30)百貨公司銷售排行榜 31)專櫃百貨公司對帳表 32)專櫃損益分析表 33)專櫃年度銷售統計表 34)		

請 輸 入 功 能 代 碼……〔　〕　　　　　　　　ESC.結束作業

(2)若選用功能代號 01 百貨公司基本資料建檔，則出現下列畫面。

〔美美服裝　＊＊百貨公司基本資料建檔＊＊　程式編號：SAL015

資料筆數：22

編號：？

公司名稱：
公司地址：
發票地址：
統一編號：
電話號碼：
負　責　人：
備　　註：

〔百貨公司資料檔〕
編號	公司名稱
005	法聯百貨公司
019	東帝士拍賣櫃
026	嘉義遠東百貨公司（拍）
027	宏總百貨公司
029	東帝士百貨公司
030	今日百貨公司
031	明曜百貨公司
032	愛買百貨公司
033	巧立百貨公司
035	環亞百貨公司

〔美美服裝 ＊＊百貨公司基本資料建檔＊＊ 程式編號: SAL015

編號: 019   資料筆數: 22

公司名稱: 東帝士拍賣櫃	
公司地址: 臺南市西門路四段 149 號	
發票地址: 臺南市西門路四段 149 號	
統一編號: 23876887	
電話號碼: 06-2547852	傳真號碼: 06-2547856
負 責 人:	連絡人:
備　　註:	

(3)若選用功能代號 08 專櫃銷貨資料登錄，則出現下列畫面。

〔美美服裝 ＊＊ 專櫃銷售資料登錄 ＊＊ 程式編號: SAL013

銷售日期: 86/01/01
專櫃代碼: EH302A 名稱: 東帝士百貨 HM

序號	產品貨號	品	名	顏 色	特價品(Y/N)	VIP卡號
			售價	折數	金額	折讓	實收金額
01	H28261-65	兔裝		01 綠	N	
			690	90.0	621	0	621
02	H20041-80	抱巾		01 水	N	
			650	90.0	585	0	585
03	H21111-75			01	N	
			420	90.0	378	0	378
04	H21111-75			02 粉	N	
			420	90.0	378	0	378

全折:	528	八折:	0	六折:	0	特價品:	720
九折:	10,395	七折:	0	五折:	0	合 計:	11,643

(4)若選用功能代號 16，盤點資料登錄，則出現下列畫面。

〔美美服裝　　　＊＊專櫃銷售資料登錄＊＊　　　程式編號: SAL013

專櫃編號: EH302A　東帝士百貨 HM
截止日期: 86/03/31
產品貨號: -　　　　　　＜筆數限制:260　目前筆數:260　目前指標: 1＞

產 品 編 號	品　　　　　　　名	顏　　　　色	盤 點 數 量	
	長袖套裝	(01)蘋果綠	0	
B1025	嬰兒床	(01)白	0	
B1095	嬰兒床	(01)白	0	
B2005	布帽	(01)	0	
B2006	藤帽	(01)	0	
B2007		(01)	0	
B2007	素面領結	(02)	0	
B2008		(01)	0	
B3812-0360	卡通幼童襪（長）	(20)黃	0	
B3812-0360	卡通幼童襪（長）	(29)淺粉	0	
B3822-0390	音符幼童襪（短）	(30)紅	0	
B3822-0390	音符幼童襪（短）	(70)藍	0	
B3832-0510	蕾絲幼童襪 13-14cm	(10)白	0	

⑸若選用功能代號 30，百貨公司銷售排行榜，則出現下列畫面。

＊＊　專櫃銷售毛利排行榜　＊＊

製表日期：86/06/16　　　　資料期間：86/02 - 86/02　　　　頁數：1

專櫃編號／名稱	銷售金額	銷售成本	銷售毛利	排名
EH301A 巧立百貨 HM	318,723	134,597	184,126	1
EH302A 東帝士百貨 HM	258,611	107,366	151,245	2
EH100A 今日百貨 HM	188,717	96,332	92,385	3
EH303B 遠東百貨（和美拍品）	68,750	13,222	55,528	4
EH201A 龍心百貨	11,899	5,474	6,425	5
EH102B 環亞百貨 - 拍賣花車	0	0	0	6
EH103A 台北辦事處（遼寧街）	0	0	0	7
EH108B 永琦百貨	0	0	0	8
EH109B SO-GO百貨（和美拍品）	0	0	0	9
EH202B 中友百貨 - 拍賣花車	0	0	0	10
EH301B 巧立百貨	0	0	0	11
EH302B 東帝士 - 拍賣花車	0	0	0	12
	846,700	356,991	489,709	

個案 2：應收帳款的處理

　　個案公司批發各種五金製品數百種，過去每當貨品送交客戶後，貨款都能順利回收，因此不覺得應收帳款的工作是如何繁重。最近由於景氣不好，銀根收緊，貨款常常一拖就幾個月。這種現象一多，處理日漸麻煩，甚至有時因收款之事而爭吵。因而應收款分為未收及應催收兩種，公司要知道那一筆貨款已經超過 30 天而未收款者，將其歸納為應催收的對象。

　　為了應收帳款的處理，公司決定用電腦製作「應收帳款明細」及收款明細。首先要將客戶和商品做一編號。客戶編號最好考慮商店之所在，這時郵政號碼是一個值得應用的代號。

　　客戶編號設計如下：

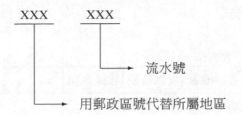

流水號

用郵政區號代替所屬地區

輸出的形式為:

1.應收帳明細

| 程式代號: ＿＿＿＿＿＿ 日期: ＿＿＿＿ 頁: ＿＿＿ |

應收帳款明細

銷售編號	客戶編號	客戶名稱	銷售日期	應收日期	商品名稱	商品代號	單價	數量	金額	備註
小計										
總計										

2.輸入及檔案之形式

收費卡

銷售編號	客戶編號	收款日期	收款金額	

未收主檔

銷售編號	客戶編號	客戶名稱	銷售日期	商品名稱	商品代號

單　價	數　量	金　額	銷售編號

應催收檔

銷售編號	客戶編號	客戶名稱	銷售日期	商品名稱	商品代號

商品代號	單　價	數　量	金　額	銷售編號	

3.處理程序

(1)所有未收資料都記存於未收主檔內，根據本次之收費卡更新未收主檔，根據未收主檔內之銷售日期和由輸入讀進來的日期判定應催收的對象，同時印出收款明細。

(2)為了配合後面之印表形式，以客戶編號為 Key 作分類處理。

(3)印出應收帳款明細，如果客戶編號內亦曾考慮地區之分類，則應收帳款明細，可以地區別印出。

其流程如下圖：

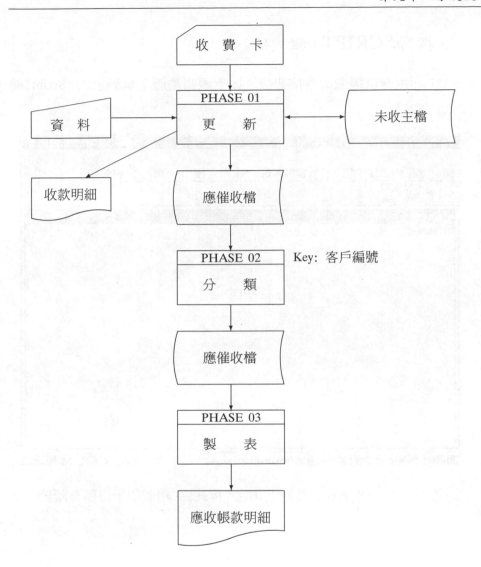

第七節　電腦實例

　　此節將介紹 PowerBuilder的步驟五：撰寫 SCRIPT（程式碼），以連結 "資料視窗"。

一、撰寫 SCRIPT（程式碼）

(1)利用滑鼠選取命令按鈕後，按下視窗繪圖工具列上的 "Script" 繪圖器。

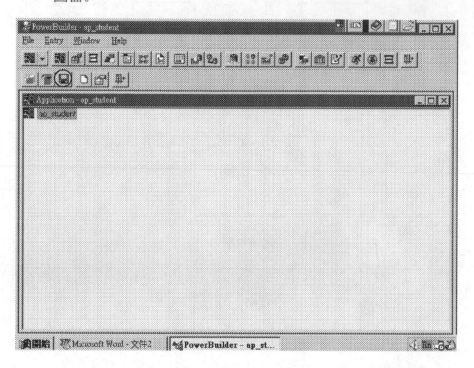

(2)寫入以下程式碼，按左上角之 "程式碼" 繪圖器予以儲存離開。

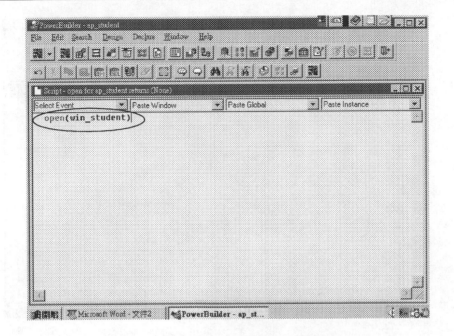

(3)按下 "是" 以確定儲存此程式碼。

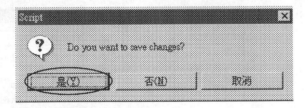

二、開啟視窗

(1)選擇 "視窗" 繪圖器。

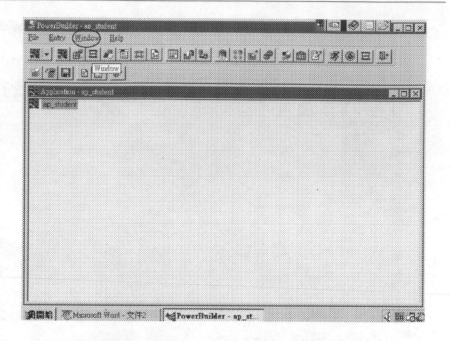

(2)開啟視窗 "win-student"。

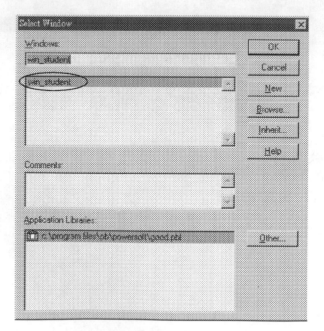

(3)在網點視窗工作區處及各功能鍵上按下滑鼠右鍵, 出現選單 (Menu)

後, 選擇 Script 項目以撰寫程式碼。

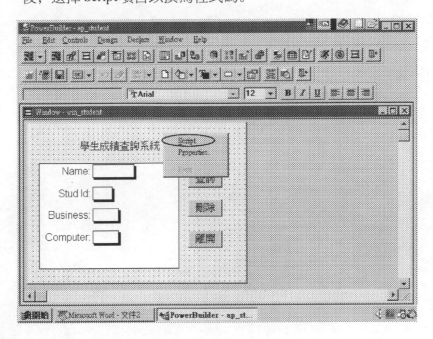

視窗

    connect using sqlca;

    dw_1.settransobject(sqlca)

    dw_1.retrieve()

新增

    dw_1.insertrow(0)

    dw_1.scrolltorow(dw_1.rowcount())

刪除

    dw_1.deleterow(0)

儲存

    dw_1.update()

    commit using sqlca;

離開

    close(parent)

前一筆

    dw_1.scrollpriorrow()

下一筆

    dw_1.scrollnextrow()

問題討論

1.解釋下列名詞:

　(1) IRG

　(2)檔案的活動性

　(3)檔案的揮發性

　(4)區段因素

2.在分析過程中常利用個體關係模式 (Entity-relationship) 來分析表示資料
庫之模式或組織。請回答下列問題:

　(1)繪出實體，關係所用的最常見的圖形，並註明之。

　(2)繪出實體，關係中各種可能存在的對應種類。

3.代碼設計的主要優點為何? 有那些基本原則? 代碼的種類為何?

4.在輸出設計時，報表依其特性可分為那些類別? 輸出設計步驟為何?

5.何謂系統設計? 系統設計的程序為何?

6.檔案的媒體有磁帶及磁碟，敘述其優缺點。

7.用大綱方式說明在系統輸入、處理程序、系統輸出方面的控制方法。

8.若依檔案的功能來區分檔案，可分為那幾類? 若依其處理方式來區分
時又如何?

9.資料輸入的方法有那些? 如何決定合適的輸入方式?

10.試說明系統輸入、處理程序、系統輸出的控制方法。

11.程式基本類型有六種,那六種?用系統流程圖或虛擬碼描繪更新程式。

12.敘述檔案主要儲存媒體，並說明其優缺點。

13.何謂結構化設計?

第十章　系統的建置

第一節　結構化程式設計

本書雖然鼓勵讀者儘量使用現代化之開發工具建立資料處理系統，然而目前仍有許多開發者以程式語言來開發系統以獲得最大之彈性。此外，許多現代化之開發工具也都延伸了結構化程式設計的概念，故而本章仍針對此主題加以介紹。結構化程式設計是 60 年代末至 70 年代中形成的技術，它主要包括兩方面：

⑴程式編寫時使用控制結構的要求，強調使用幾種基本控制結構，避免使用會降低程式結構性的分支跳躍敘述（如 GO TO 敘述）。

⑵在軟體開發的設計與製作過程中，提倡採用由上而下 (top down) 和逐步細緻化的原則 (stepwise-refinement)。

一、結構化程式

結構化程式之產生乃是由於 GO TO 敘述造成程式結構的混亂，使程式的品質下降，而在程式撰寫時若只用三種最基本的控制結構，這樣的程式便可以完全避免使用 GO TO 敘述。這三種（有時加上 CASE 結構，稱為四種）結構是：

循序結構

選擇結構——IF...THEN...ELSE

迴圈結構——DO WHILE 或 DO UNTIL

這樣構成的程式可以完全避免使用 GO TO 敘述。關於 GO TO 敘述的使用，有些學者贊成完全不要使用 GO TO 敘述。但基於程式語言的特性，在某些情況下，用 GO TO 敘述還是比較直接了當。例如在 FORTRAN 或 BASIC 等語言的某些版本，常不可避免要使用 GO TO 敘述。目前語言已朝向具有前面敘述的三種最基本的控制結構發展，如 FORTRAN 90 與 COBOL 90 等。

一般而言，程式中可以完全不用 GO TO 敘述。如果在特殊情況下，由於一些特定的要求，偶爾使用 GO TO 敘述能解決問題，那也未嘗不可，只是不應大量使用。

二、結構化語言

早期的程式語言，由於沒有考慮到程式結構化的要求，自然未直接支援幾種基本控制結構的特性，例如早期的 FORTRAN、COBOL、ALGOL及 BASIC 語言大都沒有一些與基本控制結構相對應的控制敘述。我們稱這些語言為非結構化程式語言。

一些語言如 PASCAL、C 等具有與基本控制結構對應的控制敘述，可以直接寫出結構化程式，我們稱這些語言為結構化語言。雖然這些語言也包含 GO TO 敘述，但一般編寫時並不使用。

我們用流程圖說明 PASCAL 與 FORTRAN IV的控制敘述的比較。

(1)IF A THEN S

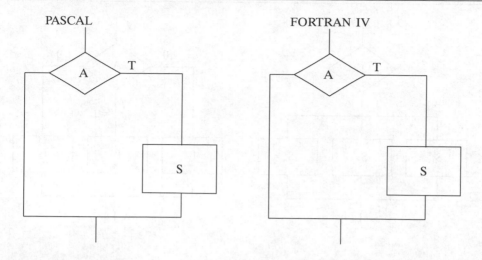

(2) IF A THEN S_1 ELSE S_2

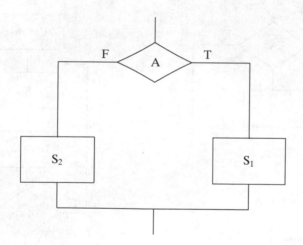

(3) CASE I OF a: S_1 IF(A) I_1, I_2, I_3

      b: S_2

      c: S_3

      :

      n: S_n

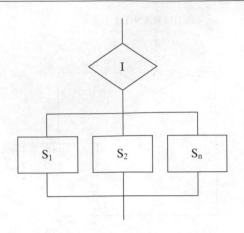

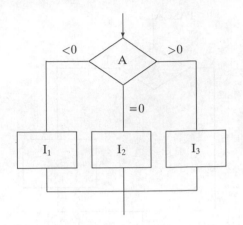

WHILE A DO S

DO 10 I=m_1,m_2,m_3

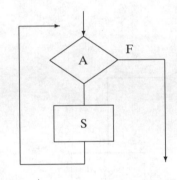

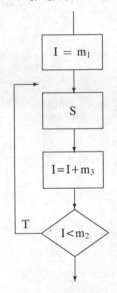

REPEAT S UNTIL A

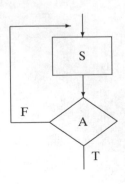

三、程式設計的原則

　　由上而下逐步細緻化是結構化程式設計的原則，把整個設計的過程分出層次，逐步加以解決。例如若要設計一薪資計算程式，首先可知薪資計算應有輸入、計算薪資金額及列印薪資表。用樹狀結構表示如下。

　　進一步要針對計算薪資金額問題，通常薪資金額與應發金額及扣除金額有關而應發金額又與基本薪資及獎金有關，因而逐步細化如下圖。

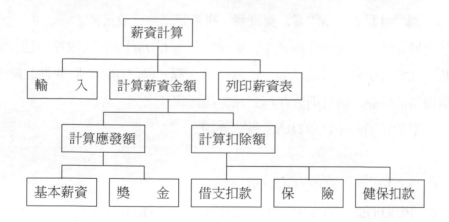

　　用結構化的方法產生的程式多半簡單清晰。它由許多模組組成，每個模組只有一個入口和一個出口，程式中一般沒有 GO TO 敘述，這種程式稱為結構化程式。與過去不加限制的使用 GO TO 敘述相比，結構化程式易於閱讀，易於驗證。但有了新的結構化語言，為何不能把老的

語言全部作廢，這是因為原來的硬體、軟體之限制及人們的習慣。

第二節　程式設計風格

　　早期的程式基本上沒有說明，這種程式難以閱讀，因此也難以維護。提高程式的可讀性是保證程式品質最好的方法。也就是說，所寫的程式若保持良好的設計風格，便可提高程式的透明性。註解是提高程式可讀性的手段之一。註解原則是可以出現在程式結構，配合效果更好。註解可分為兩類：序言性註解和描述性註解。序言性註解出現在程式的開端，一般包括：

　　(1)模組的說明。

　　(2)界面描述，包括被呼叫的模組，模組的所有參數的說明。

　　(3)一些變數的使用，說明及限制。

　　(4)開發歷史，如作者，複查者，複查日期，修改日期。

　　描述性註解是嵌在程式中，描述性註解有功能性和狀態性二種。功能性註解說明程式段的功能，通常可放在程式段之前面，狀態性註解說明資料的狀態，通常則放在程式段之後面。

　　舉例說明——FORTRAN 程式片段：

```
C
C   TITLE      SUBROUTINE NG
C   PURPOSE    THE PURPOSE IS TO CONTROL THE
C              DRAWING OF NG
C   CALL       CALL ON (KROW, IX, IY, KN)
C   INPUT      KROW- IS THE LINE ON THE TABLE WHERE
C                    THE NEXT LINE OF OUTPUT WILE BE
C                    PRINTED
```

```
C               IX— X-COORDINATE
C               IY— Y-COORDINATE
C               KN— IS THE NUMBER OF THE LAST NG

C  AUTHOR   MING.LEE
C  DATE     7/25/97
C  MODIFY:
C          7/28/97
C          CHANGE MADE TO ALLOW TABLES TO BE
           BUILT FOR PRINT
C
       SUBROUTINE NG (KROW, IX, IY, KN)
       DIMENSION PO(10), NG(10)
       INTEGER...
```

對於註解之注意事項有:

⑴註解應與所寫的程式一致, 所以修改程式需同時修改註解。

⑵註解應當提供一些從程式本身難以得到的訊息, 而不是重複程式的敘述。

⑶對敘述段做註解, 而不是對每個敘述做註解。

除了加註解以外, 寫程式要採用縮排法, 使之容易閱讀。如下面程式每一行書寫幾個敘述, 而且換行時未考慮程式結構, 不易閱讀。

$$DO \; I = 1 \; TO \; M \; ; \; T = 1; \; DO \; J = I + 1 \; TO \; N$$

$$IF \; A(J) < A(I) \; THEN \; DO \; T = J; \; END;$$

$$IF \; T < \; > 1 \; THEN \; DO \; H = A(T); \; A(T) = A(I);$$

$$A(I) = H; \; END; \; END;$$

如果採用下面敘述, 則可讀性會提高

```
           DO I = 1 TO M;
             T = 1;
           DO J = I + 1 TO N;
             IF (A(J)<A(I)) THEN DO
               T = J;
               END;
             IF (T< >1) THEN DO
               H = A(I);
               A(T) = A(I);
               A(I) = H;
               END;
           END;
           END.
```

一、程式風格

程式風格就是說如何寫程式，以提高程式品質。我們以: (1)變數名稱的選擇, (2)運算式, (3) GO TO敘述, (4)敘述結構, (5)輸入輸出, (6)編碼標準, (7)資料宣告來說明。

1.變數名稱的選擇

(1)採用一致且有實際意義的變數名稱。

例: D = S*T

Distance = Speed*Time

(2)不要用過於相似的變數名稱。

如: ELL, EMM, ENN

(3)同一變數名不要具有多種意義。

(4)對變數最好作出註解說明其意義，或使用一見其名便知其義之名稱。

如： X_Coordinate_of_Position_of_robot_arm

2.運算式

⑴注意添加括號。例如 $-A^{**}2$ 可為 $(-A)^{**}2$ 或 $-(A^{**})$。

⑵注意浮點運算的誤差。

如： 10.0 乘以 0.1 一般不等於 1.0

在區間〔0, 1〕中以增量為 0.1 作計算時，要注意迴圈是否將

進行 10 次。

⑶注意整數運算的特點，如 I/2*2 可能不等於 I。

⑷優先考慮程式的正確性，然後再要求運算的速度。

3.GO TO敘述

⑴避免不必要的 GO TO 敘述。

⑵不要使 GO TO 敘述相互交叉，例如:

> GRVAL = A(1)
>
> DO 25 I = 2, 10
>
> IF (A(I), GT. GRVAL) GO TO 30
>
> GO TO 25
>
> GRVAL = A(I)
>
> 30
>
> 25 CONTINUE
>
> GRVAL = A(1)
>
> DO 25 I = 2, 10
>
>   IF (A(I).GT. GRVAL) GRVAL = A(I)
>
> 25 Continue

4.敘述結構

⑴不要為了節省空間而把多個敘述寫在同一行。

⑵儘量避免複雜的條件測試。

(3)避免大量使用巢狀 IF 指令（不要超過 3 層）。

(4)利用括號使邏輯運算或算術表示式的運算次序清晰。

5.輸入輸出

(1)對所有輸入資料進行檢查。

(2)保持輸入格式簡單化。

(3)使用資料結束標記，不要要求使用者指定資料的數目。

(4)當程式語言對格式有嚴格要求時，應保持輸入格式一致。

(5)設計良好的輸出報表。

6.編碼標準

(1)每個模組之行數界於 35～50 行。

(2)巢狀架構不要超過 3 層。

(3)加上註解。

(4)使用縮寫時，縮寫規則應該一致。

(5)副程式及各變數之命名依一定規則。

7.資料宣告

(1)資料宣告的次序應該標準化（按照資料結構或資料型態確定宣告的次序）。

(2)多個變數名字在一個敘述中宣告時，應該按字母排序這些變數。

二、程式的效率

許多程式設計師往往片面地追求效率，這是過去電腦硬體價格昂貴所遺留下來的影響。近年來與人工費用相比，硬體價格越來越便宜；在任何環境下過於重視程式效率是不智的舉動，因為系統的成本不僅包含程式執行的時間，同時還有程式設計師及操作人員之費用。在寫程式時若一意追求執行的效率而損害可讀性或可靠性，會造成往後維護工作困難，所以從整體來看是不值得的。

　　此外，提高程式效率根本的方法則是於設計階段選擇良好的資料結構和演算法，而不是單靠撰寫程式時對程式敘述做調整；歸納起來，考慮程式效率時應注意下面幾點：

　　(1)要使程式執行更快之前要先使程式正確。

　　(2)要使程式執行更快之前要先使程式清晰。

　　(3)不要貪圖程式執行的效率而破壞程式的可讀性。

　　(4)讓編譯程式做簡單的最佳化。

第三節　將非結構化程式轉換為結構化程式

　　若不允許增加額外變數或編碼，要將非結構化程式轉換為結構化是不可能辦到。若允許增加額外編號或加入一些變數，則任何非結構化程式均可轉換為結構化程式。常用的方法有三：(1)重複編碼法 (duplication of coding)。(2)狀態變數法 (state-variable approach)。(3)旗標法 (Buclean flag technique) 分述如下。

1.重複編碼法

　　結構化程式基本的控制結構是一入口一出口。若程式非結構化可由其流程圖來看，有些方塊（含菱形及矩形）不符合一進一出的原則。例如下圖為一非結構化程式的流程圖，因方塊 5 有兩個入口，兩個出口。

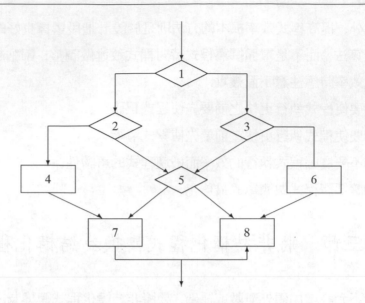

　　以下為採用逐步轉化為結構化程式流程圖的過程，並用虛線表示最後結果是結構化流程圖。

第 1 步驟

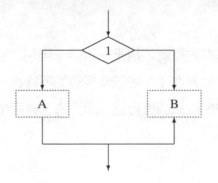

第2步驟

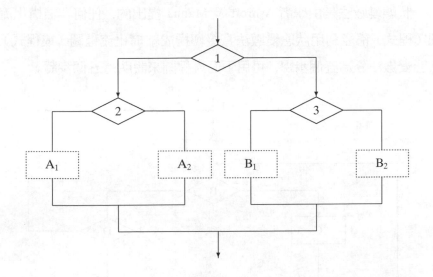

最後一個步驟

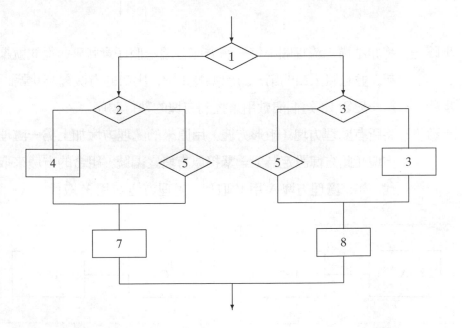

2.狀態變數法

　　狀態變數法是由學者 Ashroft 及 Manna 提出的，任何非結構化流程圖（程式）都能利用狀態變數法直接轉換成結構化流程圖（或程式）。狀態變數法分為五個步驟，可用下面流程圖來說明這五個步驟。

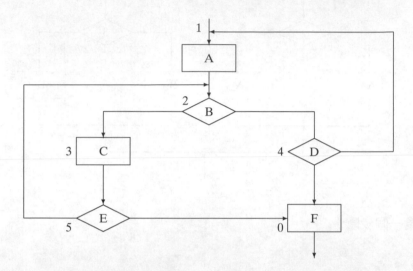

步驟一: 將非結構化流程圖中每一個方塊各編一個任意號碼，從 0 號編起，並且將入口的第一方塊編為 1 號，出口的方塊編為 0 號。

步驟二: 給一變數 I，這個變數用來控制方塊的執行順序。

步驟三: 將所有處理方塊（矩形方塊）用原來的處理方塊加上另一處理方塊（此方塊設定為 I = 緊接原方塊之編號）組合的方塊來取代。如: 處理方塊 A 用 1′ 取代，處理方塊 C 用 3′ 取代

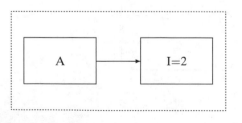

1′

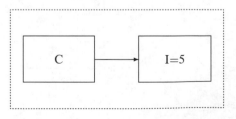

3′

步驟四: 將所有選擇（菱形）方塊因原來的選擇方塊加上另外兩個處理方塊（一為 I = 選擇方塊為真的執行方塊的編號, 另一為 I = 選擇方塊為假的執行方塊的編號）組合的方塊來取代。如處理方塊 B 用 2′ 取代, 處理方塊 D 用 4′ 取代, 處理方塊 E 用 5′ 取代

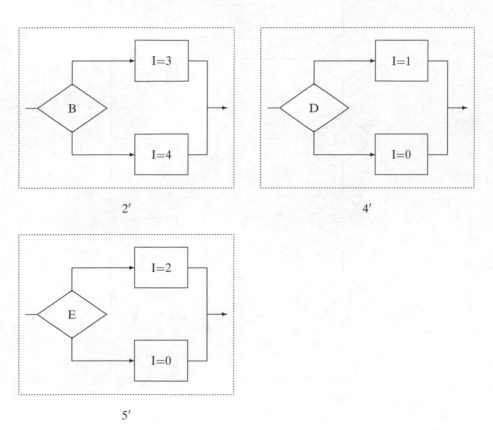

2′   4′

5′

步驟五: 將原來的流程圖重畫, 為了讓複合方塊先執行, I 設定為 1

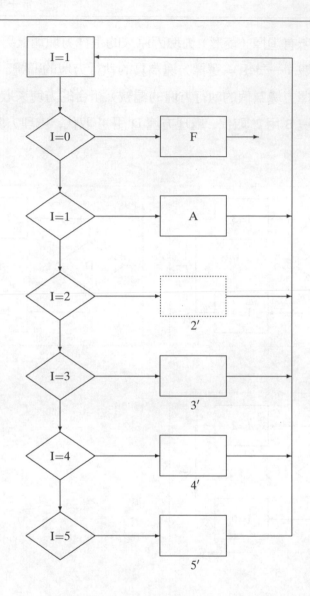

3.旗標法

在流程圖（或程式）的適當地方加上一個或一個以上的額外變數作為旗號(flag)，這些旗號的值只能是 1（表示真）或 0（表示偽），透過設定及測試旗號的值來取代 GO TO 敘述以控制迴圈流程，便可達成流程圖（或程式）的結構化。其作法如下。

　　在迴圈開始前增加一變數當做旗標，並且設定旗標的值為 1（或 0），
透過測試旗標的值決定是否跳出迴圈，如此可轉換成結構化型態。舉例
說明。

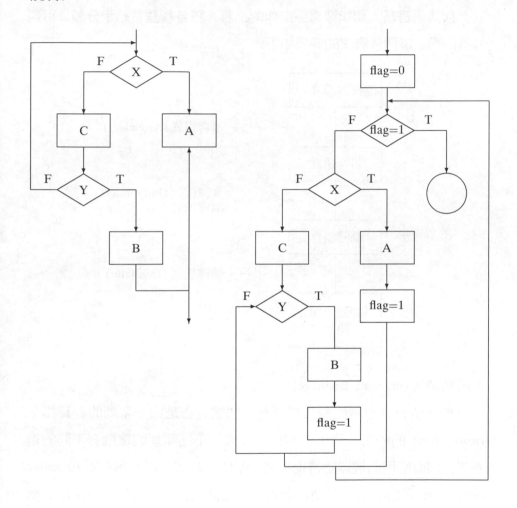

　　經過如此轉換，轉為結構化後為 REPEAT...UNTIL 之型態。

第四節　程式語言

　　程式語言是人類指揮電腦工作的工具，將各種語言給予分類，可劃分為四類。這四個層次的關係如下：

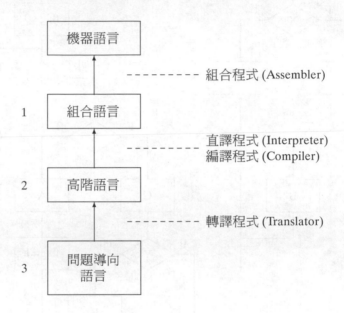

1.機器語言 (machine language)

　　機器語言是電腦能夠直接執行的語言，它是由一系列的計算指令 (instruction) 的一串 0 與 1 連續排列而成；不同類型的電腦有不同的指令集，因而使用的機器語言也不同。即機器語言是與機器有關 (machine dependent) 的語言。一般使用者不寫機器語言，因必須精通所使用的機器結構，才能直接用機器語言寫程式，程式的編寫及維護很困難。

2.組合語言 (assembly language)

　　直接編寫或讀機器語言有困難，因而將每一道機器語言基本指令用一助憶符號 (mnemonic symbol) 取代之，這種助憶符號稱為組合語言又稱

為低階語言 (low-level language)，因此組合語言是一種符號化程式語言，也是最接近機器語言的程式語言。除了巨集 (marco) 指令外，每一指令化為機器語言，不同型的電腦提供不同的組合語言，而且不能相通，所以組合語言是與機器有關的語言。用組合語言所寫的程式要用組合程式轉換成機器語言，電腦才能看懂。

3.高階語言 (high-level language)

組合語言所寫的程式與日常所使用的語言相差甚多，且要設計組合語言程式，除了要熟悉組合語言的用法以外，還要對電腦的軟體特性有所瞭解，學習與使用不方便，因而專家們依據科學、商業或統計等需要而發展一些比較接近人類日常語言的程式語言，稱為高階語言，如 BASIC、FORTRAN、COBOL、C、PASCAL、ALGOL 及 PL/I 等都屬於高階語言。

高階語言必須轉換成機器語言後才能執行；高階語言有兩種轉換方式：其一為將高階語言程式中全部的敘述都轉換成機器語言（即目的程式）之後才交由電腦執行，這種轉換程式稱為編譯程式 (Compiler)；另一是按高階語言程式執行時敘述的邏輯敘述逐一轉換並且執行，執行此功能的程式稱為直譯程式 (Interpreter)。

因高階語言不必熟悉電腦結構，而且只要經編譯或直譯後，就可在該型電腦上執行，因而高階語言是與機器無關的 (machine independent) 語言。高階語言只注重程序的編寫，而與電腦本身無關，因此高階語言屬於程序導向語言 (procedure-oriented language)。

4.問題導向語言 (problem-oriented language)

問題導向語言是高階層的程式語言，它是為了解決某些特殊問題而設計的，使得程式的編寫者能全力地進行問題本身的規劃，而儘可能不去管電腦本身及處理程序的細節。因此，只要對該類問題有相關瞭解的人，就能很快學會使用這類問題導向語言，有效地解決問題。常用的問題導向語言，有：(1) RPG(Report Program Generator)——IBM 公司發展出來的，適用於大量報表製作的語言。(2) GPSS(General Purpose System Simulator)——適用於系統模擬的程式語言。(3) STRESS(Structural Engineering System Solver)——適用於解決結構工程問題語言等。

有時候將語言分為第一代是機器語言，第二代是組合語言，第三代是高階語言，第四代是非程序語言，它與第三代語言最大的不同是在第四代語言僅告知做什麼而不像第三代語言要告知如何做，這樣的語言如 SQL(Structured Query Language)。第五代語言稱為自然語言，為具有人工智慧的語言。一般使用高階語言，因為高階語言具有下列優點：

1.學習容易、學習時間短

高階語言所用的敘述很接近人們日常所用數學式或英文句子，因此學習容易而且能短期內學會。

2.程式除錯容易

程式設計師不必考慮電腦的結構，而能盡全力找尋程式中演算法及程式設計上的錯誤；而且高階語言的敘述簡潔，因此很容易找出錯誤及進行修改。

3.具有與機器無關的優越性

用高階語言設計程式不需要熟悉電腦之結構就可進行，且只要經過編譯或直譯程式轉換後，就可在該型電腦上執行，因此高階語言具有與機器無關的優越性。

4.節省寫程式的人力及管理需求

高階語言平均一個敘述相當於十個組合語言敘述的功能，況且組合語言較難除錯，因此用高階語言編寫程式能減少許多對於人力及管理的需求。

5.卓越的文件能力

許多高階語言的結構本身就擁有卓越之文件記載能力。

　　下列簡單介紹各語言的特性，主要的目的是在程式設計時選擇適當而有效率的語言來撰寫程式。

1. FORTRAN (FORmula TRANslation)

　　FORTRAN 程式語言是存在最久，使用最普遍，且廣泛被應用於複雜的數學、科學及工程上之高階語言。FORTRAN 程式語言的特徵是它的文法，規則及結構與一般的數學公式非常接近。

2. COBOL (COmmon Business Oriented Language)

　　COBOL 是在 1959 年由美國電腦廠商、用戶與政府代表所組成的一個委員會所制定之高階語言，目前仍被廣泛地運用在商業上之程式語言。

　　COBOL 程式語言的特徵如下：

　(1)具有大量資料的輸入輸出及製作報表的能力，適用於商業上使用。

　(2)使用近似英文的句子及片語。

　(3)為標準化的程式語言，與機器無關。

　(4)缺乏複雜之計算處理能力。

3. ALGOL(ALGOrithmic Language)

　　ALGOL 是 1960 年前後由一個國際性委員會所制定之高階程式語言，歐洲地區非常流行，在學術界及國際刊物上的演算法經常用 ALGOL 來表示。但 IBM 公司未採用 ALGOL，且速度不如 FORTRAN，因而沒有 FORTRAN語言之普遍。ALGOL 是程式語言中第一個具有結構化的語言，其結構是以區塊 (block) 狀，每個區塊以 BEGIN 開頭，以 END 為結束。大區塊又可包含幾個小區塊，小區塊可包含更小的區塊。

4. BASIC (Beginner's All-purpose Symbolic Instruction Code)

　　BASIC 語言是 1965年由美國達特茅斯學院 (Dartmouth College) 所發展出來的一種高階程式語言，這種語言簡單易學，即使初學者也能在短

時間內學會這種語言。 BASIC 程式語言的特徵如下:

⑴簡單易學與 FORTRAN 程式語言類似。

⑵具有交談性 (interactive), 當電腦遇到立即執行型敘述 (immediate-execution model statement) 時就直接將該敘述解碼並且執行, 因此使用者可透過立即執行敘述與電腦直接交談; 這種交談便於教學。

⑶由直譯程式按程式執行時敘述邏輯順序逐步翻譯並且執行, 因此所需求的記憶空間很小。

5. PL/1(Programming Language/1)

PL/1 程式語言是在 1965 年由 IBM 公司綜合 FORTRAN、 COBOL 及 ALGOL 等三種程式語言的特點, 並且加入一些其它功能後, 所發展出來的高階語言。

PL/1 語言的特徵如下:

⑴具有 FORTRAN 程式語言的某些特性, 副程式可以獨立編譯, 有輸入輸出格式。

⑵具有與 ALGOL 程式語言類似區塊的結構, PL/1 的區塊結構稱為程序, 一個程序可以包含另一個程序。

⑶資料輸入輸出格式類似 COBOL 程式語言的記錄 (record) 格式。

⑷可定義多種資料型態、 數字、 字元、 串列、 陣列、 位元串列。

6. PASCAL

PASCAL 程式語言是紀念法國數學家 Pascal 而命名, 於 1971 年由瑞士蘇黎世 ETH 學院的 Wirth 教授以 ALGOL-60 及 ALGOL-W 為藍本, 加上資料結構的功能, 所發展出來的高階語言。

PASCAL 程式語言的特徵如下:

⑴語法定義非常嚴密。

⑵語法符合結構化程式設計的要求。

(3)具有擴張性之資料型態:

①除純量資料型態（包含實數、整數、布林代數及字元）外，還
包括自行定義的純量資料型態。

②將結構化資料型態擴充為記錄、集合、檔和指標等四種型態。

⑷有 ALGOL 類似之區塊 (block) 結構。

7. RPG (Report Program Generator)

RPG 程式語言是 IBM 公司所發展出來的語言，針對做簡單的計算
但需要印製大量報表工作所設計出來的一種表格化程式語言。RPG 的
特徵是簡單、易學，只要依照填表原則填製表格即可產生所需的報表。

8. LISP (LISt Processing Language)

LISP 程式語言是 1960 年左右由 John MeCarthy 與麻省工學院的一
個研究團體，所發展出來的一種函數性的語言，它以處理非數字符號為
主，對於人工智慧 (Artificial Intelligence, AI) 相關領域的問題處理能力很
強。

LISP 語言的特徵如下:

⑴程式與資料的型態視為相同，因此資料可視為程式執行，程式也
可當做資料作修改。

⑵LISP 程式語言用遞迴 (recursive) 為主要的控制結構，而一般的程
式語言以循環迴圈 (iterative loop) 為主要的控制結構。

⑶以串列為主要的基本資料結構，串列的基本運算為主要的操作。

⑷LISP 程式語言採用「垃圾收集法」 (Garbage Collection) 來管理堆
疊 (stack) 記憶體。

9. C (C Language)

C 程式語言是在 1972 年由 Dennis Ritchie 獨自修改 B 程式語言所發
展出來的; C 語言發展歷程如下:

ALGOL 60 (1960) → CPL (Combined Programming Language)(1963) →

BCPL (Basic Combined Programming Language)(1967) → B(1972) → C(1972)

C 程式語言的特徵包括:

(1)簡潔的運算式,但有多達四十幾種的運算符號,且資料結構及控制流程均很強。

(2)READ, WRITE 之敘述及檔案的存取功能都透過函數呼叫來達成,使得編譯程式所佔的記憶空間小,複雜度低,撰寫容易及移轉性高。

(3)利用 C 語言可寫出效率上能與組合語言所寫的程式相抗衡且易於瞭解的程式。C 語言能提供通常組合語言才有的位元運算,比其它高階語言更接近機器語言。因此 C 語言成為發展系統程式的利器。

(4)C 語言是一種自行編譯 (Self-Compile) 的語言,即 C 語言的編譯程式大部份是利用 C 語言本身編寫。

10. Ada 語言

Ada 語言是 1984 年正式應用於美國國防部及軍方的一種語言,它的特徵是:

(1)程式的層次分明,容易閱讀及維護,很容易將抽象觀念轉換成 Ada 程式。

(2)提供多元工作處理 (multitasking) 的功能,亦即一個程式能同時有多個工作 (task) 並行處理 (concurrent processing)。

(3)程式設計師若在程式中宣告同族化 (generic),則該程式便能在不同的資料型態下執行,而不必寫類似的程式。這個特性提高了程式的有效性。

(4)程式設計師可在程式中加入例外 (exception) 處理程序,當程式執行時若軟體或硬體發生錯誤,便由例外處理程序處理,然後繼續執行,而避免程式整個被當掉。

11. GPSS (General Purpose System Simulator)

GPSS 是問題導向語言，係針對系統模擬所發展出來的語言。

12. STRASS (Structural Engineering System Solver)

STRASS 也是問題導向語言，係針對解決結構工程問題而發展的。

13. APL (A Programming Language)

適合數學問題解決之程式語言，尤其是向量及矩陣之應用。

14. SNOBOL

SNOBOL 程式語言是在 1962 年由貝爾實驗室發展出來的，這種語言對於字串 (string) 的處理能力很強。

編譯程式 (Compiler) 和直譯程式 (Interpreter)

這二者之區別如下：

⑴編譯程式與直譯程式的輸入均為高階語言。編譯程式編譯後產生目的程式 (object program) 但不執行，直譯程式則按照輸入程式敘述的邏輯順序執行。

⑵編譯程式按照程式實體上執行順序進行處理，因而每一敘述處理一次，而直譯程式按邏輯執行順序進行處理，因而某些敘述可能處理好多次，有些敘述可能沒處理。

其優缺點比較如下：

⑴編譯程式的優點

①節省執行時間——每次執行時只要將已編譯完成的目的程式載入記憶體即可直接執行，而不必再進行原始程式解碼程序，因此可節省執行時間。

②節省解碼的時間——編譯程式按照原始程式實體上的輸入順序進行解碼，每個敘述只解碼一次，執行時則直接執行產生的目的程式，因此即使某些敘述重複執行多次也不必要重複解碼，所以節省解碼的時間。

⑵編譯程式的缺點

①執行時需要較大的記憶空間──原始程式中的單一敘述經過編譯程式解碼轉換為成千上萬的機器指令，而將轉換產生的目的程式存放在輔助記憶體中；欲執行該程式時，由載入程式將目的程式載入記憶體後執行之，因此執行時需要較大的記憶空間。

②儲存時需要較大的輔助記憶體空間──將原始程式與目的程式一起儲存，因此需要較大的輔助儲存空間。

③執行時若發生錯誤之處理，要先將原始程式修改，然後重新編譯產生目的程式，再重新執行，故較費時。

⑶直譯程式的優點

①執行時所需要的記憶體空間比較小──直譯程式按照原程式執行時敘述的邏輯順序逐一地解碼轉換並執行，而不是按照原始程式中所有指令都轉換後才執行，因此需要的記憶體空間比較小。

②儲存時需要的輔助儲存體空間較小──只要將原始程式儲存即可。

③執行階段發生錯誤之處理比較簡單而且節省時間──可直接修改敘述或資料後繼續轉換及執行。

⑷直譯程式的缺點

①執行所需要的時間比較長──每執行一次直譯程式，都需將原始程式直接輸入然後依照執行敘述的邏輯順序逐一地解碼、轉換並且執行，因而花費許多時間在敘述的解碼上，故執行所需要的時間比較長。

②解碼所需要的時間比較長──因某些敘述執行許多次，則每次都需要進行解碼轉換才能執行，故需要比較長的解碼時間。

第五節 個案探討

個案 1: 程式風格

程式設計師寫出下列程式片斷(虛擬碼),其中含有一些錯誤:

```
C    PROGRAM SEARCHS FOR FIRST REFERENCES
C    TO A TOPIC IN AN INFORMATION RETRIEVAL
C    SYSTEM WITH TOTAL ENTRIES
     INPUT N
     INPUT KEYWORD(S) FOR TOPIC
     MATCH = 0
     DO WHILE I ≤ T
         I = I + 1
         IF WORD = KEYWORD
             THEN MATCH = MATCH + 1
                 STORE IN BUFFER
         END
         IF MATCH = N
             THEN GO TO OUTPUT
         END
     END
     IF N = 0
         THEN PRINT "NO MATCH"
OUTPUT : ELSE CALL SUBROUTINE TO PRINT BUFFER INFORMA-
TION END
```

個案問題:

⑴若輸入的值 N 或 KEYWORD 不合理時會發生問題,試舉出這些變數為不合理值的例子。

⑵將這些不合理值輸入程式會有什麼結果?

⑶怎樣防止出現問題,程式如何防患錯誤?

個案 2: 優良程式所具備的品質

電腦科學大師 Yourdon 將優良程式的品質分為內部品質因子 (internal quality factors) 即模組化及易閱讀,及外部品質因子 (external quality factors) 有下列 7 項:

⑴依照規格說明書正確運作: 能按照使用者的需求運作,是決定程式優良與否的最重要關鍵。

⑵花費最低的測試成本: 測試是軟體開發中投入的時間、人力資源佔整體經費的一半,因而一些能降低成本測試的方法,均有相當的價值。降低測試成本最好的策略就是程式的可讀性。程式應力求簡單、清晰,避免自認很聰明,卻讓人看不懂的技巧。程式一定要加註解。

⑶花費最低的維護成本:

①採用結構化製作方式。

②製作能讓別人看懂,而不是只有自己才能瞭解的說明文件。

③程式風格力求簡單清楚。

⑷彈性大——易於變更、擴充與改良: 一個優良的程式應該具有容易變更、擴充及修改之特性,以順應需求的變動。

⑸完整的說明文件:

①操作手冊: 由系統分析師撰寫,在維護階段操作人員使用的文件。

②維護手冊: 在維護階段, 程式設計師使用的文件。

③使用手冊。

(6)花費最低的程式規劃成本。

(7)高效率:

①程式採用模組化, 程式容易修改。

②選用良好的資料結構, 勿將時間花費在不良的資料結構之程式設計上。

第六節 實例──倉儲管理系統開發過程

這個案例是由工管系某一組同學所合力完成的, 以下就整個開發過程分析介紹如下。

一、問題分析

1.公司背景

東陽實業廠股份有限公司 (Tong Yang Industry Co., Ltd.)

地址: 中華民國臺灣省臺南市安和路二段 98 號

創立時間: 西元 1952 年

設立時間: 西元 1967 年

營業類別: 汽車零件製造

營業項目: 交通器材及其零配件之開發、製造與銷售

廠房面積: 24 萬平方公尺

員工人數: 1400 人

主要銷售產品

汽車: 保險桿、水箱護罩、儀錶盤、擾流板、風管、引擎蓋、葉子板等類

　　　　機車: 擋風板、側蓋、置物箱、燈殼等

　　早期製造自行車把手及腳踏板零件，目前成為我國最大汽機車零件製造商，居我國交通工具零件同業第一位。東陽目前內外銷比例為 36% 及 64%，據估計美洲地區汽車市場規模約為我國的 50 倍，其汽機車零組件消費高佔全球第一位。在現有技術基礎與內外行銷通路下，東陽將朝向高附加價值及具生產規模經濟的產品發展才能提高整體獲利，東陽近年致力拓展全球市場以分散風險，除開發印度、東歐、俄羅斯等地區外，對日、歐、中東地區的成長幅度亦高出很多。

　　東陽有以下的利基存在: 公司產品齊全、行銷管道多、銷售地區廣有助於業績的成長。公司持續加強投入 CAD/CAM/CAE 電腦模具開發技術，對產品品質、生產時間縮短及成本降低有很大助益。公司執塑膠零件市場牛耳之地位，不論知名度、技術、行銷皆為此行業之最，所累積的產銷能力與市場熟悉均有助公司未來發展。汽車與機車之持有數量維持成長，將帶動汽車與機車之零組件需求。為了以自動化生產，臺南本廠及觀音廠擁有自動供料系統，及自動取出機械手，在無塵自動塗裝線開始生產的同時，引進塗裝機械手，更設置了全國最大 4000 噸直壓式射出成型機。在完善的「全面品質保證體系」下，產品曾獲頒美國 CAPA 協會「完全符合 CAPA 新品質標準」獎，及榮獲福特 Q1 品質獎，更通過 ISO 9002 品質系統認證，將「提供客戶最大的滿意度」視為品質保證的最高目標。

2.誰是我們的客戶

　　經過小組成員討論的結果，決定選擇我們工管系所學的主科「物料管理」的方向著手，經過東陽公司的組織系統（如下圖），決定出東陽公司製造本部中的「原料供應部門」主管為本組的 client(s)。

組織系統圖:

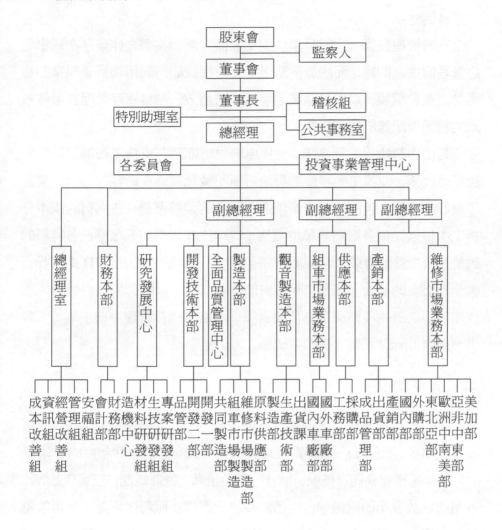

3.客戶要什麼

原料供應部門主管,在部門電腦化的方面,急需要一套「倉儲管理系統」,來妥善地管理物料相關的資訊。

4.為何選擇該系統

東陽公司的營業類別為汽車零件製造,因此其首要管理的事情就非

「物料管理」莫屬,在製造的過程之中,與物料庫存最相關的部門便是「原料供應部」。

物料管理在當今之競爭環境中不能僅考慮到文書之作業層次或單純之管理層次之問題,而應從策略之角度來探討如何利用物料管理來創造優勢之經營環境,以提昇企業之整體經營績效。物料庫存管理首重資料庫的維護與記錄的正確無誤。

藉由物料庫存管理系統,使得原料供應部門在支援工廠的原料時供應不虞間斷,使得工廠零件的製造訂單不致延誤,在顧客的心目中建立了良好的商譽,也同時為企業創造了更多的競爭優勢;在物料的成本分析之中得以知道各廠商的單位價格,從中比較取得最低價格;各物料的數量上可由盤點清單,得以適時的控制物料的存量,以達到 JIT 的境界,減少不必要的浪費,以及作呆廢料的控制處理,以降低呆廢料所造成的成本等等,這些優點便是為何要選擇以「物料庫存管理系統」為「原料供應部門」所急需要建構的系統。

二、資訊搜集

本組隊員赴東陽實業廠臺南本廠,於其「公共事務室」處取得「東陽事業集團」簡介和「東陽實業廠股份有限公司」八十四年度的年報。

該年報裡有公司之概況、簡介、公司組織、營運概況、主要產品等。本組透過該公司的組織圖,經過討論決定選擇「原料供應部」為這次電腦化的標的。所以對於「原料供應部」的作業情形還得作更進一步的了解。

本組不排除親赴東陽實業廠了解該工廠物料流系統的作業流程,以更能真切的了解物料、原料、在製品、製成品、商品的管理情形;並了解該工廠電腦化的真實狀況,以期能使本次的作業更具實務性,參考性。

三、可行性分析

1.經濟可行性分析

第一項、成本方面

　　⑴開發成本

　　　①硬體成本：

　　　⒜用戶端成本：3 台電腦＋網路卡＋印表機

　　　　估計 = (4 萬 × 3) + (1 仟 × 3) + 1 萬 × 1 = 13 萬 3 仟

　　　⒝網路介面成本：同軸電纜＋橋接器

　　　　估計 = 1 萬

　　　⒞後端資料庫成本：伺服器

　　　　估計 = 10 萬

　　　②軟體成本：

　　　⒜作業系統：winNT4.0

　　　　估計 5 仟

　　　⒝開發工具：PowerBuiler5.0

　　　　估計 5 仟

　　⑵使用成本

　　　⒜組織與流程改變的成本：

　　　　估計 = 1 萬 /per yr

　　　⒝系統維護合約費用：

　　　　估計 = 1 萬 /per yr

　　　⒞維護人員的成本：

　　　　估計 = 3 萬 /per yr

　　　⒟損耗器材成本：

　　　　估計 = 1 萬 /per yr

(3)總成本（淨現值法）

估計 = 30 萬 3 仟

第二項、效益方面

(1)一般效益

(a)可隨時獲取庫存狀況資料，避免停工待料或存貨過多，積壓資金。

(b)節省記帳及報表編製之時間、人力，減輕作業人員負荷，提高資料準確性。

(c)即時提供管理資訊及報表，以利分析、管理與決策。

(d)材料庫存作業程序可制度化、一致性。

(2)特殊效益

(a)提供待催、待購材料清單，可供適切規劃材料管理作業。

(b)提供超／呆材料分析表，可供適切管制材料採購。

(c)可與採購、工令及應付帳款管理系統等連接使用，具整體性利益。

2.技術可行性分析

本系統是以用 PowerSoft 公司之 PowerBuilder 5.0 為開發工具，配合現在之網路系統，架構起一個主從式架構的倉儲管理系統。就技術上而言，並無超過任何現在技術無法克服的困難。

3.法律可行性分析

法律的可行性分析必須考慮的範圍相當廣泛，諸如契約的訂立、雙方的權利與義務、智慧財產權的侵害與保護、以及其他種種法律陷阱。這些問題的複雜度絕非一般的工程人員所能掌握，所以應該聘請專業的法律顧問協助這方面的分析工作。

四、軟體系統分析

1.倉儲管理作業說明

第一項、前言

　　業務部門接受新訂單後，將結果記錄到需求檔，交給存管部門展開成原物料單 (BOM)，再去異動欠撥檔。

第二項、撥作業：

　　(1)每期期初劃定欠撥量給展開後的虛擬訂單。

　　(2)當新的訂單進來時，從虛擬訂單劃定欠撥量和已撥量給此訂單的需求量超過預算生產量，就開出緊急請購單。

　　(3)生產線領料時，根據生產訂單的號碼物料，增加已撥量，超發物料繳庫則減少已撥量。

　　(4)出貨時若是最後一批，則清除出貨訂單的欠撥資料，如果已撥大於欠撥，表示損耗率過高，印出損耗率報表。

第三項、領料進料作業：

　　(1)輸入領料單，進行出庫作業，印出損耗率報表、檢料單，並更新倉儲容量檔及庫存主檔。

　　(2)輸入進料單，進行入庫作業，印製高拒收率報表，並更新倉儲容量檔及庫存檔。

第四項、盤點作業：

　　(1)接受盤點通知，印出盤點清單。

　　(2)實地盤點後，輸入盤點結果。

　　(3)印製盤點調整表，漏盤報告，異常追蹤表。

　　(4)更新庫存檔，物料主檔，倉儲容量檔。

　　(5)印製庫存月報及庫存年度報表。

2.倉儲管理系統功能表

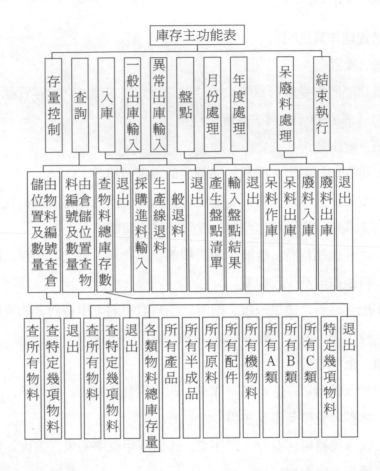

3.功能描述

第一項、使您知道您的倉庫裡有那些材料? 多少數量? 值多少錢?

電腦提供您隨時查詢材料異動及庫存狀況資料, 查詢的方式有全部、分類、單項等多種, 既迅速又準確。

第二項、材料基本資料處理

⑴提供您建立材料庫存基本資料, 每日、每月並自動做結存作業。

⑵提供您材料單價依企業之需要採平均單價或標準單價等。

(3)提供您依企業之需要採單一倉庫或多倉處理。

第三項、材料收發處理

　　(1)幫助您簡化料進庫、發料、領料、調撥、入庫、退庫、半成品入
　　　庫等異動之處理。

　　(2)自動提供您異動單據之編號。

　　(3)提供您異動單據輸入後、過帳前之修改功能。

　　(4)提供您依企業之需要採異動單據輸入後直接過帳或先暫存再整批
　　　過帳。

第四項、盤點處理

　　提供您盤點資料輸入、調整及報告列印。

第五項、報廢處理

　　提供您不良品報廢、除帳作業。

第六項、查材料庫存資料

　　提供您直接在螢幕上查詢各種材料價格、材料目錄、材料明細資
料、代用材料、材料現況及材料使用量、存貨價值等。

第七項、列印材料庫存資料

　　提供您各種材料庫存報表，包括：材料帳、材料使用統計表、待購
／待催材料清單、重要材料檢查表、材料價值分析表、庫存狀況表等。

4.操作程序描述

倉儲管理系統操作說明：

　　倉儲管制首重資料庫的維護與記錄的正確無誤，因此對各輸入錯誤
的警告與意外情況的偵測均需注意，除非檢查的項目完全正確，否則，
絕不輕易異動資料庫的記錄。

　　進入倉儲管制系統以後，螢幕會出現如下：

倉儲管理主功能表:

〈表1〉

倉儲主功能表:
(0)存量控制表
(1)查詢
(2)入庫
(3)一般出庫
(4)異常出庫
(5)盤點
(6)月份處理
(7)年度處理
(8)呆廢料處理
(Q)結束執行
選擇項目: __

(1)存量控制表

在倉儲主功能表〈表1〉, 選〈0〉, 則產生如下所示之存量控制表:

物料編號	物料名稱	實際庫存	欠撥量	已撥量	已訂未到量	安全存量
P0001	PP-ER	5466	0	0	0	100
P0002	PP-AA	894	0	0	280	100
S0001	PS-IVK	3576	700	0	140	100
S0002	PS-III	6875	0	0	250	100
V0001	PVC-UI	3598	1400	0	144	100
V0002	PVC-OS	41689	0	0	400	100

(2)查詢作業

在倉儲主功能表〈表1〉下, 鍵入〈1〉, 則進入庫存查詢, 出現如下的功能表:

〈表2〉

庫存查詢
(1)由物料編號查倉儲位置及數量
(2)由倉儲位置查物料編號及數量
(3)查物料的總庫存數
(4)離開查詢
請輸入→

①在庫存查詢〈表2〉下，選擇〈1〉，則螢幕顯示：

〈表3〉

由物料編號查倉儲位置及數量
(1)查所有的物料
(2)查特定幾項物料
(Q)離開查詢
請輸入→

②在庫存查詢〈表2〉下，選擇〈2〉，則螢幕顯示：

〈表4〉

由倉儲位置查物料編號及數量
(1)查所有的倉儲位置
(2)查特定項倉儲位置
(Q)離開查詢
請輸入→

③在庫存查詢〈表2〉下，選擇〈3〉，則螢幕顯示：

〈表5〉

查總庫存量
(1)所有各類物料的總庫存量
(2)所有產品
(3)所有半成品
(4)所有原料
(5)所有配件
(6)所有機物料
(7)所有 A 類
(8)所有 B 類
(9)所有 C 類
(0)特定幾項物料
(Q)離開查詢
請輸入→

(3)入庫

在倉儲主功能表〈表1〉下，鍵入〈2〉，則螢幕顯示如下：

〈表6〉

入庫主功能表
(1)生產線退料
(2)採購進料
(3)一般退料
(4)結束執行
選擇項目：__

①生產線退料

舉凡一切由生產線退回的正常物料（呆廢料以外），均由此部
份執行，例如成品、半成品的繳庫等等……。

鍵入〈1〉後，螢幕出現如下畫面：

輸入生產線退料項目	
訂單號項	
物料編號	
繳庫日期	
數量	

完成一筆進料的全部過程（在往後的採購進料與一般退料之選擇倉儲部份和以上過程完全相同），系統將詢問：

還有生產退料嗎？ (Y/N)

若輸入〈Y〉，將重覆以上過程；若已經輸入了所有生產線退料，則輸入〈N〉，退回入庫主功能表 6。

②採購進料

若在〈表 6〉下，鍵入〈2〉，則進入採購進料作業，螢幕顯示如下：

輸入下列項目以產生採購訂單	
採購訂單號碼	
物料編號	
允收量	
拒收量	
繳庫日期	
訂購量	
應到日期	

完成採購定單後，如果核對無誤，將進行選擇倉儲位置的工作，因其與生產線退料作業相同，請參閱前述部份倉儲選擇完畢之後，完成一項採購進料，系統接著會問：

還有採購進料嗎？ (Y/N)

若輸入〈Y〉，則重覆採購進料的入庫過程；如果已完成所有採購進料的入庫，則系統將計算每一單項的拒收率，發現有拒收率超過1%的單項，輸出一份高拒收率報表，以供管理當局參考，否則直接退回入庫主功能表。高拒收率報表格式如下：

高拒收率報表						
採購訂單號碼	物料編號	允收量	拒收量	訂購量	簽約日期	拒收率
100001	P10001	1000	10	1000	06/06/97	0.01
100002	P10002	200	10	5000	08/06/97	0.08
100003	P10003	350	10	3000	05/06/97	0.05

③一般退料之作業

這個部份包括所有除了(1)、(2)的入庫情況，如呆廢料修理好，成為正常品，不定期盤點發現物料失蹤等等。

在〈表6〉下，鍵入〈3〉，螢幕顯示如下：

輸入一般回料項目	
物料編號	
繳庫日期	
數量	

有關選擇倉儲的工作，則與生產線退料相同。

(4)一般出庫

在倉儲主功能表〈表1〉鍵入〈3〉，系統會要求如下輸入：

輸入出庫項目	
訂單號碼	
物料編號	
數量	

輸入完畢，照例進行檢查，若訂單號碼輸錯或物料編號打錯或訂單號碼與物料編號不吻合，則系統將警告：

　　訂單號碼與物料編號不合，要重新輸入嗎？(Y/N)

如果出庫的數量大於物料總量則造成短缺，系統將不會接受，並
提示如下，當我們重新輸入時，出庫數量不得超過現有存量，否
則出現警告：

```
物料總量　***　短　缺　***
現在存量為：　50
請按任意鍵，重新輸入……
```

輸入正確後，執行選擇倉儲工作，系統列出可供選擇的倉儲編
號、數量與繳庫日期及輸入指派項目，分別顯示如下：

[選擇倉儲]

倉儲編號	數量	繳庫日期
F32541	10000	06/06/97
F95475	20000	05/06/97
輸　入　指　派　項　目		
倉儲編號	F32541	
繳庫日期	06/06/97	
指派數量	5000	

已指派量：　0
未指派量：　1000

若無問題，則印出撿料清單如下：

倉儲編號	物料編號	記錄數量	需求數量	繳庫日期	附註
F25002	P6528	2145	100	01/06/97	
F65241	P6524	5845	4544	02/06/97	
F65852	P6548	6445	44547	03/06/97	短缺
F32548	P8542	7584	45457	04/06/97	短缺
F45874	P9547	7854	47578	05/06/97	短缺
F69124	P5678	4455	478	06/06/97	

產生撿料清單之後，若是剛才有成品出庫的項目在內，而且今天的日期比最後出貨日期晚或就是最後出貨日期，則系統將根據此成品所耗用的原料，其已撥量大於欠撥量者，輸出損耗率報表，亦即此報表在分批出貨的訂單中，只有全部出清了才會產生。

損耗率表如下：

損　耗　率　報　表				日期：06/06/97	
訂單號碼	物料編號	欠撥量	已撥量	差額	附註
00002	P2654	100	100	0	
00005	P6584	200	150	50	
00007	P5489	150	100	50	

請按任意鍵回到庫存主功能表……

⑸異常出庫

在倉儲主功能表〈表1〉按下〈4〉，系統顯示：

輸　入　異　常　出　庫　項　目	
物料編號	F3254
數量	100

輸入完畢，照例進行檢查，若物料編號打錯，則系統將警告：

　　　物料編號輸入錯誤，要重新輸入嗎 (Y/N)？

若查核無誤，則進行選擇倉儲的工作，與一般出庫所提相同，請參閱一般出庫程序。完成了一筆異常出庫物料，系統將詢問：

　　　還有異常出庫物料嗎 (Y/N)？

若輸入〈Y〉，將重覆上述出庫過程；若輸入〈N〉，同樣的，系統印出剛才所有輸入項目的撿料清單，此撿料清單及按倉儲編號印出，目的在使庫房人員能以最少趟數完成撿料工作。

(6)盤點

在介紹盤點工作前，先來看看盤點的原則，本公司以 A、B、C 分
類作為盤點的依據，A 類每月均須盤點，B 類每月隨機盤三分之
一的項目，如此三個月分三次可盤完；而 C 類則每年盤一次。在
倉儲主功能〈表 1〉鍵入〈5〉，執行定期盤點，則螢幕出現：

盤點主功能表
(1)產　生　盤　點　清　單
(2)輸　入　盤　點　結　果
(Q)結束執行
選擇項目：＿＿

在進行實際盤點工作前，先產生盤點清單以供盤點。清單如下：

倉儲編號	物料編號	繳庫日期	分類	盤點數量
F6528	P6582	01/06/97	A	
F3654	P6872	02/06/97	A	
F9548	P2153	03/06/97	B	
F5584	P2154	04/06/97	C	

若盤點完畢，則系統將檢查有無漏盤的物料，並印出：

[漏盤報表]　　　　　　　　　　　日期：　06/06/97

倉儲編號	物料編號	繳庫日期	分類	數量
F6528	P6582	01/06/97	A	
F3654	P6872	02/06/97	A	
F9548	P2153	03/06/97	B	
F5584	P2154	04/06/97	C	

請按任意鍵繼續……

若無漏盤，則印出

倉儲編號	物料編號	記錄數量	盤點數量	繳庫日期	分 類	附 註
F3654	S6528	1254	1254	01/06/97	A	
F6528	S3254	4102	4102	02/06/97	B	
F4256	S1254	2544	2544	03/06/97	A	

按任意鍵繼續……

以上盤點異常追查表為盤點過程系統詢問數量不符，需要資料差異頗大，應追究原因，送管理當局參考。

(7)月份處理

在倉儲主功能表〈表1〉下，按〈6〉，系統自動產生庫存月報表，並且計算每庫存累積量（此即為計算平均庫存之須）。庫存月報表範例：

庫存月報表　　　　　日期：06/06/97

物料編號	名 稱	數 量	分 類
P2654	PS-IVK	51265	A
P3561	PS-III	67645	B
P0354	PVC-UI	314745	A
P6852	PVC-OS	3585	C

請按任意鍵回到庫存主功能表……

(8)年度處理

接下來若到了年度結算，在倉儲主功能表〈表1〉按〈7〉，系統將根據每月庫存累積量算出平均庫存水準，再根據平均庫存水準，以公式（淨耗月量/平均庫存水準）得到周轉率，然後列印年度報表如下……

物料編號	名　稱	數　量	分　類	周轉率
P35465	PS-IVK	35422	A	9.54
P34535	PS-III	35465	C	12.13
P35463	PVC-UI	2311	B	10.26

請按任意鍵回到庫存主功能表……

(9)呆廢料處理

在倉儲主功能表〈表1〉選擇〈8〉，進入呆廢料處理功能表：

```
┌─────────────────────────────┐
│          呆廢料處理          │
├─────────────────────────────┤
│  ⑴呆料入庫                  │
│  ⑵呆料入庫                  │
│  ⑶廢料出庫                  │
│  ⑷廢料出庫                  │
│  ⑸呆料認定及列印呆料清單    │
│  (Q)離開查詢                 │
│  請輸入 ⟹ ____              │
└─────────────────────────────┘
```

①選擇〈1〉：首先請輸入物料編號及輸入數量而後可選擇倉儲位
　置，使用者可依需要選擇倉儲位置。

②選擇〈2〉：首先請輸入物料編號及輸入數量而後可選擇倉儲位
　置，使用者可依需要選擇倉儲位置。

　　　　　日　　期：06/06/97

　　　　　物料編號：P21564

　　　　　物料名稱：PVC-UI

　　　　　規　　格：

　　　　　數　　量：63546

若物料編號輸入錯誤，會出現提示句，可決定是否繼續？

③選擇〈3〉：首先請輸入物料編號及輸入數量而後可選擇倉儲位
　置，使用者可依需要選擇倉儲位置。

④選擇〈4〉：首先請輸入物料編號及輸入數量而後可選擇倉儲位置，使用者可依需要選擇倉儲位置。

⑤選擇〈5〉：首先依呆料認定原則認定呆料而後列印出呆料清單其表單如下：

物料編號	物料名稱	倉儲編號	最後領用日	呆滯日數	數　量
P34565	PS-IVK	F16354	06/06/97	24	A
P13245	PS-III	F13547	02/06/97	35	A
P95642	PVC-UI	F96543	03/06/97	25	B

五、雛型例示

雛型詳見.ppt 介紹檔，和 PowerBuilder 5.0 開發之倉儲管理程式。

六、總論

1.遭遇的問題

這次作業所遭遇的問題，主要仍發生在程式的撰寫上面。由於 PowerBuilder 對我們來說，是一個新的程式語言，也是我們第一次接觸視窗的、物件的語言。我們必須去重新的學習，學習完後馬上加以應用；加上它在資料庫上有其獨特的功能，因此發生的問題也多在其上。我把它簡單分成兩類：

(1)資料庫的定義：

①資料庫的欄位格式必須經過小組開會討論，統一格式；這對未來小組分開作業有很大的關鍵。

②資料庫定義後無法更改，因此在後來才發現問題時，可能就必須做些犧牲。

(2)程式的撰寫：

①PowerBuilder 的言法較為奇特（或說我們較為生疏），無法很
容易的寫出正確的一支程式，相對的，花在測誤上的時間也較
為增加，如此事倍功半的情況下，事情也就頗見艱難。

②由於客戶是虛擬出來的，一些細節上和現實有所出入，一些情
況都已經被假設過，簡化過，為的是增加程式的撰寫速度。

2.整組的評價

評價這套系統最簡單的方式就是看看它在學術上，在實務上究竟可
以發揮多少的能力，幫助公司增加多少的利潤。

在這套系統，我們利用重點管理來作好公司的倉儲作業，配合電腦
的技術，應用主從式架構來做好各部門之間的聯繫。

所以簡單來看，這是一套不錯的系統。

但在實務上，由於這套系統當初被做了很多假設，很多公司實際
的操作程式上被簡化，所以在真正的應用上，可能還要有更進一步的修
正，才可以完全的應用在生產線上。

3.本課程學到什麼

本課程學到什麼，可以分做幾個方面：

(1)在管理資訊上：由於期初老師把重心放在生管的一些介紹上，也
介紹了一些物流中心，一些管理資訊系統，不過這些還是理論。

(2)在電腦上：我們一方面學習 PowerBuilder，一方面利用 PowerBuilder
寫出這個倉儲管理程式。

(3)在生管和電腦的應用上：利用主從式架構應用在公司的運作上，
我想是這次這門課學到最多的。

4.未來方向

隨著電腦科技的發展，如何應用電腦來增快公司的作業，提高公司
的利潤已經是不可或缺。而各種的新名詞：INTERNET, CLIENT/SERVER
等，都是在公司在未來商機的掌握上，扮演一個舉足輕重的角色。

　　所以如何利用這些新興科技，走在時代的前端，才是我們必須不斷學習的方向。

問題討論

1. 試繪圖說明結構化程式的基本結構，並列舉使用這方法的假設及限制。

2. 研究個案 1 的虛擬碼：

   (a) 畫出它的流程圖。

   (b) 它是結構化或是非結構化？說明理由。

   (c) 若非結構化，則：

   　(1) 把它改為使用三種控制結構的結構化程式。

   　(2) 寫出這個結構化設計的虛擬碼。

   　(3) 用 N-S 圖表示這個結構化程式的虛擬碼。

   (d) 找出並改正程式邏輯上的錯誤。

3. 將下面之非結構化程式改為結構化程式。

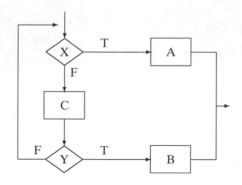

4. 將下面程式改為結構化程式。

```
A1:      X : = F1(X)
```

```
L1:     IF P1(X) THEN
        BEGIN
        X: = F2(X);
        IF P2(X) THEN GO TO L1
        B1: IF P3(X) THEN
          BEGIN
          X: = F3(X)
          GO TO B1;
          END
        GO TO A1
        END.
```

5.試比較下列各種語言的特徵。

　　FORTRAN, PASCAL, ALGOL, LISP, GPSS 及 SNOBOL。

6.何謂編譯程式及直譯程式？有何不同？

7.何謂第四代語言？它與第三代語言有何不同的地方？

8.寫出與機器有關及與機器無關的兩種語言，並說明什麼叫做與機器無關的語言。

9.寫出下列程式語言的全名

　(a) COBOL　(b) FORTRAN　(c) LISP　(d) BASIC

10.下列語言

　(a) FORTRAN　(b) PASCAL　(c) PL/1　(d) Ada　(e) C　(f) LISP

　(g) none of the above

　(1)那些是程序語言？

　(2)那些語言可執行例外處理？

　(3)那些語言可執行抽象資料型態？

第十一章　測試與除錯

　　測試與除錯為軟體開發過程中之最後一個階段。通常在撰寫程式後要對軟體做必要的測試（稱為單元測試），此種測試是程式撰寫者與測試者由同一個人進行，而且撰寫程式與單元測試在軟體生命週期屬於同一階段。另外，尚須對軟體系統進行整合測試、驗收測試，這是軟體生命週期的另一獨立的階段，通常由專門的測試人員承擔這項工作。

　　大量的統計資料證明，軟體測試的工作量往往佔據軟體開發工作量的 40%以上，因此必須重視軟體測試的工作，絕不要以為一寫完程式之後軟體開發工作就接近完成了，實際上大約還有同樣的工作量需要完成。

　　測試的主要目標是要發現軟體中的錯誤。但是，發現錯誤並不是我們的最終目標，重要的是要診斷出潛在問題並改正錯誤，這才是除錯的目的。因此，除錯是軟體測試最困難的工作。

第一節　測試的方法——黑箱測試和白箱測試

　　在討論測試方法之前，先定義什麼是測試。所謂測試即為了發現程式中的錯誤而執行程式的過程，亦即測試的目的是為了發覺程式的錯誤，而非表明程式是正確的。當然，即使經過了嚴格的測試之後，仍然可能還有沒被發現的錯誤潛藏在程式中；故測試只能搜尋程式中的錯誤，不能證明程式中沒有錯誤。綜合而言，測試的一些原則包括：

(1)測試是為了發現程式中的錯誤而執行程式的過程。

(2)好的測試方案為極可能發現迄今為止尚未發現錯誤的測試方案。

(3)成功的測試是發現了至今為止尚未發現之錯誤的測試。

測試的方法有兩種，一是黑箱測試，即針對應該具有的功能，透過測試來檢驗是否每個功能都能正常使用。另一是白箱測試，乃是透過測試來檢驗軟體內部動作是否按照規格說明書的規定正常進行。因而，黑箱測試為完全不考慮程式的內部結構和處理過程；也就是說，黑箱測試是在程式介面進行測試，它只檢查程式功能是否能按照規格說明書的規定正常使用和程式是否能適當的接收輸入資料並產生正確的輸出訊息；黑箱測試又稱為功能測試。

相對的，白箱測試是完全了解程式的結構和處理過程。這種方法按照程式內部的邏輯以測試程式，並檢驗程式中的每條通路是否都能按要求正確工作；白箱測試又稱為結構測試。使用白箱測試法是為了做到窮舉測試，程式中每條通路至少都應該執行一次，但事實上這是不可能的。因為不可能進行窮舉測試，所以軟體測試也不可能發現程式中的所有錯誤；也就是說，透過測試並不能證明程式是正確的。但是我們的目的是要透過測試保證軟體的可靠性；因此，必須仔細設計測試方案，並儘可能用較少的測試去發現更多的錯誤。

第二節　軟體測試的步驟

軟體測試基本上分為下列幾個步驟:

一、模組測試（單元測試）

一個設計很好的程式中，每個模組完成一個清晰定義的子功能，而且這個子功能和同級的其他模組之間沒有相互依賴關係。故先將每個模組作為一單獨實體來測試，而比較容易設計檢測該模組正確性的測試方案（測試數據）。模組測試的目的是保證每個模組作為一個單元能正確執行，所以模組測試通常又稱為單元測試。在這個測試步驟中所發現的問題往往是撰寫程式和詳細設計時的錯誤。

　　單元測試通常在撰寫出原始程式代碼並通過了編譯程式的語法檢查以後，通常經過人工測試與電腦測試兩種類型的測試。

1. 程式碼檢驗 (code reading review)

　　人工測試原始程式可以由撰寫者本人非正式地進行，也可由審查小組正式進行。小組按照指定的資料執行被審查的程式，此稱為程式遍查會 (walk through)。還有由個人閱讀程式，依照查錯表來檢查程式或用測試資料按程式走一遍稱為靜態檢查 (desk checking) 或稱桌上檢查。

2. 軟體測試

　　模組並不是一個獨立程式，因此在單元測試上若程式撰寫是由上而下撰寫方式，底層的某些模組還沒有撰寫，進行單元測試時，沒有撰寫的模組用基底模組或稱存根模組 (stub) 取代，基底模組之內容僅含進入、離去兩個敘述。若程式撰寫是由下而上撰寫方式，主程式模組還沒有撰寫進行測試時，要寫一個主模組，稱為驅動模組 (driver)。一般而言，寫驅動模組較寫基底模組困難。

二、整合測試

　　經過單元測試後的程式，得按照設計時所做的結構圖結合起來，同時進行測試。這個測試主要之目的是發現界面的問題，以判斷結合起來的功能是否產生預期的主功能。整合測試有兩種方法：即非漸增式的測試法和漸增式的測試方法。先個別測試每個程式，再把所有程式按照設計的要求結合成所要的程式，這種方法稱為非漸增式測試方法。另一種方法是把下一個要測試的程式連同已測試好的程式結合起來進行測試，測試完以後再把下一個應該測試的程式結合進來進行測試。這種每次增加一個程式的方法，稱為漸增式測試。漸增式測試的優缺點如下：

優點：

(1)使用漸增式的測試方法時，如果發生錯誤往往與最近加進來的那個程式有關，較易尋找錯誤。

(2)漸增式測試方法把已經測試好的程式和新加進來的那個程式一起測試，因此，這種方法對程式測試更徹底。

(3)漸增式測試方法利用已測試過的程式做為部份測試軟體，因此開銷較小。

(4)漸增式測試方法可以較早發現模組間界面之錯誤。

缺點：

(1)漸增式測試需要較多的機器時間，因為測試每一程式必須將已測試過的程式也都一起執行，當程式規模較大時，機器時間增加是非常明顯的。

(2)漸增式測試方法並非能像非漸增式測試方法可以平行測試所有程式，故所需測試時間較長。

三、驗收測試

經過整合測試，則證明已按照設計把所有程式組裝成一個完整的軟體系統，界面錯誤已經排除，接著進一步驗證軟體的有效性，這就是驗收測試的工作。而所謂軟體的有效性是指：軟體的功能與性能皆符合使用者的需求。

驗收測試的目的是向使用者表明系統能夠達到預期要求的功能與性能。驗收測試，必須有使用者積極參與，或者以使用者為主來進行。使用者應該參加設計測試方案，利用使用者界面輸入測試資料並且分析評價測試的結果。為了讓使用者能夠積極主動參與驗收測試，特別是為了讓使用者能有效使用這個系統，通常在驗收之前由開發部門對使用者進行培訓。

驗收測試時一般使用黑箱測試，進行時應該仔細設計測試計劃和測試過程；測試計劃包括要進行測試的種類和進度安排，測試過程則規定用來驗證軟體是否與需求一致的測試方案。透過測試要保證軟體能滿足所有功能需求和每個性能需求，且文件資料是準備完整的。

四、系統測試

系統測試是把軟體、硬體和環境連在一起之全面性的測試，一般先檢查系統需求說明書是否相符，只要系統有不符合需求說明書的地方，就認為有錯誤存在。下面是一些常用的系統測試型態。

1.功能測試 (function testing)

要檢查系統是否真正製作了需求說明書描述的每一項功能。功能測試往往不用電腦就能發現一些錯誤，例如，只需將使用者手冊同需求說明書作比較，就能發現問題。功能測試不再使用白箱測試，而是對需求說明書作分析，並用黑箱測試方法選擇測試範例。

2.容量測試 (volume testing)

容量測試是讓系統接受大量資料量的考驗，如讓編譯程式編譯一個特別長的原始程式，或使作業系統中的作業等候線排滿等。

3.壓力測試 (stress testing)

壓力測試是使系統在高壓力的情況下執行，即在很短時間內，使資料量達到峰值，例如，對支持 15 道多重程式的作業系統而言，壓力測試可以同時執行 15 個作業，對支持 60 個終端機的分時系統，其壓力測試則可測試 60 個終端機使用者同時申請進入系統等。

4.使用性測試 (usability testing)

由於此時系統已經使用，所以可以從使用是否合理、方便的角度對它進行檢驗，包括使用者界面是否合理？操作是否方便？輸出及錯誤訊息是否簡明易懂。

5.安全性測試 (security testing)

安全性測試的想法是以一些測試範例來破壞程式的安全機制，如選一些例子來破壞作業系統中主記憶體的保護機制，或破壞資料管理系統的資料保密機制。

6.性能測試 (performance testing)

許多程式都有特別的性能或效能指標，如在一定工作負荷和條件下的相對應時間及工作量 (throughput)。

7.恢復測試 (recovery testing)

作業系統與資料庫管理系統都有恢復機制，憑藉這類恢復機制，在失誤之後系統可以重新恢復正常工作。恢復測試的目的是檢測這些機制的功能，此時可製造一些資料錯誤和程式錯誤，也可以模擬硬體錯誤，以觀察系統的反應，看它是否能在出錯時恢復正常工作。

8.文件測試 (documentation)

使用者文件是最終產品的一部份，所以必須檢查使用者文件的精確性和清晰性，使用者文件中所使用的例子，必須在測試時一一做過，以確保敘述正確無誤。

第三節　設計測試方案

設計測試方案是測試階段的關鍵技術問題。所謂測試方案包括預定要測試的功能，應該輸入的測試資料和預期的結果。其中最困難的問題是設計測試用的輸入資料。不同的測試資料發現程式錯誤的能力差別很大，為了提高測試效率，降低測試成本，應該選用有效的測試資料。因為不可能進行窮舉的測試，故得選用少量「最有效的」測試資料，以做到儘可能完備的測試。設計測試方案的基本目標是，確定一組最可能發現某個錯誤或某類錯誤的測試資料。本節所介紹的設計測試資料的方法分為邏輯覆蓋法（適合白箱測試）和適合黑箱測試的等價劃分，邊界值分析及錯誤測試法。通常測試的做法是用黑箱測試法設計測試方案，再用白箱測試補充一些方案。

一、邏輯覆蓋

所謂邏輯覆蓋是對一系列測試過程的總稱，這些測試過程逐步進行完整的通路測試。測試資料執行（或叫覆蓋）程式邏輯的程度，可分為敘述覆蓋、判斷覆蓋、條件覆蓋、判斷／條件覆蓋及路徑覆蓋等，分述如下。

1.敘述覆蓋 (statement converge)

敘述覆蓋是選擇足夠的測試資料，使被測程式中的每一敘述至少被執行一次。可用下列程式（以 PASCAL 語言撰寫）來說明。

```
Procedure Example (A,B: Real, Var X: Real)
Begin
    If (A>1) AND (B = 0)
        Then X: = X/A;
    If (A = 2) OR (X>1)
        Then X: = X + 1
end;
```

用流程圖表示如下。為了使每個敘述都執行一次，程式的執行路徑應該為 s-a-c-b-e-d。

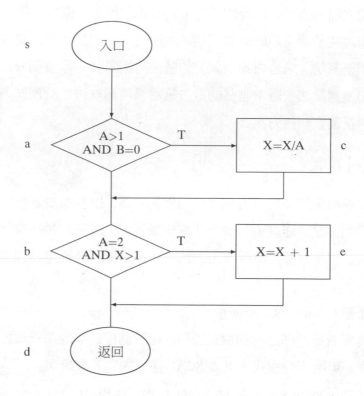

輸入測試資料為 A = 2, B = 0, X= 4（事實上 X 可以為任意值）。敘述覆蓋是很弱的邏輯標準。上面之程式如果第一個判斷運算式中邏輯運算子 AND 錯寫為 OR，或把第二個判斷運算式中的條件 X>1 誤寫為 X<1，利用測試資料 A = 2, B = 0, X = 4 並不能查出錯誤。

2.判斷覆蓋 (decision converge)

判斷覆蓋又稱為分支覆蓋，它的定義是不僅每個敘述必須至少執行一次，而且每個判斷可能的結果至少執行一次，也就是每個判斷的每個分支都執行一次，以上面的例子來說，能夠分別覆蓋的路徑 s-a-c-b-e-d 和 s-a-b-d 兩組測試資料。用下面兩組測試資料就可做到判斷覆蓋。

$$A = 3, B = 0, X = 3 \quad （覆蓋 s\text{-}a\text{-}c\text{-}b\text{-}e\text{-}d）$$
$$A = 2, B = 1, X = 1 \quad （覆蓋 s\text{-}a\text{-}b\text{-}d）$$

3.條件覆蓋 (condition converge)

條件覆蓋指不僅每個敘述至少執行一次，而且使判斷運算式中的每個條件都獲得各種可能的結果。以上述之例子而言，為了滿足條件覆蓋，應該選取測試資料在 a 點有下述各種結果出現：

A > 1, A ≦ 1, B = 0, B ≠ 0

在 b 點則有下述各種結果出現：

A = 2, A ≠ 2, X>1, X ≦ 1

我們只要設計以下兩個測試資料就可滿足條件覆蓋：

Ⅰ： A = 2, B = 0, X = 1

（滿足 A>1, B = 0, A = 2和X ≦ 1, 執行路徑 s-a-c-b-e-d）

Ⅱ： A = 1, B = 1, X = 2

（滿足 A ≦ 1, B ≠ 0, A ≠ 2, X>1, 執行路徑 s-a-b-e-d）

4.判斷／條件覆蓋

判斷／條件覆蓋就是選取足夠多的測試資料，使得判斷運算式中的每個條件都取得各種可能的值，而且每個判斷運算式也都能取得各種可能的值。下面兩組測試資料滿足判斷／條件覆蓋：

Ⅰ： A = 2, B = 0, X = 4

Ⅱ： A = 1, B = 1, X = 1

5.路徑覆蓋

路徑覆蓋就是選取足夠多的測試資料，使程式的每條可能路徑都至少可執行一次。上面例子共有四條可能執行路徑 s-a-b-d、 s-a-b-e-d、 s-a-c-b-d、 s-a-c-b-e-d。因此，對於這個例子，為了做到路徑覆蓋必須設計四組測試資料。

Ⅰ： A = 1, B = 1 X = 1（執行路徑 s-a-b-d）

Ⅱ： A = 1, B = 1 X = 2（執行路徑 s-a-b-e-d）

Ⅲ： A = 3, B = 0 X = 1（執行路徑 s-a-c-b-d）

IV: A = 2, B = 0 X = 4（執行路徑 s-a-c-b-e-d）

　　路徑覆蓋是相當強的邏輯覆蓋標準，要保證程式中的可能路徑都至少執行一次，因此這樣的測試資料更具有代表性。但是為了做到路徑覆蓋，只需考慮每個判斷運算式的取值，並沒有檢驗運算式中條件的各種可能組合，如果把路徑覆蓋和條件組合覆蓋結合起來，便可以設計出檢錯能力更強的測試資料。

二、邊界值分析

　　經驗證明在處理邊界情況時，程式最容易發生錯誤。例如，許多程式錯誤常出現在註標、純量、資料結構和迴圈等等的邊界附近，因而在設計測試資料時要特別考量邊界情況，選取測試資料剛好等、剛剛小於和剛剛大於邊界值。也就是說，使用邊界值分析時，應該選取剛好等於、稍小和稍大於邊界值做為測試資料。例如：

(1)如果輸入條件規定了取值範圍，或是規定了值的個數，則應以該範圍的邊界內及剛剛超出範圍的邊界外的值，或是分別對最大、最小個數及稍小於最小，稍大於最大個數做為測試實例。

　　如果程式規定加班時數不能超過 48 小時，我們應該取 48、49、47 及 0、−1、2 做為測試資料。

(2)如果程式規格說明中提到輸入或輸出定義範圍是個有序的集合（如表格和循序檔案），就應在有序集合中選取第一個和最後一個元素做為測試資料。

三、等價劃分

　　等價劃分是一種黑箱測試方法，完全不考慮程式內部結構，只根據程式的規格說明測試實例。

　　既然窮舉測試資料量太大，實際上完成窮舉測試的辦法不可行，我們只能選取其中的一部份作測試的資料。問題是如何選取？如果把所有可能的輸入資料（有效的和無效的）劃分為若干等價類，我們可以下述幾個原則來做等價劃分。

　(1)如果規定了輸入值的範圍，則可劃分出一個有效的等價類（輸入值在此範圍內），兩個無效的等價類（輸入值不在此範圍內）。

　(2)如果規定了輸入資料的個數，也可劃分出一個有效的等價類和兩個無效的等價類。

　(3)如果規定了輸入資料的一組值，而且程式對不同輸入值做不同的處理，則每個允許的輸入值是一個有效的等價類，此外還有一個無效的等價類（任何一個不允許的輸入值）。

　(4)如果規定輸入資料必須遵循規則，則可劃分出一個有效等價類（符合規則）和若干個無效的等價類。

　(5)如果規定輸入資料為整數型態，則可劃分出正整數、零和負整數等三個有效類，一個非整數的無效類。

　(6)如果程式的處理對象是表格，則應該使用空表，以及含一項或多項的表。

　以上列出的規則只是測試時可能遇到的情況的一小部分，實際情況則千變萬化，無法一一列出。然而，主要還是使用下列兩個步驟：

　(1)設計一個新的測試方案以儘可能多地覆蓋尚未被覆蓋的有效等價類，重複這一步驟直至所有有效等價類都被覆蓋。

　(2)設計一個新的測試方案，它覆蓋一個而且只覆蓋一個尚未被覆蓋的無效等價類。

　例如：範圍為 [10, 50] 時，測試資料選取 48, 9, 51。

第四節　除錯

測試的目的是儘可能的發現程式中的錯誤。但是，發現錯誤的最終目的是為了改正錯誤。軟體工程的根本目標是以較低的成本開發出高品質且完全符合使用者要求的軟體。因此，在測試之後，還必須進一步的診斷和改正程式的錯誤，這就是除錯的工作。具體地說，除錯過程由兩部份組成，要從表示程式中存在錯誤的某些特徵開始；首先要確定錯誤的準確位置，也就是找出那個模組或那些界面引起錯誤，然後研究這個程式碼以確定問題的原因，並設法改正錯誤。一但確定錯誤所在，則修改程式設計和代碼之後，為了保證錯誤確實被排除，需要重複進行這個錯誤的原始測試以及某些回歸測試（即重複某些以前做過的測試）。如果改正的錯誤是無效，則重複上述過程直到找出一個有效的解決辦法。有時修改設計和代碼之後雖然排除了所發現的錯誤，但是卻引起新的錯誤，這些新引起的錯誤可能立即被發現（主要利用迴歸測試），也可能潛藏一段時間以後才被發現。現有的除錯技術分為三類：

1.輸出記憶體內容

這種方法通常以八進位或十六進位的形式印出記憶體的內容。如果單純依靠這種方法進行除錯，那麼效率很低。

2.列印敘述

這種方法把程式語言所提供標準列印敘述插入原始程式各部份，以便輸出關鍵變數之值。

3.自動工具

要利用程式語言的除錯功能或使用專門的軟體工具分析程式的動態行為。可供利用的輸出有敘述執行、副程式呼叫和更改指定變數的蹤跡。一般除錯的軟體工具其共同功能是設置中斷點，即當執行到某特性敘述或改變某特定變數之值時，程式便暫停執行，程式設計師可在終端機上觀察程式此時的狀態。

一般而言，在使用上述任何一種方法時，都應該對錯誤的徵兆進行全面徹底的分析。透過分析得出對錯誤的推測，然後再使用適當的除錯技術檢驗推測的正確性。也就是說，任何一種除錯技術都應該以試探方法來使用。用來推斷錯誤原因的除錯策略有：

1.試探法

除錯人員分析錯誤徵兆，猜想錯誤大致位置，然後使用前述的一、兩種除錯技術，獲取程式中被懷疑地方附近的訊息。

2.回溯法

除錯人員檢查錯誤徵兆，確定最先發現症狀的地方，然後以人工方式沿著程式的控制流往回追蹤原始程式碼，直至找到錯誤根源或確定錯誤範圍為止。

回溯法對於小程式而言是一種比較好的除錯策略，往往把錯誤範圍縮小為程式中的一小段程式碼；再仔細分析這段程式碼後便不難確定錯誤的準確位置。但是隨著程式的規模擴大，應該回溯的路徑數目也會變得越來越大，以致徹底回溯變成完全不可能了。

3.原因消除法

此法是採用歸納法或演繹法去分析錯誤的原因並加以更正的方法。所謂歸納法是先搜集有關資料，分析可能發生錯誤的因素，提出一些原因假設，然後一一追查發生錯誤的真正原因。所謂演繹法是先列舉可能發生錯誤的原因，利用數據刪除不可能的假設以後，再進行資料搜集工作，然後再驗證假設的正確性，以找出軟體錯誤的原因。

第五節 個案探討

個案 1: 如何測試系統

個案是假設要開發一個健保醫療管理系統。原型系統使用由下而上的設計方法，最終的實施系統則採用由上而下的設計方法。所開發的程式將在 DEC 迷你電腦上執行。該系統的功能是維持病人預約登記的就診日程表（這個表可能經常變動），並且管理記帳收費事宜。系統中僅保存今後三個月的就診日程表和應繳費日期表，過期三個月未繳費的帳單及三月後的就診登記均記錄在紙上。你的工作是：

(1)劃出系統結構圖（這個系統的需求）。

(2)說明你將如何進行測試這個系統（模組測試，整合測試，現場測試，回歸測試）。

(3)討論測試驅動程式和存根程式在測試過程中使用的情形。

個案 2: 測試資料的設計

航空公司 A 向軟體公司 B 訂購一套規劃飛行路線的系統。假如你是 C 軟體公司的軟體工程師。A 公司已雇用你的公司對上述程式進行驗收測試。你的工作是根據以下事實設計驗收測試的輸入資料，解釋你選取這些資料的理由。

(1)輸入為出發地點、及目的地、天氣及飛機的型號，輸出為初步的飛行高度。

(2)輸入為途中的風向、風力資料，輸出三個飛行計劃，包括高度、速度、方向及途中五個位置校核點。

問題討論

1.解釋下列名詞:

　(1)驅動程式

　(2)存根程式

　(3)白箱測試

　(4)黑箱測試

　(5)整合測試

　(6)壓力測試

　(7)walk through

　(8)回歸測試

2.設計下列虛擬碼程式的敘述覆蓋和路徑覆蓋的測試資料。

```
INPUT (A, B, C)
IF A>5
        THEN     X = 10
        ELSE     X = 1
END IF
IF B>10
        THEN     Y = 20
        ELSE     Y = 2
END IF
IF C>15
        THEN     Z = 30
```

ELSE　　Z = 3

PRINT (X, Y, Z)

END

3.試述測試的意義和功能。

4.測試可分為那幾種類型？其目的何在？

5.何謂「自上而下測試法」？何謂「自下而上測試法」？

6.何謂整合測試？最常用的作法有那幾種？

7.敘述軟體測試的意義與目的。

8.何謂除錯？

9.測試的種類可分為那幾種？

附錄說明

　　資料處理系統最重要的部份在實作。藉由實作才會知道整個系統在開發過程中會遇到之困難，並從而想出因應之道。

　　本書所附選二份報告分別是由 82 年張興雲及陳麗如二位同學及 85 年由李淑姬、王志豐及王劍秋三人所完成的。所謂見賢思齊，見不賢而內自省吧！

附錄一　TPS 在小型汽車百貨公司的實例設計及應用

資料處理系統報告大綱

壹、前言

貳、系統環境簡介

　　一、公司簡介

　　二、組織結構

　　三、電腦化設備

參、目前作業流程

　　一、銷售處理

　　二、會計處理

肆、問題及需求分析

　　一、發現問題

　　二、需求分析

伍、系統功能架構

陸、結論

　　一、預期效益

　　二、將來功能擴充時之整合問題

柒、參考書目

壹、前言

TPS 在各行各業已廣泛被使用，其不僅為企業界在各種交易處理上節省了許多人力及時間，在追求效率的現代生活中，也帶給人們許多便利。

在臺灣經濟環境的「寧為雞首，不為牛後」觀念下，幾乎人人想當老闆，而造成小企業林立（如本例之主角——成大汽車百貨公司即是此種小型企業）。其在面對人力供應不足，工資日漸提高，競爭日趨激烈的經濟環境中，極需應用電腦化處理其例行重覆的工作，來節省人力，提高工作效率及競爭能力，並達成增加利潤的目標。

該公司也曾與電腦公司接洽，欲規劃、設計適用的 TPS，因價格在 15 萬之譜，該公司老闆認為不太合理而擱置此計劃。因該公司規模小，其問題正好提供本組報告的題材。本組以下列步驟著手進行：

(1)收集其各事務處理及表單處理的流程資料。

(2)分析目前各項處理流程中之問題。

(3)參考有關系統分析、物料管理、會計處理及 MIS 等相關之圖書。

(4)討論其各項處理流程中之需求並規劃一預期之資料處理系統。

(5)著手設計 TPS 部分之程式（有關基本資料處理、銷貨處理及會計處理）。

(6)程式測試及修正直至完成。

貳、系統環境簡介

一、公司簡介

　　成大汽車百貨公司，成立於民國 81 年 6 月，位於臺南市某汽車交車中心內，專為該交車中心之新車從事裝潢及美容，如加裝椅墊、遮陽紙、車框、打蠟等。其服務項目及產品之總數約在百種之內。公司型態及特點如下：

　　⑴為交車中心特約的外包廠商。

　　⑵行業類別屬銷售及服務業。

　　⑶屬交車中心 KANBAN SYSTEM 中之一環。

　　⑷其公司產品可分為：有形產品（汽車裝潢零配件）及無形產品（汽車美容、打蠟等服務）。

二、組織結構

　　公司組織設有經理一人（即公司老闆）、會計一人及工人 6～10 人，實屬非常小型的公司。如附圖㈠所示。

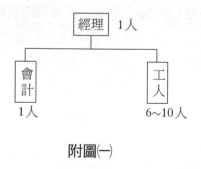

附圖㈠

　　其工作職掌概況如下：

經理: 負責訂貨處理──訂貨時機及訂購量之決定。

會計: 負責財務、會計處理──各種銷貨報表、財務報表、應收款
　　　報表之編製。

工人: 負責各項服務工作。

三、電腦化設備

PC-286 一台

EPSON 550 列表機一台

EPSON 1070 列表機一台

參、目前作業流程

一、銷售處理

⑴由各經銷商將客戶之訂車資料（款式、顏色、配備、裝潢等）經
　傳真機傳至交車中心後，再由交車中心將其資料抄至新車領料單
　上，並將新車領料單及尚未裝潢之新車交給本公司，見附圖㈡。

⑵待該公司依據新車領料單所列項目為新車裝潢後，各經銷商之業
　務代業至該公司將裝潢完畢之新車領回交給客戶，見附圖㈢。

```
            訂車              新車及
┌──┐     資料  ┌────┐ 領料單 ┌────┐
│客戶│─訂車→│經銷商│─→│交車中心│─→│該公司│
└──┘         └────┘(fax)└────┘(手抄)└────┘
```

附圖㈡

```
┌──┐     ┌────┐     ┌────┐
│客戶│←車─│經銷商│←車─│該公司│
└──┘     └────┘     └────┘
```

附圖㈢

二、會計處理

　　月初（每月 5 日前），該公司將上一月份之所有新車領料單收集並依不同經銷商分類，彙整成對各經銷商當月份之應收款款單，以便至各經銷商收取款項。另外會計工作還包含各類報表之編製，見附圖㈣。

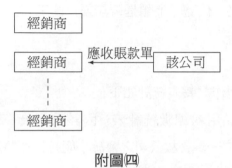

附圖㈣

肆、問題及需求分析

一、發現問題

1.銷貨處理

　　平時發生錯誤未馬上修正，須等會計處理上月應收賬款時，才查核原始憑證，以修正銷貨資料。

2.財務、會計處理

　　⑴會計工作繁重，會計人員流動率過高。

　　⑵在月初至各經銷商收賬時，常發生雙方賬目不合之現象。當此現象一發生時，才須找出該經銷商當月份之所有領料單之原始憑證，並加以逐一核對其品名、數量、金額等。而發生雙方賬目不合之主要原因本組歸納為以下兩點：

①在收賬單填製時因人為疏忽或計算錯誤所引起。

②當業務代表接受客戶定單，因業務代表將定單資料填錯所引起。當資料以傳真機傳至交車中心後，交車中心並未核對此資料，便逐照單填製一份新車領料單，隨尚未裝潢之新車送至本公司，因驗證工作須對照產品價目清單，對領料單各項逐一核對其品名、代號、金額是否無誤，此工作因需人力而本公司也未做驗證。

3.報表之製作

該公司所須製作之報表統計如下:

⑴每日各產品用料總數統計表: 因該公司為交車中心 "KANBAN SYSTEM" 之一環，故公司之會計小姐每日須將當日所有領料單彙整後，填製一份用料總數統計表，以提供給交車中心經理參考。

⑵存貨報表: 會計須於每一定期間填製存貨報表，以便該公司經理（即老闆）查閱。

⑶應收款款單: 於月底或隔月初（5 日之前），須將上一月份之所有領料單分類彙製成各經銷及各業代之交易明細表及總額，以利收取應收款項。

本組歸納其主要問題於下:

報表之製作為一重覆性工作，不僅耗費人力及時間，一旦發生錯誤，追查又不易。在此公司中報表數量多，且均為例行報表，若不以電腦處理實不合經濟效益。

4.訂貨處理

無制度可言。

目前各項處理作業問題分析表

各項處理	問題分析	解決方案
銷貨處理	銷貨憑證－領料單時常更改，又無法即時更正，造成錯誤頻頻發生。	使用電腦即時處理銷貨記錄之修改，以減少錯誤發生的機會。
財務、會計處理	(1)各項報表繁多，計算填表費時費力。 (2)因銷貨資料常發生錯誤，造成收賬處理易困擾。	運用電腦管理、核對、統計並列印報表，以節省人力及提高正確性。
訂貨處理	無制度	利用電腦建立各相關資料的檔案，簡化訂貨手續，並降低採購成本。

附圖㈤

二、需求分析

因受時間限制的關係，所以僅就該公司最迫切需要的銷貨及財務、會計處理部份進行 TPS 規劃，並設計程式，見附圖㈥。

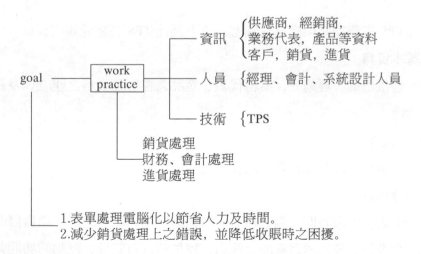

附圖㈥

　　因本公司之作業流程有一定程序，表單亦有一定規格，故適合電腦化而發展成「交易處理系統」(TPS)，若改為 TPS 則其系統需求如下：

1.銷貨處理方面

　　⑴提供交易資料以便利查詢。

　　⑵表單資料有誤，即刻修改，以減少錯誤發生過久，查核上之麻煩，並便利會計上收賬處理。

2.會計處理方式

　　自動核對領料單，在領料單交易項目代號輸入電腦後，TPS 便顯示其品名、單價，以便 TPS 操作者目視核對，發現有誤，可交由交車中心與該經銷商核對。

3.報表之製作方式

　　由 TPS 自動產生各種報表，可減少人力負擔、人為誤差，另外亦可隨時取得。

伍、系統功能架構

　　TPS 主要功能架構見附圖㈦，以下為此 TPS 各功能說明：

1.基本資料

　　含供應商、經銷商、業務代表、產品、客戶等資料之建立、及維護等功能。

2.密碼設定

　　設定使用權限以維系統之安全性。

3.例行作業

　　⑴銷貨處理時即立刻查核，一有錯誤發生，則立即進行銷貨修改。

　　⑵進貨處理與銷貨處理之配合，以加強存貨管理、控制的功能。

4.備份

預防使用者不小心誤用損壞資料。

5.報表列印

　　因此系統中報表使用非常頻繁，所以將此列為一獨立之主要功能，為此公司主要報表處理問題交給電腦解決。其含進貨報表、銷貨報表、存貨報表、應收賬款報表等四大項。

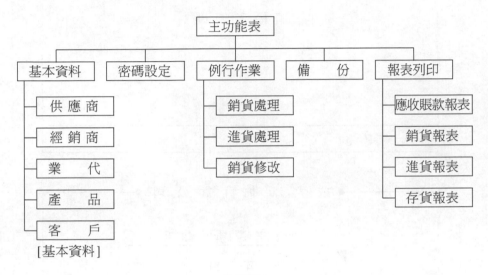

附圖㈦

程式執行畫面:

請　輸　入　密　碼

● 成 大 汽 車 百 貨 公 司 ●

☆☆ 主 選 單 ☆☆

△: 基　本　資　料
△: 例　行　資　料
△: 資　料　列　印
△: 密　碼　設　定
△: 備　　　　份
△: 結　　　　束

請 用 ↑ ↓ 來 移 動 亮 光 棒 及 Enter 鍵 作 選 擇

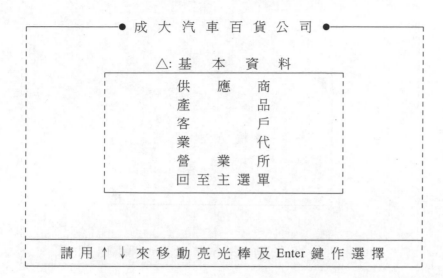

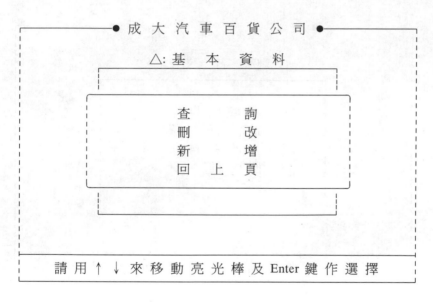

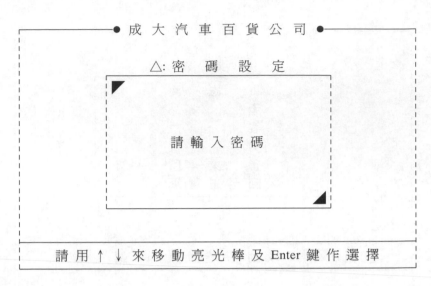

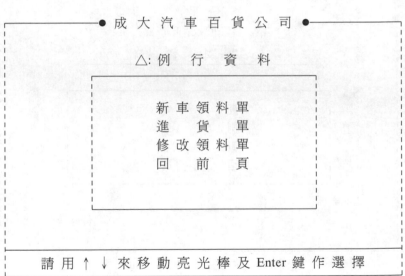

●　成　大　汽　車　百　貨　公　司　●

營　業　所:

營 業 所 *
北台南
民 雄
斗 南
南 台 南
新 營
安 平
北 港
佳 里
嘉 義
總公司

請 用 ↑ ↓ 來 移 動 亮 光 棒 及 Enter 鍵 作 選 擇

●　成　大　汽　車　百　貨　公　司　●

營　業　所:

業 代 姓 名 *
廖國男
蔡孟宏
田雲財
陳建志
侯明輝
陳榮智
郭峰成
賴豐彬
邱榮銘
鄭順章

請 用 ↑ ↓ 來 移 動 亮 光 棒 及 Enter 鍵 作 選 擇

● 成 大 汽 車 百 貨 公 司 ●

△: 例 行 資 料

新 車 領 料 單
進 貨 單
修 改 領 料 單
回 前 頁

請 用 ↑ ↓ 來 移 動 亮 光 棒 及 Enter 鍵 作 選 擇

● 成 大 汽 車 百 貨 公 司 ●

供 應 商:

1 長恩	12 吉特	23 鋒權
2 維思堡	13 台南嘉聯	24 牛頓皮椅
3 金瓜	14 新營嘉聯	25 36防盜
4 純裕	15 谷峰	
5 台磊	16 長恩	
6 吉龍	17 力山	
7 SONY隔熱紙	18 忠泰皮椅	
8 來高	19 復晟蓬架	
9 新豪華	20 日新纖維板	
10 松和	21 可利	
11 柔情	22 南潮	

請 輸 入 選 擇　　1

● 成 大 汽 車 百 貨 公 司 ●

△: 例 行 資 料

新 車 領 料 單
進 　 貨 　 單
修 改 領 料 單
回 　 前 　 頁

請 用 ↑ ↓ 來 移 動 亮 光 棒 及 Enter 鍵 作 選 擇

● 成 大 汽 車 百 貨 公 司 ●

請 輸 入 欲 刪 改 之……

業 　 　 所

業 　 　 代

底 盤 號 碼

客 戶 名 稱

交 易 時 間 　 00/00/92

請 用 ↑ ↓ 來 移 動 亮 光 棒 及 Enter 鍵 作 選 擇

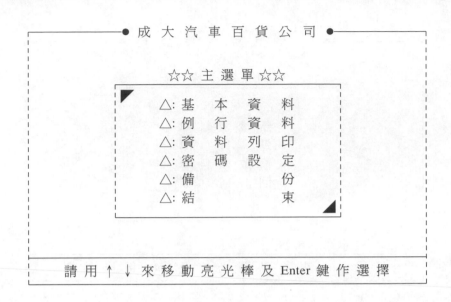

陸、結論

本組於完成此一小型之 TPS 後，歸納下列兩方面來作為此次報告之結論：

一、預期效益

⑴報表電腦化處理，節省人力、時間，降低會計人員的流動率。

⑵銷貨處理時即立刻查核，一有錯誤發生，則立即進行銷貨修改，減少收賬之困擾。

⑶進貨處理與銷貨處理之配合，加強了存貨管理、控制的功能。

⑷已初步計算其資產淨變現值，有助將來各財務報表規劃、設計、執行之進行。

二、將來功能擴充時之整合問題

每一系統皆有其系統週期，故系統需有彈性以因應將來公司擴充營業時之使用，本組歸納如下表：

未來各項處理管理系統規劃表

銷貨處理	財務、會計處理	進貨處理	人事、薪資處理
產品銷售預測： 　　運用 DSS 分析每月各產品銷售情形及其週期性變動狀況，以做為進貨之參考。	財務報表： 　　運用 TPS 來處理其資產負債表及損益表等財務報表，以減少會計之負擔。	產品價格分析： 　　運用 DSS 分析各供應商產品價格，以降低採購成本。 存貨控制： 　　配合存貨控制的觀念與技術，設計 DSS 界定各產品存貨安全存量、再訂購量等，以降低成本。	人事、薪資處理： 　　將人事、薪資資料建檔，並運用 TPS 管理之。

附圖(八)

(1)此次規劃成大汽車百貨公司之 TPS 中未能將其存貨控制功能納入規劃中，乃因該公司並不重視存貨控制。而其本身因所處環境特殊，目前不具此理念尚可生存，但將來若欲擴充營業，則不可忽視此一功能。

(2)在財務處理方面，可加強擴充規劃各財務報表之設計功能，以強化此一小型汽車百貨公司財務、會計處理。

(3)產品之辨識可改進為條碼化，使對各產品銷售預測、產品庫存量水準、產品價格分析等資料更便於查詢。

柒、參考書目

1.管理資訊系統，呂執中編著，華視教學部，81.8，初版。

2.INFORMATION SYSTEMS A Management Perspective, Steven Alter, Addison-Wesly, 1992, 三版。

3.物料管理，林清河著，華泰，80 年，再版。

4.Structured Systems Analysis, Gane and Sarson, 虹橋, 74.11, 初版。

5.CLIPPER 5.0 程式設計入門與實作，楊世瑩編著，松崗，81.2，四版。

6.CLIPPER 88 入門與區域網路上的應用，鄭長源，第三波，1990，再版。

附錄二　圖書館資料檢索系統
——在 WWW 上之應用

壹、Introduction

　　在今日的社會，是一個資訊爆炸的世界，更是一個「資訊革命」的世代。誰能夠擁有更多的資訊，就能夠更容易掌握未來。近年來，由於 Internet 及全球資訊網路 (WWW) 的興起，無疑更是加速引爆「資訊第一」這觀念的催化劑。而且 WWW 必成為日後人類生活必備的超級大字典。World Wide Web（簡稱為 WWW）是目前國際上發展最快的網路服務之一，其最大的特色在於具備超文件 (Hypertext) 與超媒體 (Hypermedia) 的特性。其文件型態不僅限於文字，而且包含了聲音、影像、視訊⋯⋯等多種資料類別。所以有關於 WWW 的應用可說甚廣，各種技術領域單位、文獻、知識、廣告、服務單位⋯⋯等，都有它的足跡，當然就是我們本研究所欲採用的工具之主因。

　　再者我們對於圖書館這名詞應該是非常熟悉的，而且也是身為一位知識份子必須時常光顧的老地方，因為它可以提供我們甚多且有用的資訊，能夠幫助我們解決日常生活、工作上、學術上以及其他方面如旅遊訊息等之資料，所以圖書館應當是一位知識份子經常要去的。但是在今日社會環境之下，時間是相當的寶貴，甚至由於工作上、課業上以及其他因素下，並不能夠有太多足夠的時間來光臨圖書館，因此唯一辦法只有將時間作最有效率的使用，而 WWW 這項由科技發展出來的工具，即能夠使我們在光臨圖書館前，就能事先決定要搜尋何種資料、何種訊息以及做何種事項，大幅的降低我們在圖書館不必要的時間之浪費，這也就是本組所欲研究之主題。

貳、The Defining Of Problem

一、Why It was selected

1.OPAC 與光碟檢索不能夠同時查詢

由於成大圖書館當初所建立的系統，是由一個 OPAC 的系統，來做為圖書查詢的功能，所以僅有查詢書籍、借閱書籍……等較為基本的功能，而當初的確是已經符合學校師生的需求，但隨著時間的流逝，學生及老師對於資訊的需求越來越多，尤其是在光碟資料上，再者由於若要全部更新，實在是一項重大工程，是故就再以新的系統來滿足師生之需求。所以造成有兩個圖書系統，因此在這種情形之下，OPAC 只能夠查詢圖書資料，而若是找尋光碟資料就必須使用另一系統，當然對於學校的師生而言，實在是多浪費不必要的時間。再者透過光碟索引查詢到的資訊並不能夠獲知學校是否有此筆資料，甚至利用 OPAC 查詢並不一定會查詢到，尤其是西文期刊類的雜誌更是無從查起，唯一只有走一趟圖書館，方能夠解決此問題。

2.查詢到的索書號也要花費時間進行搜尋的動作

OPAC系統本身並沒有提供書籍所在的位置，而所謂的位置，比如說該書在哪一樓，是前館或者是後館，都沒有一些較基本的資訊之提供，想想這種情形等於說你必須要找遍整棟大樓才可以。換言之，當一位同學查詢到書籍的索書號之後，並不代表他就能夠很快地找到所欲找的書籍或雜誌，而是必須要再花費一些時間在圖書館內搜尋，最差的情形是可能要找遍整個總圖才能找到，這種情形在一般生手身上常見到。因此若是一學期下來，學生花費在查詢書籍的所在位置的時間實在是相當的可觀啊。

3.不能夠有效地傳遞書籍之到期日或預借之訊息

根據 OPAC 系統當初的設計並沒有考量到有關書籍到期日之通知，而必須透過另外的手續來通知，因此本身就形成一種多餘的行為，也就是說還要另外以一張紙來通知借閱者，而這又牽涉到一個上述所提及的問題，也就是能否及時通知對方呢？再者，對於同學預借的書籍，此系統也並沒有提供所謂「回饋」的功能，所以常會發生不知道自己到底預借了哪些書，以及何時才會通知他相關之借書事項的狀況，在此情形下，嚴重者將是自己預借的書籍，如上所述，未及時通知，而失去了預借功能所提供的服務，當然就會損害到學生的借閱權利。

4.無法獲知新書的訊息

通常學校在購買書籍、雜誌……等，對於學校之師生而言，並沒有提供服務的資訊，也就是說學校何時將要購買新書，哪類的新書，及何時可外借等均未告知學校師生，所以學校師生通常都必須等到新書展示期間才會知道，但前提是學生在展示期間還要親自走一趟圖書館方可，若是對於時間較不足的同學，就會錯過新書借閱的權利，因此若無法提供師生新書訊息，將會有損圖書館本身的功能。

5.期刊出版日及到館日無法做線上查詢

這點對於學校師生而言也是一個相當大的影響，因為期刊本身都有一定的出版日期，當然每一類或者每一本雜誌皆不同，再者何時將到館的時程也沒有相關性資料，而這種情形將會造成師生常在圖書館來回徘徊，而這主要的原因是他並不知道，而且也沒資訊提供，期刊到底出來了沒有，唯一之計是只有到圖書館去查閱。假設已有一位同學，將此雜誌拿到桌前閱讀，那麼借閱者不就會認為書還沒到嗎？實際上是如此嗎？當然不是。因此此種情形也是一個相當嚴重的問題。

二、Who is your Client?

以使用者而言——成大全體學生

老師

職員

校外的社會人士

以系統建構者而言——成大圖書館的系統設計人員

管理人員

資料建立之工作人員

三、What is the possible benefit?

(1)減少學生從上站到取得資料所花費的有效時間

(2)減少花費在圖書館不必要之空間搜尋的時間

(3)能夠讓使用者獲得最新資訊，以便提供事前規畫

(4)使系統能夠發揮資源之使用

(5)連結 OPAC 與光碟索引之兩大系統

(6)降低紙張使用的成本

四、對管理者有什麼好處？

(1)更有效率的管理 OPAC 與光碟索引

(2)可提昇資料管理上之效率

(3)可做到環保

(4)可降低人員成本以及提高資源有效之利用

參、The enabling technology

一、Hardware

OPAC 主機——TANDEM CLX

CDLIB 主機——NetServer 5/133 LC

儲存設備——硬碟、軟碟、磁帶、光碟

光碟機及燒錄器

SCANER

印表機——雷射印表機、噴墨印表機

Workstation 及 PC

不斷電系統

光碟櫃——2個 Jukebox（可裝 500～600 光碟片，目前支援 BPO 及 IPO 二
個全文資料庫）

二、Software

OPAC 的 OS ——Guardian

CDLIB 的 OS——DOS ＋ Novell 3.12

網路作業系統——UNIX、NT、Novell...

資料庫系統——PowerBuilder、DBASE、CLIPPER、FOXPRO、DELPHI、
INFORMIX

安全管理系統

Homepage 製作工具——HTML EASY、繪圖軟體、IA、JAVA、PERL

文書處理軟體——OFFICE

Browser——Netscape、IE

三、 Network

Hub

網路連接器

網路連結線

網路轉接卡（網路卡）

端末插頭

MODEM

REPEATER

肆、 Feasibility Study

一、 Object

本組研究人員希望透過 WWW 的技術來達成以下幾個目標，分別為：

(1)提供使用者在同一系統之下，能夠查詢圖書資料，以及光碟索引，並且能從光碟索引搜尋之結果中，直接獲得相關性資料，例如說館藏情形在那裡可找到等。

(2)建立一個線上查詢的功能，使欲查詢的書籍或雜誌所在的地方，能有更加詳細的資訊，以協助師生更容易獲得所欲蒐集的資料。

(3)提供更有效率的尋書管道以及降低在傳遞書籍到期或預借的相關訊息之不必要的人員費用，而亦能夠提供使用者對於自己借閱書籍到期或預借之相關之訊息。

(4)能夠將學校的新書，做一些基本性資料的介紹，例如說本書的內容綱要、作者、出版日期……等有關書籍的介紹，以及圖書館引

進的流程、日期，以及展示期間多久、何時開放借閱等做一簡單
說明，以提供師生及早做準備。

⑸還有一個目標就是，希望能夠提供有關於期刊相關性的資訊，以
便於讓學校師生能夠獲知期刊出版日、到館日等資訊，以降低學
生不必要的來回行程，以及增加管理人員的效率。

二、Scope

本組所欲探討的主題，乃是有關圖書及期刊資料庫之查詢，是故將
不做此範圍之外的考量，例如說館際合作等圖書相關性服務。接下來，
將再詳細規範出本組所欲完成之範圍限制，其如下所示：

針對使用者而言：

⑴有關於書籍查詢借閱情形，不探討借閱的活動。

①目前借閱狀況

②讀者罰款狀況

③書籍續借

⑵有關於光碟索引查詢與 OPAC 的結合，但不探討整體架構之結合，
也就是說僅將兩系統查詢的功能相連結而非結合。

⑶新增新書介紹資料之查詢，而將不探討如何進行與書商之間的互
動。

⑷建立有關於期刊的進館日，而與上者不同之地方，是在於期刊是
例行性的購買，僅是為了提供使用者在線上做查詢。

⑸增加圖書管理者對於書籍之管理，如借閱到期日以及預約日的通
知，改以更有效率的方式來進行。

三、Assessment

有關於評估方面，將由幾點來進行探討：

1.技術上之可行性

(1)現有技術之評估: 由於我們所採用的技術是透過 WWW的方式, 而這種技術已經相當普遍, 再者對於成大圖書館而言, 也已經建立了一些系統了, 例如說介紹總圖之服務要項、使用方法……等, 所以在現有的技術上應該不是有很重要的影響。

(2)使用現有技術開發之可能性: 由於我們只是做查詢的功能, 將不會造成整體的資料庫架構需完全重新建立的需要, 僅將原有的兩個系統加以連結, 所以在進行開發階段上是可行的。在成本方面也不需要像重新建立一個資料架構那麼龐大了。

(3)可能產生影響之預測: 根據我們所欲完成的目標而言, 因為我們僅針對兩系統做查詢的工作, 所以原則上不會有什麼重大的影響, 但是在新增的功能上, 例如說新書的資訊、期刊的到館訊息、甚至對於以 E-mail方式來做為通知之工具, 可能必須要增加一些資料庫做為儲存之用, 再者對於原有之資料架構, 可能就必須做到一部份的修改, 因為例如說若要以 E-mail方式來通知師生有關之訊息, 那將有可能造成對於原有的程式需稍加修改, 甚至必須再增加一些程式來加以配合。

(4)關鍵技術人員數量與水準之評估: 以目前學校關鍵技術人員來講, 應該不是問題, 當然若是有問題時, 可與電算中心的人員來進行合作與交流, 人員的水準上應具備有關 OPAC原始架構的概念, 以及資料庫系統分析的能力, 當然必須要有一些程式撰寫的能力, 而這些都可以與電算中心來進行相互合作。

2.經濟上之可行性

系統效益評估:

(1)提高查詢服務品質。

(2)降低資料管理費用。

⑶降低紙張之浪費。

⑷節省由系統架構結合而形成的成本，可將現有光碟與 OPAC 結合
　成單一查詢系統。

⑸具有環保意識。

3.系統執行之可行性分析

　　系統組織機構影響：在整體組織架構上，可能會減少在做傳達訊息
給師生同仁的人員，而在做資料輸入的人員可能會增加，或者工作時數
會增加。

　　對於系統適應之可行性：

⑴現有員工對於系統之操作上，會比過去兩系統分別使用上來得方
　便以及簡單多了。

⑵對於現有的員工，僅需要教導如何上 WWW 站，以及一些簡單操
　作即可。

⑶對於人員新進的補充將會比較容易，而且管理上也不需要再對兩
　系統採用分散式管理。

⑷系統執行上可兼顧到環保的活動，有助於圖書館的評價。

伍、 Data/Information acquisition

一、需要哪些資料資訊

⑴軟硬體需求（未來系統的需求）

⑵軟硬體基本資料及網路（供應商）

⑶期刊資料的取得

⑷圖書資料（單冊詳細資料， total 總數）

⑸使用者（校內學生，本校教職員，館際合作之他校學生，在職人

士，其他學校學生，其他社會人士）

(6)現有的光碟資料庫

(7)圖書館內部人員（資料建檔員，借還書處理人員）

(8)圖書館原有的系統（設備）（哪些有用，哪些無用）

二、如何收集以上的資料

1.可以從現有圖書館取得的資料有：

(1)現行的系統架構

(2)現有的軟體設備

(3)現有圖書期刊的資料

(4)現有光碟資料庫

(5)圖書館內部人員

2.使用者的資料收集

(1)校內學生，教職員工：教務處註冊組

(2)一般社會人士：由臨時的申請或圖書館另外的對外開放政策

3.目前市場上的軟硬體與網路設備

(1)軟硬體：現有軟硬體設備的供應商

(2)網路：線路，Reapter，Router，Hub，網路公司（由 ISP， or電信局，相關期刊，雜誌）。

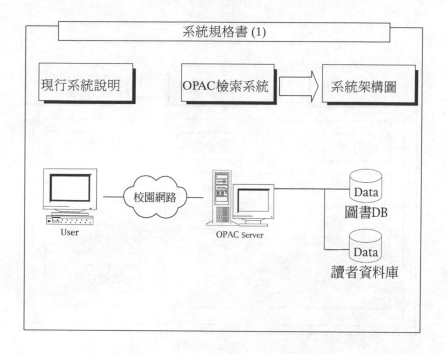

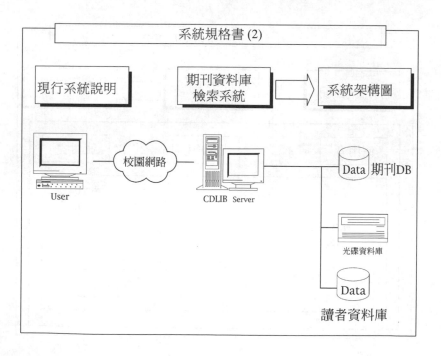

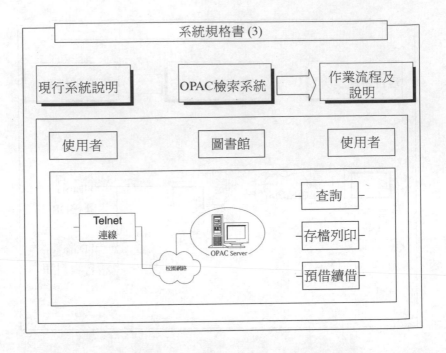

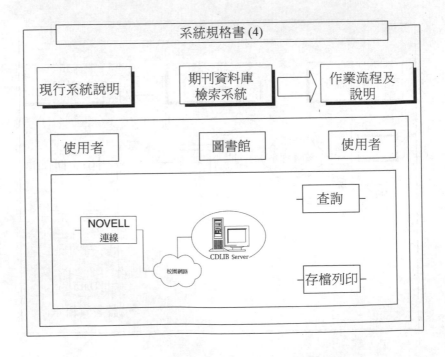

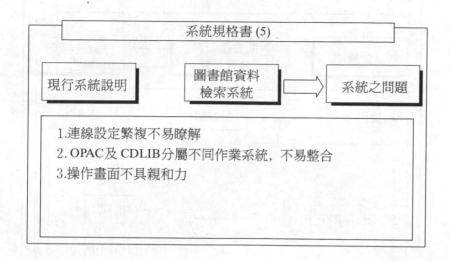

系統規格書 (5)

現行系統說明　　圖書館資料檢索系統　⇒　系統之問題

1.連線設定繁複不易瞭解
2. OPAC及 CDLIB分屬不同作業系統，不易整合
3.操作畫面不具親和力

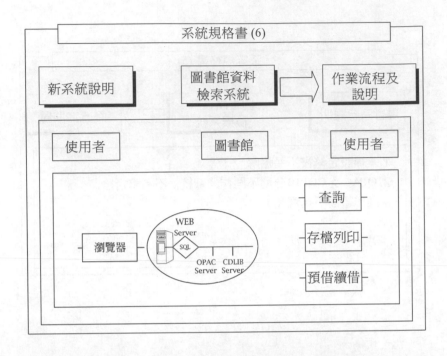

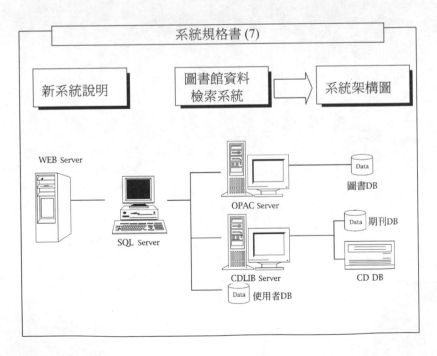

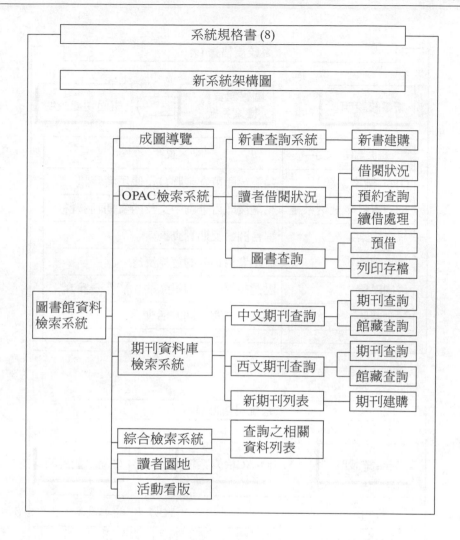

系統規格書 (9)

| 新系統說明 | 圖書館資料檢索系統 ⟹ | 畫面功能說明 |

畫面顯示文字	說明
OPAC檢索系統	點選後即可查詢圖書及使用者資訊
期刊資料庫檢索系統	點選後即可查詢中文及西文期刊資料
綜合檢索系統	綜合圖書及期刊查詢
讀者園地	使用者對系統的意見反應
成圖導覽	點選後對成大圖書館的功能作一簡介
活動看版	列示出成圖近期的活動

系統規格書 (10)

| 新系統說明 | OPAC檢索系統 ⟹ | 畫面功能說明 |

畫面顯示文字	說明
館藏圖書檢索	點選後即可查詢館藏圖書資訊，亦可以辦理預約及儲存例印資料
讀者借閱狀況查詢	點選後即可查詢讀者借書資訊,罰款狀況及辦理續借處理
館內新書列表	查詢最近到館之新書及出借日期 H 及建議購買新書之處理

系統規格書 (11)

新系統說明　　　　期刊資料庫檢索系統　⟹　畫面功能說明

畫面顯示文字	說明
中文期刊資料庫檢索系統	點選後即可查詢中文期刊資料及中文光碟資料庫資料
西文期刊資料庫檢索系統	點選後即可查詢西文期刊資料及西文光碟資料庫資料
新期刊資料庫列表	點選後即可列示出最近到館之期刊及建議訂購之期刊

系統規格書 (12)

新系統說明　　　　綜合檢索系統　⟹　畫面功能說明

畫面顯示文字	說明
欲查詢之關鍵字輸入	輸入欲查詢之相關資料即可找出與此資料有關的書籍期刊光碟資料等

系統規格書 (13)

新系統說明		讀者園地	⟹	畫面功能說明

畫面顯示文字	說明
圖書館各組別的服務	點選後即可查詢圖書館各組別所提供的服務
讀者信箱	點選後讀者就可以將意見反應給圖書館相關人員

系統規格書 (14)

新系統說明		圖書資料庫	⟹	資料庫功能及內容說明

內容說明	欄位說明			
	新書檔案		館藏圖書檔案	
圖書館資料庫主要是存放館藏圖書之各項資料及新進圖書之資料可供查詢或借閱	書名	版本項	書名	ISBN
	作者	ISBN	作者	類號
	出版社	類號	出版社	館藏地
	出版日期	館藏地	出版日期	登錄號
	索書號	登錄號	索書號	圖書狀況
	開始借閱日期	圖書狀況	版本項	附註
	定價	附註	定價	
	圖書編號		圖書編號	

系統規格書 (15)

新系統說明　　期刊資料庫　⟹　資料庫功能及內容說明

內容說明	欄位說明			
	中文期刊檔案		西文期刊檔案	
期刊資料庫主要是存放現有館藏之中文及西文期刊資料	篇名	版本項	篇名	版本項
	作者	類號	作者	類號
	出版社	館藏地	出版社	館藏地
	出版日期	登錄號	出版日期	登錄號
	刊名	定價	刊名	定價
	刊別	附註	刊別	附註
	期刊號		期刊號	
	特殊專題		特殊專題	

系統規格書 (16)

新系統說明　　讀者資料庫　⟹　資料庫功能及內容說明

內容說明	欄位說明			
	學生檔案		教職員檔案	
讀者資料庫主要存放本校學生及教職員之基本資料及借閱狀況	姓名		姓名	
	學號		編號	
	系級		服務單位	
	學位		職別	
	地址		電話	
	電話		地址	

系統規格書 (17)

| 新系統說明 | | 讀者資料庫 | ⇒ | 資料庫功能及內容說明 |

內容說明	欄位說明			
	借閱檔案		預約檔案	
	讀者編號		讀者編號	
讀者資料庫主要存放本校學生及教職員之基本資料及借閱狀況	借閱書籍編號		預約書籍編號	
	借書限制		預約限制	

系統規格書 (18)

| 新系統說明 | | 讀者資料庫 | ⇒ | 資料庫功能及內容說明 |

內容說明	欄位說明		
	罰款檔案		
	讀者編號		
讀者資料庫主要存放本校學生及教職員之基本資料及借閱狀況	逾期書編號		
	借閱日期		
	到期日期		
	逾期天數		
	罰款金額		

柒、System design

設計規格書 (1)

軟體結構圖　　　　　圖書館資料檢索系統

圖書館資料檢索系統主畫面

OPAC檢索系統　期刊資料庫檢索系統　綜合檢索系統　活動看板　讀者信箱

資料庫名稱	內　　　容
讀者資料庫	包含讀者基本資料檔，教職員基本資料檔，預借書檔，借閱檔，罰款檔
圖書資料庫	包含圖書檔，新書檔等
期刊資料庫	包含舊期刊，新期刊等
光碟資料庫	包含學校舊有的光碟資料庫，新進的光碟資料庫等

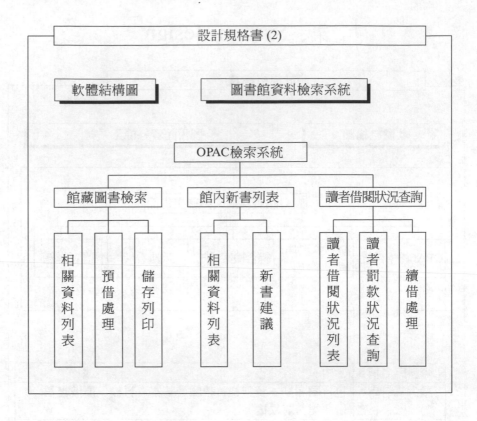

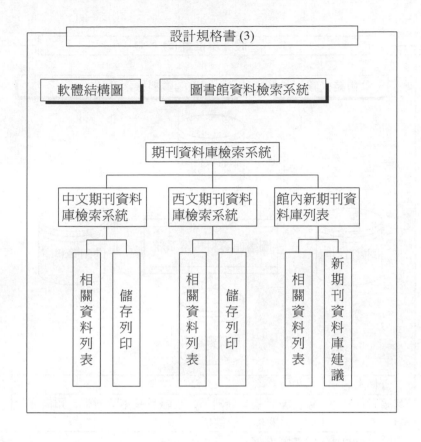

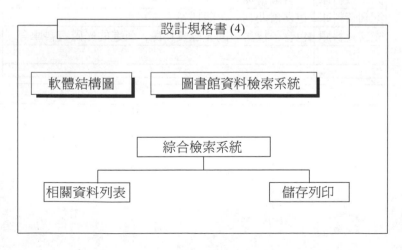

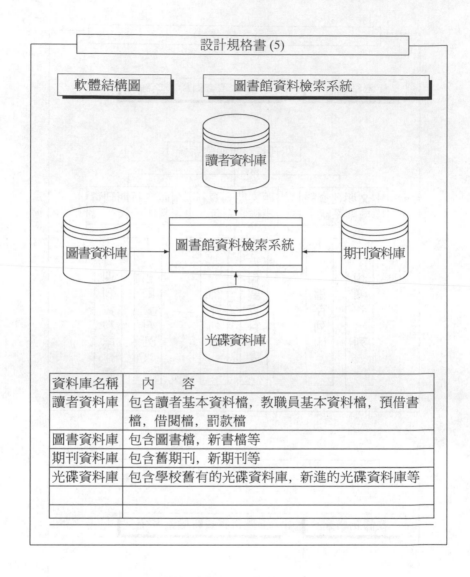

設計規格書 (5)

軟體結構圖　　　　　　圖書館資料檢索系統

讀者資料庫

圖書館資料檢索系統

圖書資料庫　　　　　　　　　　　　　　期刊資料庫

光碟資料庫

資料庫名稱	內　　容
讀者資料庫	包含讀者基本資料檔，教職員基本資料檔，預借書檔，借閱檔，罰款檔
圖書資料庫	包含圖書檔，新書檔等
期刊資料庫	包含舊期刊，新期刊等
光碟資料庫	包含學校舊有的光碟資料庫，新進的光碟資料庫等

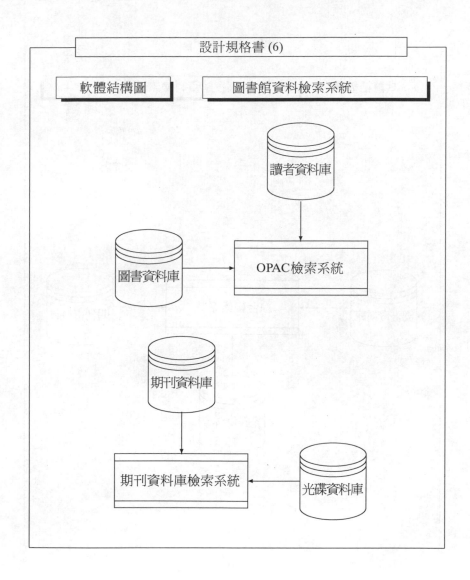

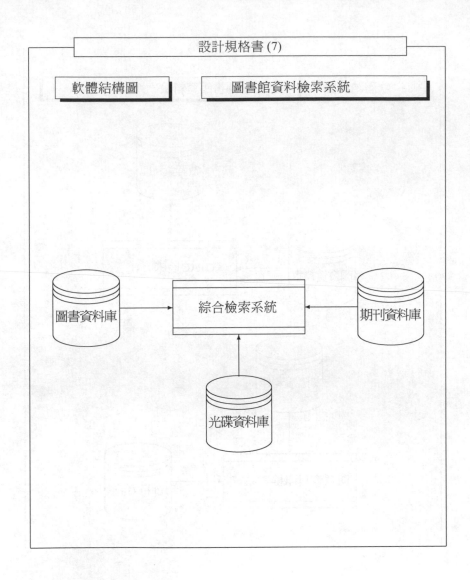

捌、Implementation details

　　在這操作手冊中，我們將以「OPAC檢索系統」的操作方式來做一個簡單說明，希望使用者能夠透過這份簡單的操作說明就能操作本系統的所有功能。

　　其步驟如下：

步驟一：啟動瀏覽器 (Netscape 或 Internet Explore)

步驟二：在 Location 的地方鍵入「http://www.lib.ncku.edu.tw」，之後按「ENTER」，會進入「國立成功大學圖書館」的 HOME-PAGE 的主畫面，其畫面如下：

步驟三：將滑鼠指標移到「OPAC檢索系統」這幾個字上面或其上
　　　　面的 ICON，按一下滑鼠左鍵，之後會出現如下的畫面：

步驟四：將滑鼠指標指到「館藏圖書查詢系統（測試版）」這幾個
　　　　字上面，按一下滑鼠左鍵，之後會出現如下的畫面：

步驟五：輸入欲查詢的相關資料，之後再按「開始查詢」鈕
步驟六：若欲回「OPAC檢索系統」的畫面，請按「回到上一層」

玖、Conclusions

一、Client's evaluation

　　由於本系統使用 WWW 的方式查詢圖書及期刊資料，比原先採用文字模式的查詢方式更具親和力；將圖書及期刊的資訊置於同一系統之下，而不必切換不同的系統，在使用上更具便利性。

二、Team's evaluation

　　本小組由於對網路知識的了解不夠深入，也沒有足夠時間去收集到足夠的資料，因此無法對於較專業的問題予以討論，比如說有關網路連線的方式、資料庫中的資料擷取及轉換的技術等，但是經由實際調查的結果，此種查詢方式在中央大學已在實施中，表示此構想確實可行。

三、Problems encountered

1.OPAC與光碟檢索不能夠同時查詢

　　本系統可在同一介面下查詢此兩套檢索系統，而且本系統也計畫要能在查詢某一資料時，能同時列出 OPAC 及光碟資料庫的相關資料。

2.查詢到的索書號也要花費時間進行館內搜尋的動作

　　關於此問題，本組打算在資料庫內加一欄位「架號」，從其內容可看出此本書是在那一層樓的那一架上。

3.不能夠有效地傳遞書籍之到期日或預借之訊息

　　本系統計畫將來能做到自動發 E-Mail 給讀者有關這方面的訊息。

4.無法獲知新書的訊息

　　此點本系統已經解決了，而且本系統也加入了新期刊、新光碟資料庫的查詢功能。

5.期刊出版日及到館日無法做線上查詢

本系統對於這一點也已做了改進，改進辦法就是在資料庫內加一欄位來標明出版日及到館日。

四、Lessons learned

本小組一致認為，我們在進行此 project 的過程中，我們學到了：

1.在技術方面

對於網路的實際連結方式更加了解，不再像以往一樣完全模糊的概念。

2.在管理方面

對於從事一個資訊改組的工作，能夠考慮到更多的構面，而不再是以一個資訊技術人員的觀點去從事資訊改造的工作。

3.在人際溝通方面

由於收集資料的時候，必須與許多不同單位的人員接觸，使得我們在訪談的技巧及應注意的事項上獲得許多寶貴的經驗。

五、Future directions

由於中央大學在整合 OPAC 系統與期刊光碟檢索系統上有一個較成功的例子，雖然還不是很完善，但是已較本校系統來得方便，未來希望圖書館能及早朝著這個方向邁進，將更多的系統加以整合，使學生能以最短的時間收集到想要的資料，以提高本校在研究方面的競爭力，如此才真正能將圖書館的功能發揮得淋漓盡致。

參考文獻

中文部份:

1. 于原澤、黃志泰、范龍編著, 關連式資料庫的設計與應用, 資策會, 民國 81 年。
2. 行政院環境保護署, 環境保護資訊系統整體規劃建構報告, 民國 79 年。
3. 吳琮璠、謝清佳編著, 資訊管理與實務, 臺北, 民國 85 年。
4. 呂執中編著, 管理資訊系統, 臺北: 華視, 民國 86 年。
5. 呂執中著, 國際品質管理, 臺北: 新陸, 民國 86 年。
6. 季延平、郭鴻志編著, 系統分析與設計, 臺北: 華泰, 民國 84 年。
7. 張海青編著, 資料處理 (上) (下), 臺北: 華視, 民國 86 年。
8. 張豐雄編著, 系統分析與設計, 臺北: 松崗, 民國 75 年, 第十一版。
9. 許華青編著, 計算機概論, 臺北: 華視, 民國 86 年。
10. 陳承光、程嘉君譯, 系統分析與設計, 臺北: 松崗, 民國 73 年, 第二版。
11. 陳明德編著, 結構化資訊系統分析與設計, 臺北: 松崗, 民國 73 年。
12. 游志男編著, 實用資料庫管理系統指引, 臺北: 松崗, 民國 83 年。
13. 黃明祥編著, 系統分析與設計, 臺北: 松崗, 民國 82 年。
14. 資策會編印, 資訊工業年鑑, 民國 83 年。
15. 資策會編印, 資訊系統規劃指引, 民國 80 年, 第二版。

16.榮泰生編著，資訊管理學，臺北：華泰，民國85年，三版。

17.潘錦平編著，軟體系統開發技術，臺北：儒林，民國84年。

18.蔡邦仁編著，資訊管理與系統，臺中：滄海，民國85年。

19.鄭人杰編著，實用軟體工程，臺北：儒林，民國82年。

英文部份：

1.Boehm, B. W., A spiral model of software development and enhancement, IEEE Computer, 21(5), 1988, pp. 61-72.

2.Burch, J. G. & Grudnitshi, G., Information Systems: Theory and Practice, John Wiley & Sons, 1986.

3.Gilb, T., Principles of Software Engineering Management, Addison-Wesley, 1988.

4.Gupta, Y. P., Directions of structured approaches in system development, Industrial Management & Data System, 1988, pp. 11-18.

5.Kindred, A. R., Data System and Management : An Introduction To System Analysis and Design, 臺北：開發，1985.

6.Laudon, K. C. & Laudon, J. P., Essentials of Management Information systems Organization and Technology, Prentice-Hall, 1995.

7.Martin, M. P., Analysis and Design of Business Information Systems, Prentice-Hall, 1995.

8.Mcnurlin, B. C. & Sprague, R. H., Information Systems Management in Practice, Prentice-Hall, 1989.

9.Necco, C., Nancy, T. & Kreg, W. H., Current usage of CASE software, Journal of System Management, 40(5), 1989, pp. 6-11.

10.Pressman, R. S., Software engineering :A practictioner's approach, Mcgraw-Hill, N.Y. 1922.

11.Teague, L., C. & Pidgeon, C. W., Structured Analysis Methods For Computer Information System, MacMillan, N.Y., 1985.

三民大專用書書目──國父遺教

三民主義	孫	文 著	
三民主義要論	周世輔	編著	前政治大學
大專聯考三民主義複習指要	涂子麟	著	中 山 大 學
建國方略建國大綱	孫 文	著	
民權初步	孫 文	著	
國父思想	涂子麟	著	中 山 大 學
國父思想	涂子麟 林金朝	編著	中 山 大 學 臺灣師大
國父思想新論	周世輔	著	前政治大學
國父思想要義	周世輔	著	前政治大學
國父思想綱要	周世輔	著	前政治大學
中山思想新詮 ──總論與民族主義	周世輔 周 陽山	著	前政治大學 臺 灣 大 學
中山思想新詮 ──民權主義與中華民國憲法	周世輔 周 陽山	著	前政治大學 臺 灣 大 學
國父思想概要	張鐵君	著	
國父遺教概要	張鐵君	著	
國父遺教表解	尹讓轍	著	
三民主義要義	涂子麟	著	中 山 大 學
國父思想（修訂新版）	周世輔 周陽山	著	前政治大學 臺 灣 大 學

電腦叢書書目

三民大專用書書目──行政・管理

行政學	張潤書	著	政治大學
行政學	左潞生	著	前中興大學
行政學	吳瓊恩	著	政治大學
行政學新論	張金鑑	著	前政治大學
行政學概要	左潞生	著	前中興大學
行政管理學	傅肅良	著	前中興大學
行政生態學	彭文賢	著	中央研究院
人事行政學	張金鑑	著	前政治大學
人事行政學	傅肅良	著	前中興大學
各國人事制度	傅肅良	著	前中興大學
人事行政的守與變	傅肅良	著	前中興大學
各國人事制度概要	張金鑑	著	前政治大學
現行考銓制度	陳鑑波	著	
考銓制度	傅肅良	著	前中興大學
員工考選學	傅肅良	著	前中興大學
員工訓練學	傅肅良	著	前中興大學
員工激勵學	傅肅良	著	前中興大學
交通行政	劉承漢	著	前成功大學
陸空運輸法概要	劉承漢	著	前成功大學
運輸學概要	程振粵	著	前臺灣大學
兵役理論與實務	顧傳型	著	
行為管理論	林安弘	著	德明商專
組織行為學	高尚仁、伍錫康	著	香港大學
組織行為學	藍采風 廖榮利	著	美國印第安那大學 臺灣大學
組織原理	彭文賢	著	中央研究院
組織結構	彭文賢	著	中央研究院
組織行為管理	龔平邦	著	前逢甲大學
行為科學概論	龔平邦	著	前逢甲大學
行為科學概論	徐道鄰	著	
行為科學與管理	徐木蘭	著	臺灣大學
實用企業管理學	解宏賓	著	中興大學
企業管理	蔣靜一	著	逢甲大學
企業管理	陳定國	著	前臺灣大學